高等卫生职业院校课程改革规

供高职高专医学各相关专

案例版™

有机化学

主　编　于　辉　赵桂欣
副主编　陈　霞　宋春风
编　者（按姓氏汉语拼音排序）

陈　霞（廊坊卫生职业学院）
商成喜（承德护理职业学院）
宋春风（内蒙古赤峰学院医学院）
唐晓光（内蒙古赤峰学院医学院）
于　辉（承德护理职业学院）
赵桂欣（南阳医学高等专科学校）

科学出版社
北　京

内 容 简 介

本书为高职高专医学院校规划教材。全书共 15 章,主要内容有有机化学基本知识;各类有机化合物的结构、分类、命名、重要的理化性质及其应用。结合理论内容编排了 13 个实验内容,包括有机化学实验的基本知识、重要化合物性质验证及制备等。全书内容安排合理、语言流畅、通俗易懂、图文并茂、构思新颖,是一本实用、好用的教科书。

本书供高职高专医学各相关专业师生使用。

图书在版编目(CIP)数据

有机化学/于辉,赵桂欣主编.—北京:科学出版社,2015.12
高等卫生职业院校课程改革规划教材
ISBN 978-7-03-046542-9

Ⅰ.有… Ⅱ.①于… ②赵… Ⅲ.有机化学-高等职业教育-教材
Ⅳ.O62

中国版本图书馆 CIP 数据核字(2015)第 288381 号

责任编辑:张映桥 邱 波 / 责任校对:赵桂芬
责任印制:徐晓晨 / 封面设计:金舵手世纪

科 学 出 版 社 出版
北京东黄城根北街 16 号
邮政编码:100717
http://www.sciencep.com

北京虎彩文化传播有限公司 印刷
科学出版社发行 各地新华书店经销
*

2015 年 12 月第 一 版 开本:787×1092 1/16
2021 年 8 月第四次印刷 印张:14 1/2
字数:334 000
定价:49.80 元
(如有印装质量问题,我社负责调换)

前　　言

本书以卫生职业教育教学计划和教学大纲为依据，以综合职业能力为培养目标，按照高职、高专职业教育规划教材的要求编写而成，供全国高职高专医学各相关专业的师生使用。

本书作为体现教学内容和教学方法的知识载体，尽量适应科技发展和教育改革的需要。在编写过程中，我们围绕高等卫生职业教育的培养目标，树立以全面素质教育为基础，以能力为本位的指导思想；以适应21世纪医学检验技术发展的需求为导向，以培养适应医学检验事业发展、管理、服务一线需要的高素质技术技能型专门人才为目的。本书更注重教学内容的提炼、编写模式的创新，强化知识的实践运用和专业能力的训练。

有机化学是医学检验技术专业的一门重要专业基础课程。本书突出了高职、高专的特点，精选了医学检验技术专业学生必须掌握的有机化学基本理论、基本知识和基本技能。重视内容的基础性、科学性、先进性、实用性、适用性、启发性、规范性和系统性，特别注重有机化学与医学检验技术专业的融合，强调有机化学在医学检验上的应用。体现"以就业为导向，以能力为本位，以发展技能为核心"的职业教育培养理念，理论知识坚持"必须、够用"的原则，强化技能培养，突出实用性，真正体现以学生为中心的教材编写理念。对基本知识的描述力求做到深入浅出，语言简练，通俗易懂。通过"链接"反映学科最新信息、最新成果和最新技术、教材内容的扩展及与医学检验技术的联系和应用，以拓宽学生的知识面。为了引导学生有目的地学习，每章开始设有"学习目标"，章后有"目标检测"，便于学生对重点知识的掌握和教师对教学效果的检测。

全书共15章理论教学内容和13个实验内容。本书按72学时编写，其中理论课占54学时，实验课占18学时。在使用过程中，各院校可根据学时情况安排教学内容。书后附有教学大纲、学时分配和目标检测选择题参考答案以供参考。

在编写过程中，参考了部分高等医药院校教材，编写工作得到了本书各编者所在单位领导的关心和支持，在此一并表示衷心的感谢。

由于编者水平和编写时间所限，疏漏之处在所难免，敬请同行、专家和广大师生批评指正。

于　辉

2015 年 5 月

目　　录

第1章 有机化合物基本知识

第 1 节 有机化学的研究对象

物质是人们赖以生存的基础,在自然界里,物质的种类繁多,人们常常把物质分为两大类,即无机化合物和有机化合物。有机化合物与人们的衣、食、住、行和生老病死密切相关。有机化学知识已渗透各个领域和学科,如与人们的健康有关的环境科学、食品科学、预防医学、卫生监测、药理学、药剂学等。医学检验、药品检验、食品检验、中草药有效成分的提取与鉴定和药物的研制等均与有机化合物有关。本章内容是学习后续课程必备的基础知识。

一、有机化合物和有机化学

人们对有机化合物的认识是逐步发展的。最初人类从动植物中提取和加工得到各种有用的物质,如蛋白质、油脂、糖类、维生素和药物等生活必需品。1806 年贝采里乌斯(J. Berzelius)首先把从动植物体内分离出来的物质定义为有机化合物,意思是"有生机之物"。当时人们认为,只有依靠动植物体内神秘的"生命力"才能创造出有机化合物,而无法用人工合成的方法来制备有机化合物。直到 1828 年德国化学家维勒(F. Vohler)在加热无机物氰酸铵时,得到了有机化合物尿素,这是人类第一次从无生命的无机化合物合成出有机化合物。这从根本上动摇了"生命力"学说。

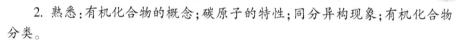

$$NH_4CNO \xrightarrow{\triangle} NH_2-\overset{\overset{\displaystyle O}{\|}}{C}-NH_2$$

氰酸铵　　　　　　尿素

后来人们先后合成了乙酸、油脂等许多有机化合物。于是关于创造有机化合物的"生命力"学说彻底破产,极大地推动了有机化学的发展,从此有机化学进入合成时代。现在大多数有机化合物都是由人工合成的方法制得的。因此"有机化合物"这个名称失去了历史上的意义,只是因为习惯而沿用至今。

通过对有机化合物的研究发现,有机化合物在组成上大多含有碳、氢、氧、氮等元素,少数还含有硫、磷、卤素等。任何一种有机化合物,在分子组成中都含有碳元素,绝大多数还含有氢元素。由于有机化合物分子的氢原子可以被其他元素的原子或原子团所替代,从而衍变出许许多多其他的有机化合物,所以人们定义为:碳氢化合物及其衍生物称为有机化合物(organic compounds),简称为有机物;研究有机化合物的组成、结构、性质、变化、合成及其应用的化学称为有机化学(organic chemistry)。

自然界中,一氧化碳、二氧化碳和碳酸盐等少数物质,虽然含有碳元素,但由于它们在组成和性质上与无机化合物相似,所以通常把这些化合物列为无机化合物(简称无机物)。

有机化学是一门历史悠久而充满活力的科学。如今,人们已经能够合成许多有机化合物,如合成塑料、合成橡胶、合成树脂、合成纤维、合成药物、合成染料、合成蛋白质等。越来越多的人工合成有机化合物进入家庭,不断充实人们的物质生活,促进了经济的发展和社会的进步。

▶▶ 二、有机化合物的特性

科学实践证明,有机化合物和无机化合物之间并没有严格的界限,两者可以互相转化,并遵循一般的化学规律。但是由于有机化合物分子中都含有碳原子,碳原子的特殊结构导致了大多数有机化合物与无机化合物相比,具有如下特点。

1. 可燃性 绝大多数有机化合物都可以燃烧,如乙醇、棉花、汽油、煤油、天然气、塑料、木材和油脂等。而多数无机化合物不能燃烧。我们常利用这一性质区别有机化合物和无机化合物。

2. 熔点低 有机化合物的熔点都较低,一般不超过400℃。常温下多数有机化合物为气体、易挥发的液体或低熔点的固体。例如,甲烷为气体,乙醇为液体,尿素的熔点仅为132℃。而绝大多数无机化合物熔点较高,如氯化钠的熔点为800℃,氧化铝的熔点高达2050℃。

3. 溶解性 绝大多数有机化合物难溶于水,而易溶于有机溶剂。有机溶剂是指能作为溶剂的液态有机化合物,如乙醇、汽油、四氯化碳、乙醚和苯等。而无机化合物则相反,大多易溶于水,难溶于有机溶剂。

4. 稳定性差 多数有机化合物不如无机化合物稳定。有机化合物常因温度、微生物、空气或光照的影响而分解变质。例如,许多食品或药物常注明有效期,就是因为这些物质的稳定性差,经过一段时间会发生变质现象。

5. 反应速率较慢 多数有机化合物的反应速率较慢,一般需要几个小时、几天、甚至更长的时间才能完成。因此有机化学反应常利用加热、搅拌、光照或催化剂来加速反应速率。而多数无机化合物反应速率较快,如酸碱中和反应、复分解反应可瞬间完成。

6. 反应产物复杂 多数有机化合物之间的反应,除生成主要产物的主反应外,常伴有许多副反应发生,所以反应产物常为复杂的混合物。因此有机反应在书写反应方程式时,一般只写主要产物,而且方程式一般用箭头(→)表示。而无机物之间的反应,一般很少有副反应发生。

7. 绝缘性 绝大多数有机化合物为非电解质,不导电,如蔗糖、汽油、乙醇等,而大多数无机化合物是电解质,在熔融或溶液状态下以离子形式存在,具有导电性。

第2节 有机化合物的结构

有机化合物的结构是指分子中各原子或原子团相互连接的顺序、方式及空间位置。有机化合物的分子结构决定其性质，而有机化合物都是含碳的化合物，所以有机化合物的结构特点，主要是由碳原子的特性决定的。

▶ 一、碳原子的特性

（一）碳原子的价态

碳原子的原子序数是6，电子排布式为 $1s^2 2s^2 2p^2$。碳原子位于元素周期表第2周期，第ⅣA族，它的最外层有4个电子，在化学反应中，既不容易失电子，也不容易得电子，碳与其他原子相互结合时都是通过4个电子形成共价键，因此碳在有机化合物中的化合价总是四价。用"—"表示一个共价键。例如，甲烷和乙醇可用下式表示：

$$
甲烷 \quad
\begin{array}{c}
\quad H \quad \\
H-C-H \\
\quad H \quad
\end{array}
\qquad
乙醇 \quad
\begin{array}{c}
\quad H \quad\; H \quad \\
H-C-C-O-H \\
\quad H \quad\; H \quad
\end{array}
$$

结构式   结构式

结构简式为 CH_4 结构简式为 $CH_3—CH_2—OH$

这种用短横线表示分子中原子之间连接顺序和方式的化学式，称为结构式。对于碳原子个数较多的物质书写太繁琐，常省略了碳碳键和碳氢键，写成结构简式。

（二）共价键的种类

根据成键时原子轨道重叠方式不同，共价键可以分为 σ 键和 π 键两种。

1. σ 键 成键原子的原子轨道沿着轨道对称轴方向以"头碰头"的方式相互重叠所形成的共价键称为 σ 键。σ 键沿键轴呈圆柱形对称分布，其特点是形成的 σ 键可以围绕键轴自由旋转，原子间电子云密度大，比较牢固，可以单独存在。

2. π 键 两个相互平行的 p 轨道在侧面以"肩并肩"的方式相互重叠所形成的共价键称为 π 键。π 键重叠程度小，不如 σ 键稳定，其重叠部分不呈圆柱形对称分布，而是具有1个对称面，成键原子不能沿键轴自由旋转；π 键不能单独存在，只能与 σ 键共存。σ 键与 π 键如图1-1所示。

σ 键和 π 键的主要区别见表1-1。

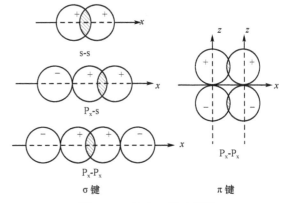

●●● 图1-1 σ 键和 π 键示意图 ●●●

在有机化合物中，共价单键都是 σ 键，如甲烷分子中的 C—H 键等都是 σ 键，共价双键通常是由1个 σ 键和一个 π 键组成的，共价三键是由1个 σ 键和2个 π 键组成的。

表 1-1　σ 键和 π 键的主要区别

	σ 键	π 键
形成	"头碰头"重叠,重叠程度大	"肩并肩"重叠,重叠程度小
存在	可以单独存在	不能单独存在,只能与 σ 键共存
分布	沿键轴呈圆柱形对称分布	对称分布于 σ 键所在平面的上下
稳定性性质	键能较大,较稳定	键能较小,不稳定
	成键原子可沿键轴自由旋转	成键原子不能沿键轴自由旋转
	受原子核束缚大,不易极化	受原子核束缚小,容易极化

(三) 碳碳键的类型

在有机化合物中,碳原子不仅能与氢原子或其他元素(O、N、S 等)的原子结合成键,而且碳原子之间也可以通过共价键自相成键。2 个碳原子之间共用 1 对电子的共价键称为碳碳单键,用"—"表示;共用 2 对电子的共价键称为碳碳双键,用"="表示;共用 3 对电子的共价键称为碳碳三键,用"≡"表示。碳原子之间的单键、双键和三键可表示如下:

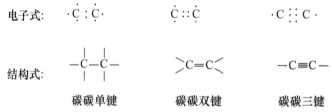

(四) 碳原子的连接方式

碳原子可以由几个、几十个,甚至更多的碳原子相互以单键、双键或三键连接形成长短不一的链状和大小不等的各种环状,由此构成了有机化合物的基本骨架。例如:

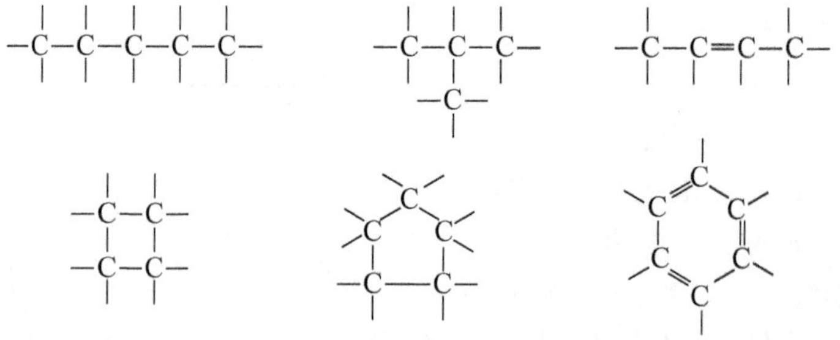

综上所述,有机化合物中的碳碳之间可形成单键、双键、三键;既可形成开放的碳链,又可形成闭合的碳环。这些结构上的特点,是造成有机化合物种类繁多的原因之一。

▶▶ 二、同分异构现象

在有机化合物的分子中存在着分子式相同、结构和性质不同的现象,如分子组成都是 C_2H_6O 的化合物,可以有下列两种不同性质的有机化合物。它们的模型(图 1-2)、结构式和主要性质如下:

●● 图 1-2 乙醇(a)和甲醚(b)的球棍模型 ●●

$$
\begin{array}{cccc}
& H & H & \\
& | & | & \\
H- & C- & C- & O-H \\
& | & | & \\
& H & H &
\end{array}
\qquad\qquad
\begin{array}{cccc}
& H & & H \\
& | & & | \\
H- & C- & O- & C-H \\
& | & & | \\
& H & & H
\end{array}
$$

乙醇 甲醚

（沸点 78.3℃,能与金属钠反应） （沸点 -23.6℃,不能与金属钠反应）

这种分子组成相同,而结构不同的化合物互称为同分异构体,这种现象称为同分异构现象。

同分异构现象是有机化合物中普遍存在的一种现象,而且随着碳原子数的增加,同分异构体的数目也迅速增加,这是造成有机化合物种类众多的又一重要原因。同时也因为同分异构现象的存在,有机化合物一般写结构式或结构简式,不写分子式。

第3节 有机化合物的分类及表示方法

▶ 一、有机化合物的分类

有机化合物种类和数目繁多,为了便于学习和研究,需要一个完整的分类系统。一般有两种分类方法:一种是根据碳原子的连接方式(碳架)分类;另一种是按官能团分类。

（一）按碳架分类

$$
\text{有机化合物}
\begin{cases}
\text{开链化合物(脂肪族化合物)} \\
\text{闭链化合物}
\begin{cases}
\text{碳环化合物}
\begin{cases}
\text{脂环族化合物} \\
\text{芳香族化合物}
\end{cases} \\
\text{杂环化合物}
\end{cases}
\end{cases}
$$

1. 开链化合物 又称为脂肪族化合物,因为最初是在脂肪中发现的。这类有机化合物的特点是分子中的碳架呈开链状结构,化合物中碳架形成一条或长或短的链。碳链可以是直链,也可以带支链。例如:

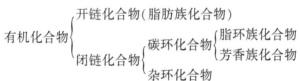

正戊烷 异戊烷 新戊烷

2. 闭链化合物 这类化合物分子中,碳原子之间或碳原子与其他元素的原子相互结合成环状结构。根据成环的原子种类不同又可分为碳环化合物和杂环化合物两类。

（1）碳环化合物:是指完全由碳原子组成的环状化合物。根据碳环的结构又分为脂环族化合物和芳香族化合物。

1）脂环族化合物：是指与脂肪族化合物性质相似的碳环化合物。例如：

1,3-环戊二烯　　4-甲基环己烯

2）芳香族化合物：大多数含有苯环或稠合苯环，其性质与脂环族化合物不同，具有一些特殊性质。例如：

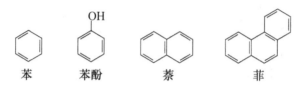

苯　　　　苯酚　　　　　萘　　　　　　　菲

（2）杂环化合物：是指环中除碳原子外，还含有其他元素原子的化合物。例如：

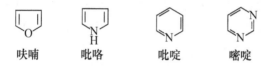

呋喃　　　吡咯　　　吡啶　　　嘧啶

（二）按官能团分类

像乙烯（$CH_2{=}CH_2$）、丙烯（$CH_2{=}CH{-}CH_3$）、丁烯……这类化合物都具有相似的化学特性，这是因为它们分子中都含有碳碳双键原子团。像这种能决定一类有机化合物化学性质的原子或原子团称为官能团。

根据分子中所含官能团的不同，可将有机化合物分为若干类，见表1-2。

表1-2　常见官能团和有机化合物类别

化合物类别	官能团	名称	实例
烯烃	$\overset{}{C}{=}\overset{}{C}$	双键	$CH_2{=}CH_2$ 乙烯
炔烃	$-C{\equiv}C-$	三键	$CH{\equiv}CH$ 乙炔
卤代烃	$-X$	卤原子	CH_3Cl 一氯甲烷
醇	$-OH$	羟基	CH_3CH_2OH 乙醇
酚	$-OH$	羟基	C_6H_5OH 苯酚
醛	$-CHO$	醛基	CH_3CHO 乙醛
酮	$\overset{O}{\underset{}{\overset{\|}{C}}}$	酮基	$H_3C-\overset{O}{\overset{\|}{C}}-CH_3$ 丙酮
羧酸	$\overset{O}{\overset{\|}{C}}-OH$	羧基	CH_3COOH 乙酸
硝基化合物	$-NO_2$	硝基	$C_6H_5NO_2$ 硝基苯

▶ 二、有机化合物的表示方法

有机化合物构造式的表达方式有如下二种：结构式（蛛网式）即有机物分子中原子间的对共用电子（一个共价键）用一根短线表示，将有机物分子中的原子连接起来的式子。结构式完整准确地表示了组成有机化合物分子的原子种类和数目,以及分子内各个原子的连接顺序和连接方式,但书写起来比较繁琐。结构简式即结构式中省略碳碳单键或碳氢单键等短线后形成的式子;结构简式既能表示有机化合物的分子组成、原子间的连接顺序及方式,书写起来也比结构式简单,所以是表示有机化合物最常用的表示方法。键线式是将碳、氢元素符号省略,只表示分子中键的连接情况,每个拐点或终点均表示有一个碳原子的式子。例如:

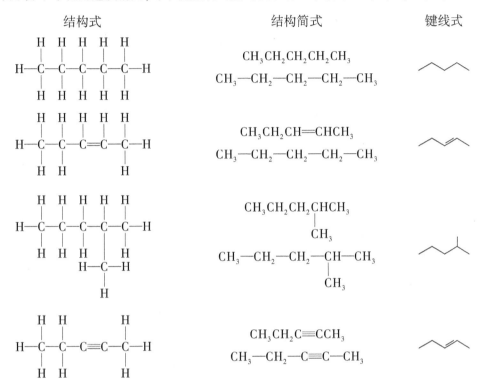

键线式在环烃及大分子结构中使用比较普遍。

第4节　有机化合物的反应类型

一、共价键的断裂方式与反应类型

有机化学反应是旧键的断裂和新键的形成过程,旧键的断裂方式不同,有机化学的反应类型不同。共价键断裂方式主要有两种:均裂和异裂。

(一) 均裂与游离基反应

均裂是指共价键断裂时电子对平均分配到两个键合原子上,形成带有单电子的原子或基团。如下所示:

$$A:B \rightarrow A \cdot + \cdot B$$

经均裂形成的带有单电子的原子或基团称为游离基或自由基。游离基在反应中作为活性中间体出现,只能瞬间存在。由共价键的均裂产生游离基进而引发的反应称为游离基反应,也称自由基反应。游离基反应一般在光、热或过氧化物存在下进行,多为连锁反应,反应一旦发生,将迅速进行,直到反应终止。

（二）异裂和离子型反应

异裂是指共价键断裂时电子对完全被一个原子所占有,形成带相反电荷的正、负离子。如下所示：

$$A:B \longrightarrow A^+ + [:B]^-$$

因共价键的异裂产生带正电荷或负电荷的离子而进行的化学反应称为离子型反应。共价键的异裂往往是在外电场或酸碱等催化剂的作用下进行的。产生的离子也是非常不稳定的中间体,也只能瞬间存在。但它能引发反应,对反应的发生起重要的作用。有机化学中的离子型反应一般发生在极性分子之间。根据反应试剂类型的差异,离子型反应又分为：

$$\text{离子型反应} \begin{cases} \text{亲电反应} \begin{cases} \text{亲电取代反应} \\ \text{亲电加成反应} \end{cases} \\ \text{亲核反应} \begin{cases} \text{亲核取代反应} \\ \text{亲核加成反应} \end{cases} \end{cases}$$

▶▶ 二、反应形式与反应类型

有机化学反应也常根据反应物与生成物的组成与结构的变化进行分类。

（一）取代反应

有机化合物分子中的原子或基团被其他元素的原子或基团所替代的反应称为取代反应(substitution reaction)。例如：

$$CH_4 + Cl_2 \xrightarrow{\text{紫外线}} CH_3Cl + HCl$$

（二）加成反应

有机化合物与另一物质(加成试剂)作用,其中有机化合物两原子之间的 π 键断开,断开 π 键的两个原子各加上一个加成试剂中的一价原子或基团,形成两个新的 σ 键的反应称为加成反应(addition reaction)。例如：

$$CH_2{=}CH_2 + Br_2 \longrightarrow \underset{\underset{Br}{|}}{CH_2}{-}\underset{\underset{Br}{|}}{CH_2}$$

（三）聚合反应

由低分子结合成高分子(或较大分子)的反应称为聚合反应(polymerization)。例如：

$$nCH_2{=}CH_2 \xrightarrow[O_2]{200℃,200MPa} \text{—}[CH_2{-}CH_2]_n$$

（四）消除反应

有机化合物分子中消去一个简单分子(如 H_2O、HX 等)而生成不饱和化合物的反应称为消除反应(elimination reaction)。例如：

$$CH_3CH_2Cl \xrightarrow[CH_3CH_2OH]{NaOH} CH_2{=}CH_2 + HCl$$

（五）重排反应

有机化合物由于自身的稳定性较差,在常温、常压下或在某些试剂及加热等外界因素的影响下,分子中的某些基团发生转移或分子中碳原子骨架发生改变的反应,称为重排反应(rearrangement reaction)。例如：

$$CH\equiv CH + H_2O \xrightarrow[\text{H}_2\text{SO}_4]{\text{HgSO}_4} \left[\begin{array}{c} CH = CH_2 \\ | \\ OH \end{array}\right] \xrightarrow{\text{重排}} CH_3CHO$$

烯醇

链接

有机化合物分子式和结构式的确定

正确写出某有机化合物的分子式，则需要知道该化合物分子中所含元素的种类和数目。 对有机化合物进行定性分析来确定其组成元素；通过元素的定量分析，求出各元素的质量比，计算出它的实验式（最简式）；再通过相对分子质量的测定和计算来确定它的分子式。

例如，实验测得某碳氢化合物 A 中，含碳80%、含氢20%，求该化合物的实验式；又测得该化合物的相对分子质量是30，求该化合物的分子式。

解：(1) 求实验式（N-表示原子数目）

$$N(C):N(H) = \frac{80\%}{12}:\frac{20\%}{1} = 1:3$$

该化合物的实验式是 CH_3。

(2) 求分子式：设该化合物分子中有 n 个 CH_3，则：

$$n = \frac{Mr(A)}{Mr(CH_3)} = \frac{30}{15} = 2 \ (Mr\text{ 代表分子、原子或原子团的相对质量})$$

该化合物的分子式是 C_2H_6。

答：该碳氢化合物的实验式是 CH_3，分子式是 C_2H_6。

由于有机化合物中普遍存在着同分异构现象，1个分子式可能代表2种或更多种不同结构的物质；因此只有确定了结构式，才能确定某有机化合物。 许多时候人们常利用物质的特殊性（官能团特性），通过定性、定量分析实验来确定有机物的结构式。 随着新技术的发展，红外光谱、磁共振谱、质谱、X 射线衍射法、紫外光谱等近代物理方法已成为测定和研究分子结构的重要手段。

目标检测

一、单项选择题

1. 下列性质不属于有机化合物特性的是(　)
   A. 易燃 　 B. 反应较缓慢
   C. 熔点低 　 D. 溶于水

2. 有相同分子式、不同结构式的化合物互称(　)
   A. 同素异形体 　 B. 同分异构体
   C. 同位素 　 D. 同系物

3. 下列不属于有机化合物的是(　)
   A. 甲烷 　 B. 乙烯
   C. 一氧化碳 　 D. 乙醇

4. 有机化合物中原子间大多数以(　)结合
   A. 离子键 　 B. 共价键
   C. 氢键 　 D. 配位键

5. 据碳原子结构特点,在有机化合物中,碳原子的价键数是(　)
   A. 四个以上 　 B. 四个
   C. 四个或两个 　 D. 任意个

6. 有机化合物中的碳碳共价键没有(　)
   A. 碳碳单键 　 B. 碳碳双键
   C. 碳碳三键 　 D. 碳碳四键

7. 下列说法正确的是(　)
   A. 含碳的化合物一定是有机化合物
   B. 有机化合物中一定含有碳元素
   C. 在有机化合物中,碳的价键可以是二价,也可以是四价
   D. H_2CO_3 可以归类为有机物

8. 下列物质不能燃烧的是( )
   A. 甲烷　　　　B. 汽油
   C. 二氧化碳　　D. 乙醇
9. 有机化学反应式只能用箭头而不能用等号来连接的原因是( )
   A. 有机物不同于无机物
   B. 大多数有机化学反应复杂,副反应、副产物比较多
   C. 大多数有机物熔点低、易燃烧
   D. 大多数有机化学反应速度比较慢
10. 下列结构式书写错误的是( )
   A. CH_3CH_3　　　B. $CH_2=CH_2$
   C. $HC=CH$　　　D. $O=C=O$

二、填空题

1. 与无机化合物相比,有机化合物的特性为_____、_____、_____、_____、_____、_____、_____。
2. 有机化合物中碳元素总是显_____价,碳碳之间不仅可以单键相结合,而且还可形成_____或_____键。
3. 有机化合物的主要组成元素有_____、_____、_____、_____、_____等元素。
4. 有机化合物有两种分类方法,即根据_____分类和根据_____分类。
5. 造成有机化合种类繁多的主要因素有_____、_____、_____。
6. 有机化合物中_____相同,而_____不同的现象,称为同分异构现象。
7. 分子结构式是指_____。
8. 官能团指的是_____。

(赵桂欣)

第2章 饱 和 烃

分子中只含有碳和氢两种元素的有机化合物称为碳氢化合物,简称烃(hydrocarbons)。烃是有机化合物的母体,其他各类有机化合物可以看作是烃的衍生物。烃的种类很多,根据烃分子中碳原子互相连接方式的不同,可将烃分为开链烃和闭链烃两大类。

分子中碳原子之间连接成开放的链状结构的烃称为开链烃,简称链烃,又称为脂肪烃。根据分子结构中是否含有碳碳双键或碳碳三键,链烃又可分为饱和链烃和不饱和链烃。饱和链烃又称烷烃(alkanes)。不饱和链烃包括烯烃和炔烃。

分子中碳原子连接成闭合的环状结构的称为闭链烃,又称环烃,环烃又根据其结构特点,分为脂环烃和芳香烃。

根据烃的结构和性质的不同,烃分类如下:

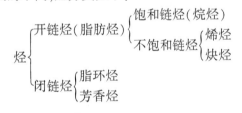

第1节 烷 烃

烷烃(简称烷)指分子中碳原子之间以单键(也称 σ 键)相连接,碳原子的其余价键都与氢原子结合的一类开链烃。在烷烃分子中,氢原子与碳原子数的比例达到最大值,故也称为饱和链烃。

一、烷烃的结构和同分异构现象

(一) 结构

1. 甲烷的结构 甲烷是最简单的烷烃,是天然气、沼气的主要成分。在常温常压下,甲烷是无色、无味的气体。甲烷分子是一个正四面体的空间结构。在这个空间结构里,碳原子位于正四面体的中心,4 个氢原子分别位于正四面体的顶点。科学证明,甲烷分子中每 2

个相邻 C—H 键间夹角(键角)相等,都是 $109°28'$;4 个 C—H 键的键长都是 109pm (0.109nm);每个 C—H 键的键能都是 413kJ/mol。甲烷的球棒模型和比例模型如图 2-1 所示。

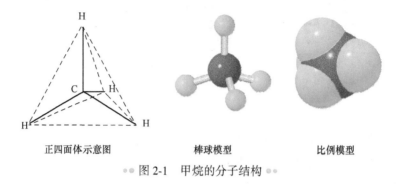

正四面体示意图　　　　棒球模型　　　　比例模型

●● 图 2-1　甲烷的分子结构 ●●

怎样来解释甲烷呈正四面体空间结构的事实呢?

现代原子轨道杂化理论认为:形成甲烷分子时,碳原子首先吸收能量从基态 $(2s^2 2p_x^1 2p_y^1)$ 激发成为激发态 $(2s^1 2p_x^1 2p_y^1 p_z^1)$,其中 1 个 $2s$ 电子跃迁到 $2p_z$ 轨道,形成 4 个单电子轨道(1 个占 s 轨道,3 个占 p 轨道);这 4 个单电子轨道再经重新组合再分配,形成 4 个能量相等的新轨道(杂化轨道)。这个过程称为原子轨道杂化。这种由 1 个 s 轨道和 3 个 p 轨道参加的杂化,称为 sp^3 杂化,形成的新轨道称为 sp^3 杂化轨道。每个 sp^3 杂化轨道均含有 $1/4s$ 轨道成分和 $3/4p$ 轨道成分。

碳原子的 sp^3 杂化过程表示如图 2-2 所示:

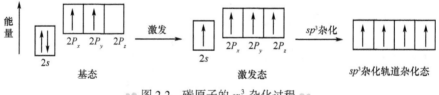

●● 图 2-2　碳原子的 sp^3 杂化过程 ●●

sp^3 杂化轨道的形状既不是 s 轨道的球形,也不是 p 轨道的哑铃形,而是杂化成一头大一头小的不对称的葫芦形,大的一头表示电子云偏向的一边,这样有利于共价键形成时轨道间的最大重叠(图 2-3)。

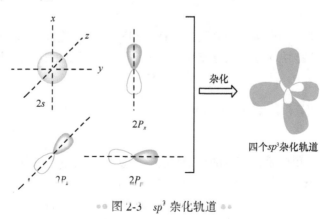

●● 图 2-3　sp^2 杂化轨道 ●●

甲烷分子里的 4 个 sp^3 杂化轨道以碳原子为中心,大头伸向正四面体的四个顶角,4 个 sp^3 杂化轨道之间夹角为 109°28′,这样排布使 4 个 sp^3 杂化轨道尽可能彼此远离,电子云之间相互斥力最小,体系最稳定。因此甲烷具有正四面体的空间结构。

2. 烷烃的结构特点 烷烃分子中的所有碳链(不管是长链还是短链)都是开放性的。分子中不存在闭合的、环状的碳链。分子中所有的碳原子都是以 sp^3 杂化轨道形成 C—C σ 键和 C—H σ 键。含有一个、两个和三个碳原子的烷烃结构式如下:

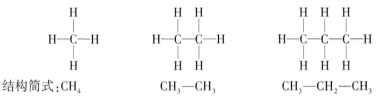

结构简式:CH_4 $CH_3—CH_3$ $CH_3—CH_2—CH_3$

除甲烷外,烷烃分子中的各个碳原子上所连的四个原子或原子团不尽相同,其键角和键长稍有变化,但仍接近甲烷分子的正四面体结构。

(二) 同系列和通式

最简单的烷烃是含有一个碳原子的甲烷 CH_4,其次是含有两个碳原子的乙烷 C_2H_6。按烷烃分子中碳与氢原子数可排列如表 2-1 所示。

表 2-1 烷烃的同系列

名称	结构简式	分子式	同系差
甲烷	CH_4	CH_4	
乙烷	CH_3CH_3	C_2H_6	$\}\,CH_2$
丙烷	$CH_3CH_2CH_3$	C_3H_8	$\}\,CH_2$
丁烷	$CH_3CH_2CH_2CH_3$	C_4H_{10}	$\}\,CH_2$
戊烷	$CH_3(CH_2)_3CH_3$	C_5H_{12}	$\}\,CH_2$

比较上述烷烃可以看出:任何相邻的两个烷烃在分子组成上都相差 CH_2,称为同系差。这种结构相似、分子组成上相差一个或若干个 CH_2 原子团的一系列化合物称为同系列(homologous series)。同系列中的化合物互称同系物(homologue)。同系物具有相似的化学性质,其物理性质一般随碳原子数目的递增表现出有规律的变化。烷烃的分子组成通式为 C_nH_{2n+2}。例如,十五烷的分子式为:$C_{15}H_{32}$。

同系物化学性质相近,物理性质也随着碳原子数的增多而呈现规律性的变化。因此在同系物中只要深入研究一个或几个化合物,就可以推测出其他同系物的性质。

(三) 同分异构现象

在烷烃里,除甲烷、乙烷、丙烷没有同分异构体外,其他烷烃都存在同分异构现象。例如,C_4H_{10} 有 2 种异构体,C_5H_{12} 有 3 种异构体。

C_4H_{10}: $CH_3CH_2CH_2CH_3$ $CH_3—\underset{\underset{CH_3}{|}}{CH}—CH_3$

                   正丁烷   异丁烷

$$C_5H_{12}:\qquad CH_3CH_2CH_2CH_2CH_3 \qquad CH_3{-}\underset{\underset{CH_3}{|}}{CH}{-}CH_2{-}CH_3 \qquad CH_3{-}\underset{\underset{CH_3}{|}}{\overset{\overset{CH_3}{|}}{C}}{-}CH_3$$

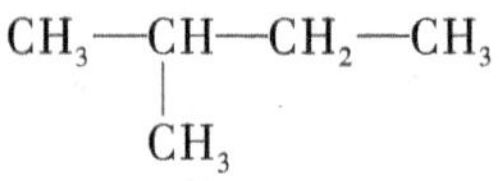

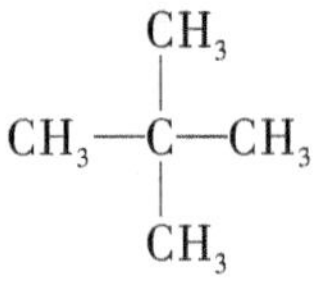

正戊烷 　　　　　　　异戊烷 　　　　　　　新戊烷

由于碳链骨架结构(分子中碳原子的连接顺序)不同而产生的同分异构现象,称为碳链异构现象。在各类有机化合物里,碳链异构现象非常普遍。

随着烷烃碳原子数目增加,同分异构体的数目迅速增多。例如,C_6H_{14}有 5 种;C_7H_{16}有 9 种;C_8H_{18}有 18 种;$C_{10}H_{22}$有 75 种;$C_{11}H_{24}$有 159 种;$C_{20}H_{42}$则多达 366 319 种。

▶ 二、烷烃的命名

有机化合物的名称不仅能表示分子的组成,而且能准确、简便地反映出分子的结构。烷烃的常用命名法有普通命名法和系统命名法。

(一) 普通命名法

普通命名法只适用于结构比较简单的烷烃,其基本原则如下。

1. 按分子中碳原子数目称为"某烷" 碳原子数在 10 个以下的用天干(甲、乙、丙、丁、戊、己、庚、辛、壬、癸)表示。10 个碳原子以上用中文汉字十一、十二、十三……二十……等表示。例如:

CH_4　　C_5H_{12}　　C_6H_{14}　　$C_{10}H_{22}$　　$C_{13}H_{28}$　　$C_{25}H_{52}$

甲烷　　戊烷　　己烷　　癸烷　　十三烷　　二十五烷

2. 用"正"、"异"、"新"来区别异构体 把直链(不带支链)的烷烃称"正"某烷;把碳链某一端具有异丙基(碳链一端第 2 位碳原子上连有一个甲基),此外别无其他支链的烷烃,按碳原子数称为"异"某烷;把碳链一端具有叔丁基,此外别无其他支链的烷烃称为"新"某烷。例如:

$$CH_3{-}CH_2{-}CH_2{-}CH_3 \qquad\qquad CH_3{-}\underset{\underset{CH_3}{|}}{CH}{-}CH_3$$

正丁烷 　　　　　　　　　　异丁烷

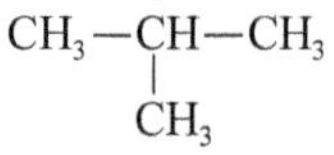

$$CH_3{-}CH_2{-}CH_2{-}CH_2{-}CH_3 \qquad CH_3{-}\underset{\underset{CH_3}{|}}{CH}{-}CH_2{-}CH_3$$

正戊烷 　　　　　　　　　　异戊烷

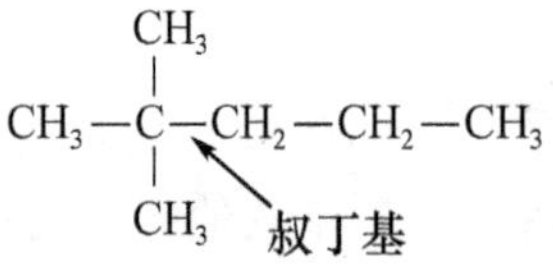

$$CH_3{-}\underset{\underset{CH_3}{|}}{\overset{\overset{CH_3}{|}}{C}}{-}CH_2{-}CH_2{-}CH_3 \longleftarrow 叔丁基$$

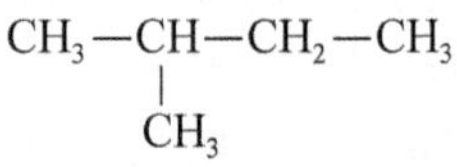

新庚烷

对于结构比较复杂的烷烃,需要用系统命名法来命名。

(二) 系统命名法

烷烃的系统命名法主要原则和步骤如下:

1. 选主链 选择分子中最长的碳链作为主链(当作母体),按主链碳原子数目称为"某烷"。"某"字的用法和普通命名法相同。主链外的碳链当作支链(取代基)。

2. 烷基 烷烃分子中去掉 1 个氢原子所剩下的原子团称为烷基,通常用"R—"表示,其通式为：—C_nH_{2n+1}。简单烷基的命名是把它相对应的烷烃名称中的"烷"字改为"基"字。例如：

甲烷　CH_4　　　　　　　　　　—CH_3　甲基

乙烷　CH_3—CH_3　　　　　　　—CH_2—CH_3　乙基

丙烷　CH_3—CH_2—CH_3　　　—CH_2—CH_2—CH_3　正丙基(丙基)

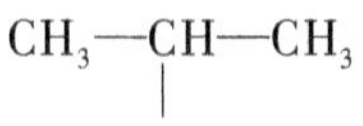

　　　　　　　　　　　　　　　　CH_3—$\overset{|}{CH}$—CH_3　异丙基

3. 编号　从靠近支链的一端开始用阿拉伯数字给主链碳原子依次编号,确定取代基的位置。例如：

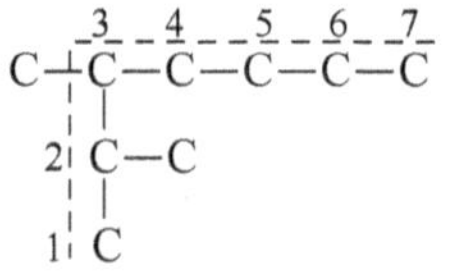

$$C \overset{3}{-} C \overset{4}{-} C \overset{5}{-} C \overset{6}{-} C \overset{7}{-} C \quad 主链$$
$$\overset{2}{C}-C$$
$$\overset{1}{C}$$

4. 命名　把取代基的位号和名称写在"某烷"之前。取代基的位号与名称之间用短线隔开；如果有相同取代基则合并起来,用汉字二、三、四等数字表示取代基的数目,取代基的位号依次标明,中间用","隔开；若有几种不同的取代基,应把简单的(小的)写在前面,复杂的(大的)写在后面,中间再用短线隔开。例如：

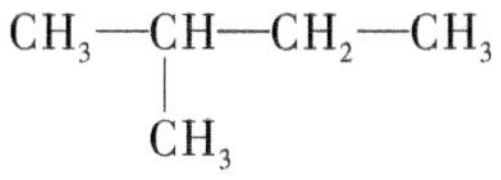

CH_3—CH—CH_2—CH_3　　　　CH_3—CH—CH—CH_2—CH_3
　　　　$|$　　　　　　　　　　　　　　　　$|$　$|$
　　　　CH_3　　　　　　　　　　　　　CH_3 CH_3

　　2-甲基丁烷 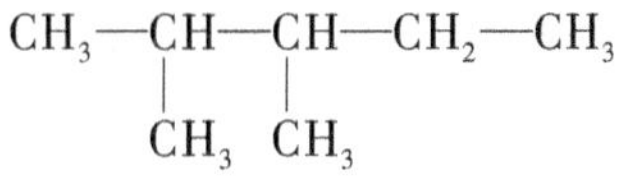　　　　　　　　　　　2,3-二甲基戊烷

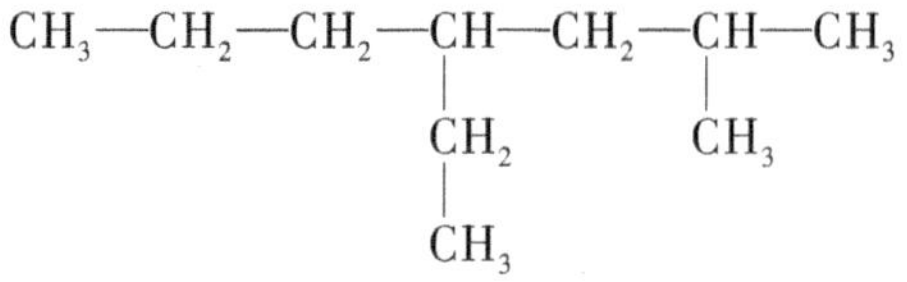

CH_3—CH_2—CH_2—CH—CH—CH—CH_3　　　　　CH_3
　　　　　　　　　　$|$　　　$|$　　　　　　　　　　　$|$
　　　　　　　　　　CH_2　　CH_3　　　　CH_3—C—CH_2—CH_3
　　　　　　　　　　$|$　　　　　　　　　　　　　　　$|$
　　　　　　　　　　CH_3　　　　　　　　　　　　　CH_3

　　　2-甲基-4-乙基庚烷 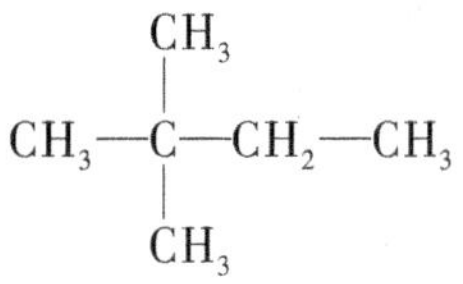　　　　　　　　　　2,2-二甲基丁烷

常见烷基大小的顺序为：

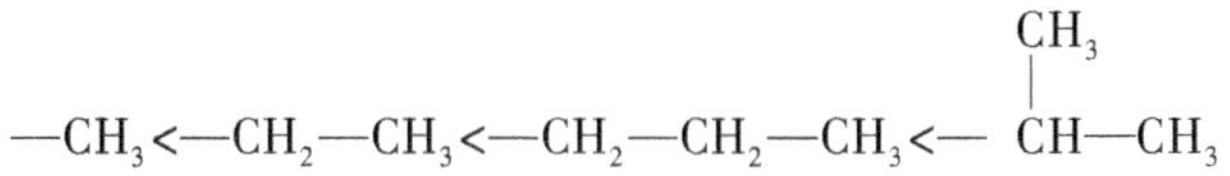

　　　　　　　　　　　　　　　　　　　　　　CH_3
　　　　　　　　　　　　　　　　　　　　　　$|$
—CH_3 < —CH_2—CH_3 < —CH_2—CH_2—CH_3 < —CH—CH_3

甲基　　　乙基　　　正丙基(丙基)　　　　异丙基

5. "等长"原则　如果分子结构中同时含有相等的最长碳链时,应选择含支链(取代基)最多且取代基简单的碳链为主链。例如：

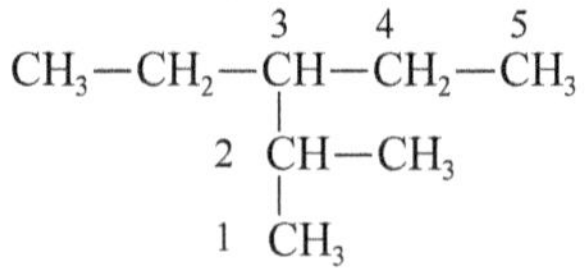

$$CH_3-CH_2-\overset{3}{CH}-\overset{4}{CH_2}-\overset{5}{CH_3}$$
$$\overset{2}{CH}-CH_3$$
$$\overset{1}{CH_3}$$

2-甲基-3-乙基戊烷(不能称为3-异丙基戊烷)

6. "等近"编号原则(最低系列原则)　如果主链上有几个相同取代基,并且有几种可能编号时,应按"最低系列"编号。

所谓"最低系列"是指从主链不同方向得到 2 种编号,比较 2 种编号的位次和,应选位

次和最小的,定为"最低系列"。例如:

$$
\overset{CH_3}{\underset{\underset{CH_3}{|}}{\overset{1}{C}H_3-\overset{2}{C}}}-\overset{3}{C}H_2-\overset{4}{C}H-\overset{5}{C}H_3
$$

2,2,4-三甲基戊烷(不能称为 2,4,4-三甲基戊烷)

(三) 碳原子和氢原子的类型

在有机化合物分子中,一个碳原子可能有与 1 个、2 个、3 个或 4 个碳原子直接相连。根据分子中碳原子连接其他碳原子的数目不同,把碳原子分为伯碳、仲碳、叔碳、季碳四类。例如:

$$
\overset{1}{C}H_3-\overset{2}{C}H_2-\overset{3}{C}H-\overset{5}{\underset{\underset{4CH_3\ 7CH_3}{|}}{\overset{6CH_3}{C}}}-\overset{8}{C}H_3
$$

伯碳原子(一级或 1°):只与 1 个碳原子直接相连的碳原子,如上述结构式中的 C^1、C^4、C^6、C^7、C^8。

仲碳原子(二级或 2°):与 2 个碳原子直接相连的碳原子,如上述结构式中的 C^2。

叔碳原子(三级或 3°):与 3 个碳原子直接相连的碳原子,如上述结构式中的 C^3。

季碳原子(四级或 4°):与 4 个碳原子直接相连的碳原子,如上述结构式中的 C^5。

连接在伯碳、仲碳、叔碳原子上的氢原子分别称为伯氢原子(1°H)、仲氢原子(2°H)和叔氢原子(3°H)。四种碳原子与三种氢原子所处的环境不同,在反应活性上也存在差异。

三、烷烃的性质

(一) 烷烃的物理性质

在烷烃的同系物中,随着碳原子数的增加,物理性质呈现出规律性的变化。

在常温常压下,直链烷烃中,含 1~4 个碳原子的烷烃都是气体;含 5~16 个碳原子的烷烃是液体;17 个及 17 个碳原子以上的是固体(表 2-2)。

直链烷烃的沸点都随着碳原子数的增加而升高。同系物之间每增加一个—CH_2,沸点升高 20~30℃。同数碳原子的直链烷烃的沸点高于支链烷烃。直链烷烃的熔点随碳原子数的增加而升高,且偶数碳原子的烷烃熔点增高的幅度比奇数碳原子的烷烃熔点增高的幅度要大些。因为偶数碳原子的烷烃呈锯齿状排列时,末端的两个甲基处于相反位置,具有较大的对称性,因而分子之间的距离减小,分子间作用力增大。

烷烃的密度随分子质量的增大而增大,但都小于 1,是所有有机化合物中最小的一种。烷烃是非极性分子,根据"相似相溶"规律,烷烃都难溶于水,易溶于乙醇、乙醚等有机溶剂。

表 2-2　几种烷烃的物理性质

名称	分子式	结构简式	常温下状态	熔点(℃)	沸点(℃)
甲烷	CH_4	CH_4	气	−182.5	−164
乙烷	C_2H_6	$CH_3 \quad CH_3$	气	−183.3	−88.63
丙烷	C_3H_8	$CH_3-CH_2-CH_3$	气	−189.7	−42.07

续表

名称	分子式	结构简式	常温下状态	熔点(℃)	沸点(℃)
丁烷	C_4H_{10}	$CH_3-(CH_2)_2-CH_3$	气	-138.4	-0.5
戊烷	C_5H_{12}	$CH_3-(CH_2)_3-CH_3$	液	-129.7	36.07
庚烷	C_7H_{16}	$CH_3-(CH_2)_5-CH_3$	液	-90.61	98.42
辛烷	C_8H_{18}	$CH_3-(CH_2)_6-CH_3$	液	-56.79	125.7
癸烷	$C_{10}H_{22}$	$CH_3-(CH_2)_8-CH_3$	液	-29.7	174.1
十七烷	$C_{17}H_{36}$	$CH_3-(CH_2)_{15}-CH_3$	固	22	301.8
二十四烷	$C_{24}H_{50}$	$CH_3-(CH_2)_{22}-CH_3$	固	54	391.3

(二) 烷烃的化学性质

烷烃的化学性质比较稳定,通常状况下,它们不与强氧化剂、强还原剂、强酸、强碱及活泼金属作用。例如,将甲烷气体通入高锰酸钾酸性溶液,可以观察到高锰钾溶液不褪色,说明甲烷不与强氧化剂反应。烷烃的化学性质之所以稳定,是因为烷烃分子里的化学键全部是 σ 键,σ 键是比较牢固的。

但是化学稳定性是相对的,在一定条件下,σ 键也可以断裂而发生某些化学反应。

1. 氧化反应 烷烃在空气中燃烧,生成二氧化碳和水,同时放出大量的热。例如,纯净的甲烷能在空气中安静地燃烧:

$$CH_4 + 2O_2 \xrightarrow{\text{点燃}} CO_2 + 2H_2O + \text{热}$$

所以,甲烷是一种很好的气体燃料。

2. 取代反应 烷烃在光照、高温或催化剂的作用下,可与卤素单质发生反应。例如,把盛有氯气和甲烷的混合气体的集气瓶放在光亮的地方,就可以看到瓶中氯气的颜色会逐渐变浅。这是因为在光照条件下,氯气与甲烷发生了下述反应:

$$CH_4 + Cl_2 \xrightarrow{\text{光照}} CH_3Cl + HCl$$

一氯甲烷

$$CH_3Cl + Cl_2 \xrightarrow{\text{光照}} CH_2Cl_2 + HCl$$

二氯甲烷

$$CH_2Cl_2 + Cl_2 \xrightarrow{\text{光照}} CHCl_3 + HCl$$

三氯甲烷(氯仿)

$$CHCl_3 + Cl_2 \xrightarrow{\text{光照}} CCl_4 + HCl$$

四氯甲烷(四氯化碳)

在这几步反应中,甲烷分子里的氢原子逐步被氯原子所替代,生成一氯甲烷、二氯甲烷、三氯甲烷和四氯甲烷的混合物。该反应属游离基反应,反应一旦发生,很难控制在某一步,因此得到的产物是多种物质的混合物。有机化合物分子中的某些原子或原子团,被其他的原子或原子团所代替的反应,称为取代反应。有机化合物分子中的氢原子被卤素原子取代的反应称为卤代反应。

不同卤素与烷烃发生卤代反应的活性不同,同一条件的反应活性顺序为:$F_2>Cl_2>Br_2>I_2$,氟代反应太剧烈,难以控制,碘代反应太慢甚至反应难以进行。所以常用的是烷烃与氯气和溴发生的氯代反应和溴代反应。

第2节 环 烷 烃

▶▶ 一、环烷烃的分类和命名

碳原子以碳碳单键首尾相连,连接成具有环状结构的烷烃称为环烷烃,属于脂环族化合物。环烷烃的性质与烷烃相似,属于饱和烃。

(一) 环烷烃的分类

(1) 根据环上碳原子的数目,可将脂环烃分为小环(3~4 个碳原子)、普通环(5~6 个碳原子)、中环(7~12 个碳原子)和大环(12 个以上碳原子)。

(2) 根据分子中所含碳环的数目,可将脂环烃分为单环、双环和多环脂环烃(有 3 个以上碳环)。

(3) 根据碳环的连接方式,分为螺环和桥环。两个环共用一个碳原子的称为螺环;两个环共用两个或两个以上碳原子的称为桥环。

(4) 根据脂环烃结构中是否含有不饱和键,又可分为环烷烃、环烯烃和环炔烃。

(二) 环烷烃的命名

单环脂环烃与脂肪烃的命名原则相似,根据成环碳原子数,在脂肪烃的名称前冠以"环"字即可,称为环"某"烷。例如:

环丙烷　　　　环丁烷　　　　环戊烷　　　　　环己烷

若环上有取代基时,一般按照顺时针或逆时针的方向对成环碳原子进行编号,并使取代基位次最小。例如:

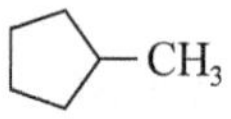

$$\text{CH}_3 \qquad \text{H}_3\text{C} \qquad \text{CH}_2\text{CH}_3$$

甲基环戊烷 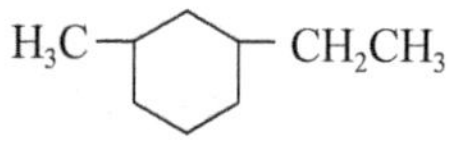　　　　　　1-甲基-3-乙基环戊烷

若环上取代基比较复杂时,环烃也可以作为取代基来命名。例如:

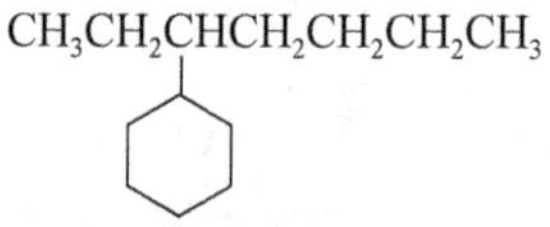

$$\text{CH}_3\text{CH}_2\text{CHCH}_2\text{CH}_2\text{CH}_2\text{CH}_3$$

3-环己基庚烷

链 接

螺环烃和桥环烃的命名

螺环烃:两个碳环共用一个碳原子的多环脂环烃称为螺环烃,其中共用的碳原子称为螺原子。 命名螺环烃时,先根据成环碳原子的总数称为"螺 [ ]"某烷,再把各环除螺原子以外的其他碳原子数目,按由小到大的顺序写在方括号中,各数字之间用圆点隔开。 例如:

螺[2.4]庚烷    螺[4.5]癸烷

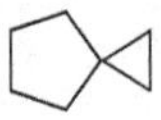

若环上有取代基时，编号从螺原子邻位的碳原子开始，先编小环，再通过螺原子编大环，并使取代基的位次较小。例如：

1-甲基螺[2.4]庚烷 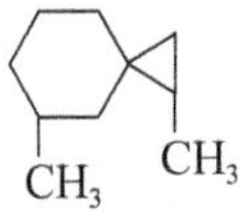   1,5-二甲基螺[2.5]辛烷

桥环烃：共用两个或两个以上碳原子的多环脂环烃称为桥环烃，其中共用的碳原子称为桥头碳原子。在桥环烃中最常见的是二环桥环烃，命名时先根据成环碳原子的总数，称为"二环[ ]"某烷，再把各"桥"路所含碳原子数目，按由大到小的顺序写在方括号中，各数字之间用圆点隔开。例如：

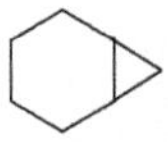

二环[4.1.0]庚烷 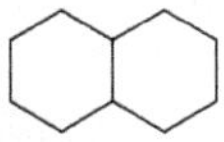   二环[4.4.0]癸烷 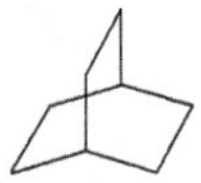   二环[2.2.2]辛烷

若环上有取代基时，编号从一个"桥头"碳原子开始，先编最长的"桥"，再经第二个"桥头"碳原子编次长的"桥"，并使取代基的位次较小。例如：

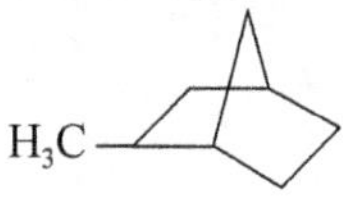

2-甲基二环[2.2.1]庚烷 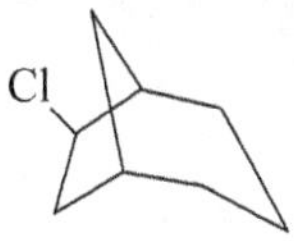   6-氯二环[3.2.1]辛烷

▶二、单环烷烃的性质

环烷烃中只有一个碳环的称为单环烷烃，它的通式为 C_nH_{2n}，与单烯烃互为同分异构体。环烷烃与开链烷烃的化学性质相似，尤其是五碳环(环戊烷)和六碳环(环己烷)。由于环烷烃具有环状结构，因此也具有一些特殊的性质。

(一)单环烷烃的物理性质

脂环烃的物理性质与链烃相似。环丙烷和环丁烷在常温下是气体，环戊烷是液体，高级环烷烃是固体，如环三十烷的熔点为56℃。环烷烃的熔点、沸点和相对密度都比含同数碳原子的烷烃为高(表2-3)。

表2-3 一些环烷烃及烷烃的物理常数比较

化合物	熔点(℃)	沸点(℃)	相对密度(d_4^{20})
环丙烷	−127.6	−32.9	0.720(−79℃)
丙烷	−187.69	−42.07	0.5005(7℃)

化合物	熔点(℃)	沸点(℃)	相对密度(d_4^{20})
环丁烷	-90	12.5	0.703(0℃)
丁烷	-138.45	-0.5	0.5788
环戊烷	-93.9	49.3	0.7454
戊烷	-129.72	36.07	0.6262
环己烷	6.6	80.7	0.7786
己烷	-95	68.95	0.6603

(二) 单环烷烃的化学性质

从化学键的角度来分析,环烷烃与烷烃相似。但是,由于单环烷烃具有环状构造,小环烷烃出现的一些特殊的化学性质,主要表现在环的稳定性上,小环较不稳定,大环则较稳定。

1. 取代反应 环烷烃比较稳定,一般情况下不与强酸、强碱和强氧化剂发生化学反应,但在高温或光照下能发生取代反应。

$$\text{\Large\bigcirc} + Br_2 \xrightarrow{300℃} \text{\Large\bigcirc}-Br + HBr$$

2. 开环加成 由 3 个或 4 个碳原子组成的小环环烷烃性质不稳定,在一定的条件下易开环,发生加成反应。反应时碳环被打开,在两端的碳原子上各加 1 个原子或原子团,生成开链烃或其衍生物。

(1) 加氢:在催化剂的作用下,环烷烃可进行催化加氢反应,环烷烃开环,碳链两端的碳原子各加 1 个氢原子,生成开链烷烃。

$$\triangle + H_2 \xrightarrow[80℃]{Ni} CH_3CH_2CH_3$$

$$\square + H_2 \xrightarrow[120℃]{Ni} CH_3CH_2CH_2CH_3$$

$$\text{\Large\pentagon} + H_2 \xrightarrow[300℃]{Ni} CH_3CH_2CH_2CH_2CH_3$$

$$\text{\Large\hexagon} + H_2 \xrightarrow[300℃]{Ni} \textbf{不反应}$$

由上式可以看出,环烷烃分子中的环碳原子数目不同,它们反应的难易程度也不同。其活性大小顺序为:环丙烷>环丁烷>环戊烷>环己烷。

(2) 加卤素:环丙烷在常温下、环丁烷在加热时分别与氯或溴发生加成反应,开环得 1,3-或 1,4-二卤代烷。

$$\triangle + Br_2 \xrightarrow{CCl_4} \overset{\displaystyle Br}{\underset{\displaystyle |}{CH_2}}-CH_2-\overset{\displaystyle Br}{\underset{\displaystyle |}{CH_2}}$$

$$\square + Br_2 \xrightarrow{\triangle} \overset{\displaystyle Br}{\underset{\displaystyle |}{CH_2}}-CH_2-CH_2-\overset{\displaystyle Br}{\underset{\displaystyle |}{CH_2}}$$

环戊烷及更高级的环烷烃不易开环,与卤素不发生加成反应,而是进行自由基取代。

例如：

$$\text{环戊烷} + Cl_2 \xrightarrow{\text{光照}} \text{氯代环戊烷} + HCl$$

（3）加氢卤酸：环丙烷在常温时与氢卤酸发生加成反应得卤丙烷。环上有烷基取代的环丙烷衍生物与氢卤酸的加成符合马氏规则。碳环打开，氢原子加在连氢较多的碳原子上，而卤原子则加在连氢较少的碳上。

$$\triangle + HBr \longrightarrow CH_3CH_2CH_2Br$$

$$\triangle\!\!\!| + HBr \longrightarrow CH_3-CH_2-\overset{\displaystyle Br}{\overset{|}{CH}}-CH_3$$

常温时，环丁烷、环戊烷及更高级的环烷烃与氢卤酸不起反应。

链接

环烷烃的结构与稳定性

环烷烃是指分子结构中含有一个或者多个环的饱和烃类化合物。最简单的脂环烃是环丙烷。环烷烃分子中所有的碳原子都是以 sp^3 杂化轨道，形成 C—C σ 键和 C—H σ 键。环丙烷分子中的 3 个碳原子在一个平面上，形成正三角形结构，夹角为 60°，而 sp^3 杂化轨道之间的夹角应为 109°28'。要把杂化轨道的正常键角压缩到 60°进行正面重叠是不可能的。现代物理方法测定，环丙烷中 C—C 键间的夹角为 105.5°，因此环丙烷中 C—C 间的 sp^3 杂化轨道不是在两原子核连线的方向上重叠，而是在碳原子连线外侧弯曲成键，也就是没有达到最大程度的重叠，重叠程度小，且存在角"张力"，分子内能较高，环不稳定，容易发生开环反应，如图 2-4 所示。环丁烷的情况与环丙烷相似，但碳碳键的弯曲程度比环丙烷小，所以比环丙烷相对稳定。

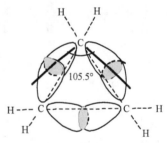

图 2-4 环丙烷中 sp^3 杂化轨道重叠示意图

5 个碳以上的环烷烃环上的碳原子并不都在同一平面上，C—C 键角为 109°28' 左右。例如，环戊烷的组成环的 5 个碳中只有 4 个是处在同一个平面上，另一个碳在平面外。这样的结构在不断地翻动着，处于平面外的碳沿着环迅速地变换。因而环戊烷是一个有一只角向上的近平面结构。

环戊烷　　　　　　椅式　　船式

环己烷有 4 个碳原子在一个平面上，其他 2 个碳一个在此平面的上方，另一个在这个平面的下方（椅型）；或者 2 个都在此平面的上方（船型）。两种结构可以相互转化。

环己烷的 6 个成环碳原子不共平面，C—C 键角保持正常键角 109°28'，是无"张力"环，所以环稳定，不易开环。

目标检测

一、单项选择题

1. 下列分子式属于饱和链烃的是（　　）
   - A. C_3H_4
   - B. C_5H_{12}
   - C. C_4H_8
   - D. C_7H_8

2. 反应 ⬠ + Cl_2 $\xrightarrow{光照}$ ⬠—Cl + HCl 属于（　　）
   - A. 加成反应
   - B. 取代反应
   - C. 聚合反应
   - D. 氧化反应

3. 下列烷烃互为同分异构体的是（　　）
   - A. 甲烷与乙烷
   - B. 丙烷与 2-甲基丙烷
   - C. 正丁烷与异丁烷
   - D. 己烷与新戊烷

4. 下列烷烃，有 3 种同分异构体的是（　　）
   - A. C_3H_8
   - B. C_4H_{10}
   - C. C_5H_{12}
   - D. C_6H_{14}

5. 下列环烷烃中加氢开环最容易的是（　　）
   - A. 环丙烷
   - B. 环丁烷
   - C. 环戊烷
   - D. 环己烷

6. 甲烷的空间结构呈（　　）
   - A. 正四面体
   - B. 正方形
   - C. 直线形
   - D. 正三角形

7. $(CH_3)_4C$ 的学名正确的是（　　）
   - A. 戊烷
   - B. 异戊烷
   - C. 2,2-二甲基丙烷
   - D. 2-二甲基丙烷

8. 下列属于乙烷的同系物的是（　　）
   - A. C_5H_{10}
   - B. C_5H_{12}
   - C. C_5H_8
   - D. C_6H_6

9. 下列叙述中，与烷烃的性质不符的是（　　）
   - A. 很稳定，不与强酸、强碱作用
   - B. 难与强氧化剂发生反应
   - C. 燃烧时，生成二氧化碳和水，并放出大量的热
   - D. 烷烃均易溶于水、乙醇、乙醚等溶剂中

10. 区分烷烃和小环环烷烃的试剂是（　　）
    - A. $KMnO_4$
    - B. HCl
    - C. Br_2
    - D. $NaOH$

二、填空题

1. 只由＿＿＿＿＿＿和＿＿＿＿＿＿两种元素组成的有机化合物，称为＿＿＿＿＿＿，简称为烃。

2. 烷烃的分子通式为＿＿＿＿＿＿，分子中的碳原子之间都以＿＿＿＿＿＿键相连。烷烃的化学性质＿＿＿＿＿＿，通常不与＿＿＿＿＿＿、＿＿＿＿＿＿和＿＿＿＿＿＿作用。

3. 在某烷烃分子式中，氢原子数为 24，其中的碳原子数 n =＿＿＿＿＿＿。

4. 同系物是指＿＿＿＿＿＿和＿＿＿＿＿＿相似，在分子组成上相差 1 个或几个＿＿＿＿＿＿原子团的有机化合物。

5. C_5H_{12} 有＿＿＿＿＿＿种同分异构体，C_6H_{14} 有＿＿＿＿＿＿种同分异构体。

6. 由于分子中＿＿＿＿＿＿而产生的同分异构，称为碳链异构。

7. 在光照下，甲烷能跟氯气发生＿＿＿＿＿＿反应，反应后生成＿＿＿＿＿＿种产物；其中产物俗名为氯仿的结构式是＿＿＿＿＿＿。

三、写出下列化合物的结构简式

1. 2,3-二甲基己烷

2. 新戊烷

3. 1,1-二甲基环戊烷

四、命名下列化合物

1. $\underset{\underset{CH_2CH_3}{|}}{CH_3CH_2CHCH_3}$

2. ⬡

3. ⬠—CH_3

五、写出下列反应的主要产物

1. ⬠ +Br_2 $\xrightarrow{光照}$

2. △ +H_2 $\xrightarrow[80℃]{Ni}$

3. CH_4 + Br_2 $\xrightarrow{光照}$

六、用化学方法区别下列各组化合物

1. 环己烷和环丙烷

2. 丙烷和环丙烷

（商成喜）

第3章 不饱和烃

学习目标

1. 掌握:烯烃、炔烃的结构特点和主要性质。
2. 熟悉:烯烃和炔烃的同分异构现象、命名原则并会命名。
3. 了解:二烯烃的分类、命名和性质;诱导效应和共轭效应。

分子中含有碳碳双键或碳碳三键的烃称为不饱和烃(unsaturated hydrocarbon)。烯烃(alkenes)分子中含有碳碳双键($\diagdown C = C \diagup$),炔烃(alkynes)分子中含有碳碳叁键($-C \equiv C-$),两者都属于不饱和烃类的有机化合物。烯烃和炔烃分子中都存在不饱和键,其性质比烷烃活泼,并且两类物质的性质有很多相似之处。

第 1 节 烯 烃

▶ 一、烯烃的结构和同分异构现象

(一)烯烃的结构

分子中含有碳碳双键的烃称为烯烃,其官能团为碳碳双键。根据分子中双键数目的不同,可分为单烯烃(含 1 个双键)、二烯烃(含 2 个双键)和多烯烃(含 3 个或 3 个以上双键);根据主链碳骨架是否成环,可分为链状烯烃和环状烯烃。链状单烯烃比同碳原子数的烷烃少 2 个氢原子,故结构通式为 $C_nH_{2n}(n \geq 2)$ 。

乙烯($CH_2 = CH_2$)是最简单的烯烃,其分子是平面结构(图 3-1),即分子中所有原子均在同一平面内。碳碳双键的平均键长为 134pm,比碳碳单键(154pm)短;碳碳双键的平均键能为 610.28kJ/mol,而碳碳单键的平均键能为 346.948kJ/mol,双键约为单键的 1.75 倍,由此可见,碳碳双键并非单键的加和。

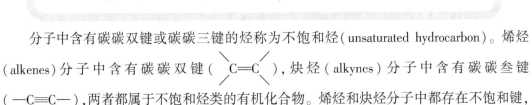

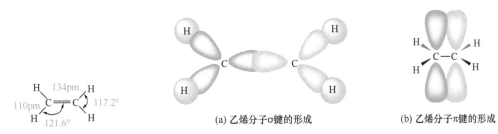

图 3-1 乙烯分子平面结构

(a) 乙烯分子σ键的形成 (b) 乙烯分子π键的形成

图 3-2 乙烯分子的形成

根据杂化轨道理论,乙烯分子中双键碳原子为 sp^2 杂化,两个碳原子各用一个 sp^2 杂化轨道沿着键轴方向以"头碰头"的方式重叠形成 C—C σ 键,又各以一个 sp^2 杂化轨道与氢原子的 $1s$ 轨道以"头碰头"的方式重叠形成 C—H σ 键,5 个 σ 键处于同一平面(图 3-2a),而每个碳原子上未参与杂化的 p 轨道(与该平面垂直且相互平行)从侧面以"肩并肩"的方式重叠形成 π 键,形成 π 键的电子称为 π 电子,π 电子云分布在平面的上方和下方(图 3-2b)。因此分子中双键由一个 σ 键和一个 π 键组成。

在乙烯分子中,1 个碳碳 σ 键和 4 个碳氢 σ 键都在同一平面上,π 键垂直于 σ 键所在的平面,所以乙烯分子是平面结构。由于碳碳双键原子之间的电子云密度大于碳碳单键,因此使两个碳原子的原子核更加靠近了,导致碳碳双键的键长比碳碳单键的短。因为碳碳双键是由一个 σ 键和一个 π 键组成的,使双键上的两个碳原子不能像 σ 键那样自由旋转,所以碳碳双键上所连接的原子或基团具有固定的空间排列,从而产生顺反异构现象。

(二) 烯烃的同分异构现象

烯烃的同分异构现象比烷烃复杂得多,其异构体的数目也比同碳数的烷烃多。产生同分异构的类型主要有构造异构和顺反异构。

1. 构造异构　由于组成分子的原子或原子团的连接次序和方式不同而引起的同分异构现象称为构造异构。烯烃中存在的构造异构主要有碳链异构和官能团位置异构。碳链异构是由碳链骨架的不同而引起的异构现象。官能团位置异构是由双键在碳链上位置不同而引起的异构现象。例如,戊烯(C_5H_{10})存在下列 5 种异构体。

$$CH_3CH_2CH_2CH{=\!=}CH_2 \qquad\qquad CH_3CH_2CH{=\!=}CHCH_3$$
$$(1) \qquad\qquad\qquad\qquad (2)$$

$$
\begin{array}{ccc}
\quad CH_3 & \quad CH_3 & \quad CH_3 \\
\quad | & \quad | & \quad | \\
CH_3CHCH{=\!=}CH_2 & CH_3CH_2C{=\!=}CH_2 & CH_3C{=\!=}CHCH_3 \\
(3) & (4) & (5)
\end{array}
$$

(1)、(2)与(3)、(4)、(5)之间是由于碳链骨架不同而引起的异构,称为碳链异构。而(1)、(2)之间或(3)、(4)、(5)之间的碳骨架相同,是由于双键在碳链位置不同而引起的异构,称为官能团位置异构。

2. 顺反异构　由于碳碳双键不能自由旋转,当两个双键碳原子上连接不同的原子或者基团时,即双键碳上的 4 个原子或者基团在空间就会有两种不同的排列方式(构型),就会产生两种异构体。例如,2-丁烯存在下列两种异构体。

$$
\begin{array}{cc}
\begin{array}{c}
H \qquad\quad H \\
\diagdown\;\;/ \\
C{=\!=}C \\
/\;\;\diagdown \\
H_3C \qquad CH_3
\end{array}
&
\begin{array}{c}
H_3C \qquad H \\
\diagdown\;\;/ \\
C{=\!=}C \\
/\;\;\diagdown \\
H \qquad\quad CH_3
\end{array}
\\
(a) & (b)
\end{array}
$$

	(a)	(b)
熔点(℃)	−139	−105
沸点(℃)	4	1
相对密度	0.621	0.601
偶极距	1.1×10^{-30}	0

结构式(a)中,两个甲基位于 π 键的同侧,为顺-2-丁烯,结构式(b)中,两个甲基位于 π 键的异侧,为反-2-丁烯。两者是不同的化合物,室温下不能通过化学键的旋转互相转化。

像丁烯这样,分子中碳碳双键(或环)限制原子的旋转,原子或基团在空间的排列方式不同而引起的异构现象称为顺反异构,也称几何异构,属于立体异构的一种。

顺反异构体不仅物理性质不同,而且在生理活性方面也有较大的差异。例如,己烯雌酚的异构体,反式异构体生物活性较强,而顺式异构体无活性。

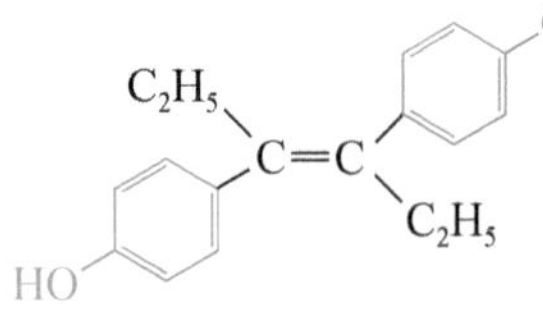

反式(有活性) 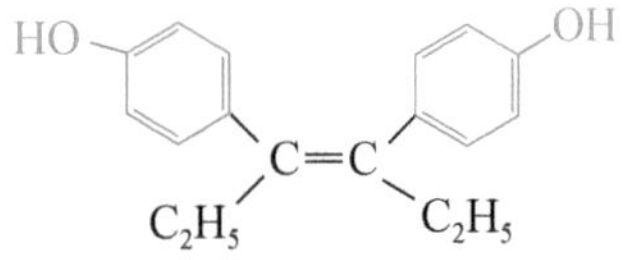　　　　　　　　　　顺式(无活性)

烯烃产生顺反异构的条件:①分子中存在限制原子自由旋转的因素,如双键或脂环等结构;②每个不能旋转的原子上连接不同的原子或者基团。下列4种结构式中(a)、(b)、(d)均有顺反异构体,(c)无顺反异构体,因为(c)结构式中同一个碳原子连接相同的基团。

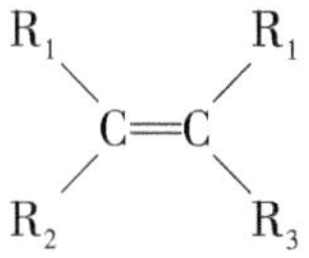

（a） 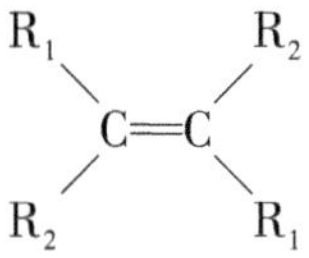　　　　　　（b） 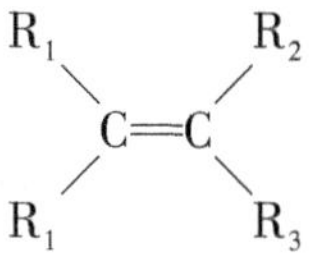　　　　　　（c） 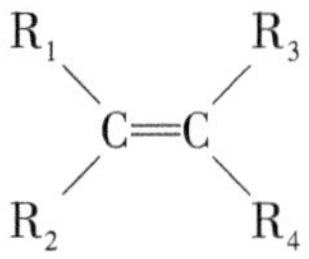　　　　　　（d）

例如,1-丁烯、2-甲基-2-丁烯均无顺反异构体。

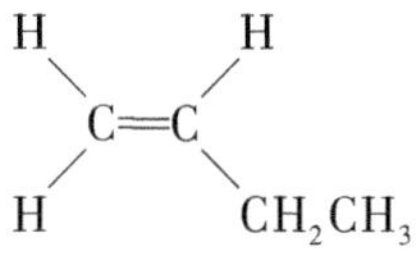

1-丁烯 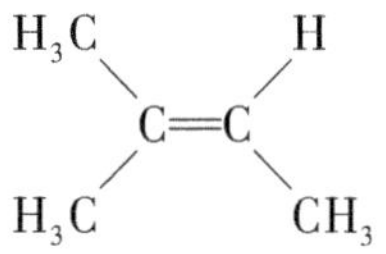　　　　　　　　　　2-甲基-2-丁烯

▶ 二、烯烃的命名

(一) 普通命名法

普通命名法仅适用于结构简单的烯烃,命名原则与烷烃类似,根据碳原子的个数,命名为"某烯",如:

$$CH_2=CH_2 \qquad CH_3HC=CH_2 \qquad H_3C-\overset{\overset{\displaystyle CH_3}{|}}{C}=CH_2$$

乙烯　　　　　　　丙烯　　　　　　　异丁烯

(二) 系统命名法

结构复杂的烯烃用系统命名法命名,其命名原则如下。

1. 选主链　选择含有双键碳原子在内的最长碳链作为主链,支链作为取代基,根据主链碳原子数目,命名为某烯(母体),主链多于10个碳原子的烯烃,命名时中文数字后加"碳烯",如二十二碳烯。

2. 编号　从靠近双键的一端开始,依次给主链碳原子编号,双键的位次以两个双键碳原子中编号较小的一个表示,写在"某烯"的前面,并用半字线"-"隔开。若双键居于主链中央,编号应从距离取代基近的一端开始。

3. 命名　取代基的位次、数目和名称写在双键位次之前,表示方法与烷烃相同。例如:

$$\underset{1}{H_2C}=\underset{2}{CH}\underset{3}{CH_2}\underset{4}{CH_3}$$
1-丁烯

$$\underset{1}{CH_3}\underset{2}{HC}=\underset{3}{CH}\underset{4}{CH_2}\underset{5}{CH_3}$$
2-戊烯

$$\underset{5}{CH_3(CH_2)_6}HC=\overset{4}{CH}(CH_2)_2CH_3$$
4-十二碳烯

$$CH_3CH_2\underset{2}{C}=\underset{1}{CH_2}$$
$$\underset{3}{CH_2}\underset{4}{CH_2}\underset{5}{CH_3}$$
2-乙基-1-戊烯

$$\underset{5}{CH_3}\underset{4}{CHCH_3}$$
$$\underset{1}{CH_3}\underset{2}{HC}=\underset{3}{CCH_3}$$
3,4-二甲基-2-戊烯

$$CH_3$$
$$\underset{1}{CH_3}\underset{2}{CHCH_2}\underset{3}{CH}=\underset{4}{CH}\underset{5}{CHCH_2CH_3}$$
$$CH_2CH_3$$
2-甲基-6-乙基-4-辛烯

烯烃分子去掉一个氢原子之后剩余的基团称为烯基。命名烯基时,应从游离价键所在的原子开始编号。下列为常见的烯基:

$$CH_2=CH-$$
乙烯基

$$\underset{3}{CH_3}\underset{2}{CH}=\underset{1}{CH}-$$
1-丙烯基
(丙烯基)

$$\underset{3}{H_2C}=\underset{2}{CH}\underset{1}{CH_2}-$$
2-丙烯基
(烯丙基)

(三) 顺反异构体的命名

顺反异构体的命名比较简单,构型后加物质名称并用半字线"-"隔开。顺反异构体的构型标记方法有两种,即顺、反构型标记法和 Z、E 构型标记法。

1. 顺、反构型标记法 该法适用于两个双键碳上连接相同的原子或基团烯烃构型的标记。当两个相同的原子或基团位于双键的同侧时,异构体标记为顺式构型;当两者位于双键异侧时,则标记为反式构型。例如:

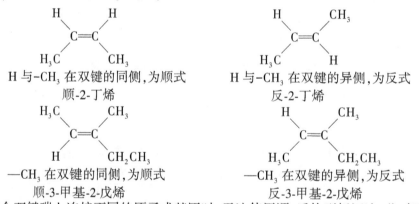

H 与–CH_3 在双键的同侧,为顺式
顺-2-丁烯

H 与–CH_3 在双键的异侧,为反式
反-2-丁烯

—CH_3 在双键的同侧,为顺式
顺-3-甲基-2-戊烯

—CH_3 在双键的异侧,为反式
反-3-甲基-2-戊烯

当两个双键碳上连接不同的原子或基团时,无法使用顺、反构型标记法,此时可采用 Z、E 构型标记法。

2. Z、E 构型标记法 采用 Z、E 构型标记法时,首先应根据"次序规则"确定每个双键碳上两个原子或基团的优先次序,若两个优先基团位于双键的同侧,则异构体标记为 Z 型(德文,Zusammen,在一起,指同侧);若在异侧,则异构体标记为 E 型(德文,Eutgegen,相反,指异侧)。例如,下式(a)、(b),假设优先次序:a>b,d>e,(a)式中 a、d 在双键同侧,标记为 Z 构型,(b)式中 a、d 在双键异侧,标记为 E 构型。

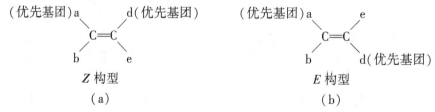

（优先基团）a　　　d（优先基团）
$$C=C$$
b　　　e
Z 构型
（a）

（优先基团）a　　　e
$$C=C$$
b　　　d（优先基团）
E 构型
（b）

次序规则是将有机化合物中的原子或基团按照先后次序进行排列的规则,是确定异构体 Z、E 构型的关键。其主要内容归纳如下:

(1) 如果与双键碳原子直接相连的原子为不同原子,则按照原子序数大小进行排列,原子序数较大的为优先基团。下列为有机化合物中常见的一些原子,其优先次序为:I>Br>Cl>S>O>N>C>H。

(2) 如果与双键碳原子直接相连的为同一原子时,则比较与该原子直接相连其他原子的原子序数,如果第二个原子也相同,再依此逐级比较,直到确定出优先基团为止。例如,3-甲基-4-异丙基-3-庚烯的两个异构体。

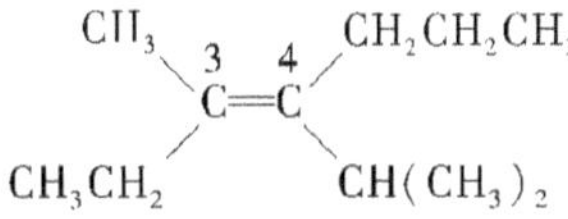

(a) 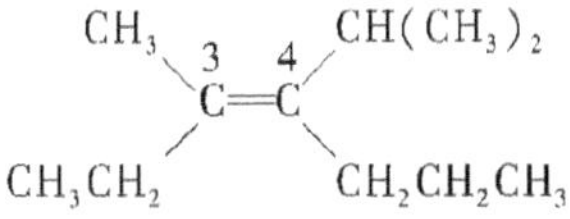　　　　　　　　　　(b)

上述 (a)、(b) 两个异构体中,C—4 位连接的基团是异丙基和正丙基,即与 C—4 位连接的第一个原子均为碳原子,无法确定哪个为优先基团,根据次序规则,再比较与 C—4 位直接相连碳原子上的其他原子,与异丙基碳直接相连的原子为 C、C、H,而与正丙基碳直接相连的原子为 C、H、H,碳原子的原子序数大于氢原子,因此异丙基为优先基团。同理 C—3 位连接的基团(甲基、乙基)中,乙基是优先基团。(a)、(b) 两物质的命名如下:

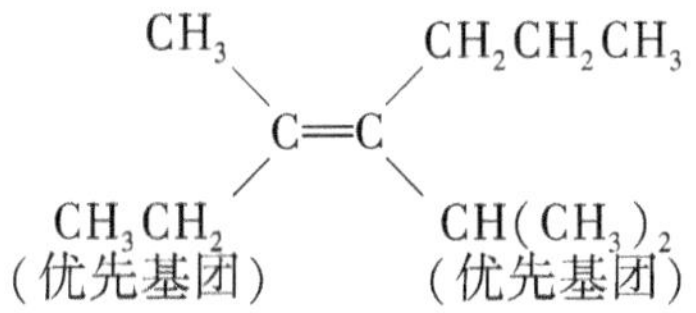

(a)　　　　　　　　　　(b)

(Z)-3-甲基-4-异丙基-3-庚烯　　　　(E)-3-甲基-4-异丙基-3-庚烯

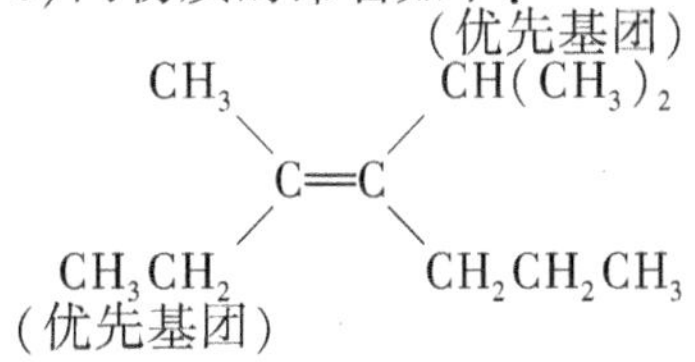

(3) 如果基团中含有双键或三键,可看作与两个或三个相同的原子以单键形式相连。例如:

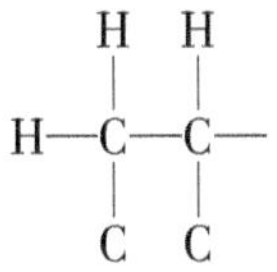

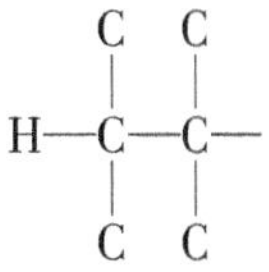

常见基团的优先次序如下:

$$—C≡N > —C≡CH > —HC=CH_2 > —C_2H_5$$
$$—COOH > —COR > —CHO > —CH_2OH$$

尤其要注意:　　$—CH_2Cl > —COOH$; $—CH_2OH > —C≡N$

Z、E 构型标记法可用于标记所有顺反异构体的构型,但需要强调的是,Z、E 构型标记法和顺、反构型标记法属于两种不同的构型标记方法,两者不是一一对应的关系。例如,反-2-丁烯可命名为 (E)-2-丁烯,但反-2-氯-2-丁烯应命名为 (Z)-2-氯-2-丁烯,而不是 (E)-2-氯-2-丁烯。

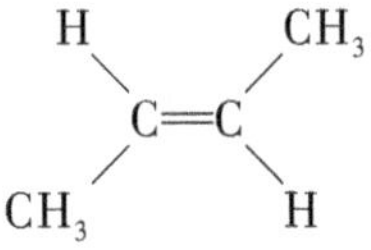

反-2-丁烯　　　　　　　　反-2-氯-2-丁烯
(E)-2-丁烯　　　　　　　(Z)-2-氯-2-丁烯

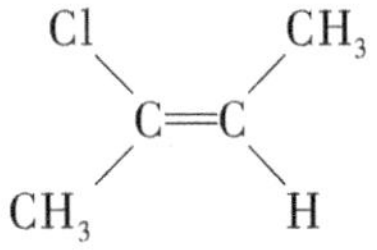

烯烃衍生物的生理作用

烯烃是一类重要的有机化合物,并具有重要的应用价值。例如,乙烯具有催熟作用;亚油酸、亚麻酸和花生四烯酸(三者的双键均为顺式构型)是人体必需的脂肪酸;维生素A(视黄醇)是人体必需的营养素,在人体内可转化成视黄醛,缺乏维生素A可导致夜盲症;β-胡萝卜素是合成维生素A的原料,也是一种生物抗氧化剂,能够清除体内的自由基、抗衰老。β-胡萝卜素还具有预防肿瘤、抗动脉粥样硬化、增强机体免疫力等功能,应用前景广阔。

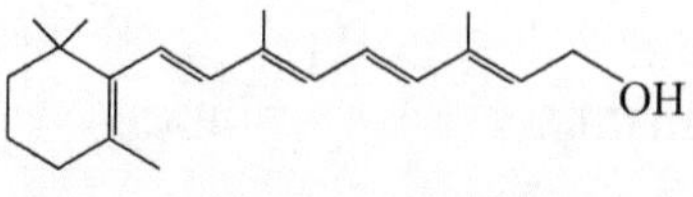

维生素A(侧链四个双键均为E构型)

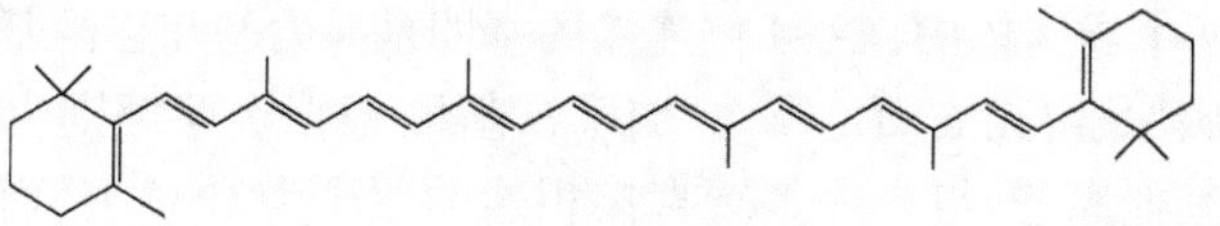

β-胡萝卜素

▶▶ **三、烯烃的性质**

烯烃的物理性质与烷烃相似。在常温常压下,含2~4个碳原子的烯烃为气体,含5~18个碳原子的烯烃为液体,含19个碳原子以上的烯烃为固体。熔点、沸点随碳原子数增加而增大,反式异构体的熔点高于顺式异构体,但其沸点却低于顺式异构体。烯烃易溶于苯、氯仿、四氯化碳等有机溶剂而难溶于水。

烯烃的官能团是碳碳双键。由于π键电子云分布在双键平面的上下方,受原子核的束缚小,键的可极化性较强,容易给出电子,π键容易发生断裂,所以烯烃的化学性质比较活泼,容易发生亲电加成反应、氧化反应、催化氢化和聚合反应等。

(一)加成反应

烯烃的加成反应是指烯烃分子中的π键断裂,双键碳原子上各加1个原子或基团,生成新的σ键,从而生成饱和化合物的反应。

1. 催化加氢 烯烃与氢气在催化剂下,π键发生断裂,双键碳上各加1个氢原子生成相应的烷烃,该反应称为加成反应,称为催化加氢或催化氢化,催化加氢反应属于还原反应。

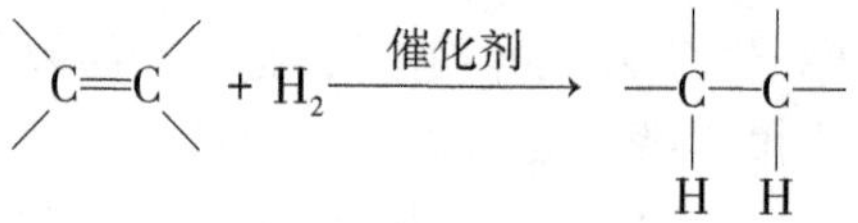

例如:

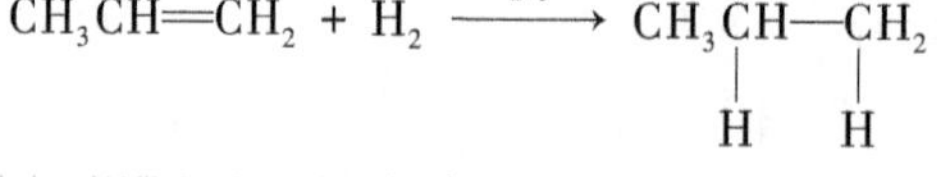

$$CH_3CH{=}CH_2 + H_2 \xrightarrow{\text{Pt}} CH_3\underset{H}{CH}{-}\underset{H}{CH_2}$$

该反应必须在催化剂卜才能反应,反应中常用的催化剂有铂(Pt)、钯(Pd)、镍(Ni)等过渡金属。催化剂可以有效降低反应的活化能,使反应更容易进行。

2. 加卤素 烯烃与卤素（Cl_2、Br_2）在四氯化碳中加成，生成邻二卤代烷。

$$\begin{matrix} C=C \end{matrix} + X_2 \xrightarrow{CCl_4} -\overset{|}{\underset{X}{C}}-\overset{|}{\underset{X}{C}}-$$

卤素与烯烃加成的相对反应活性顺序为：$F_2 > Cl_2 > Br_2 > I_2$。

氟与烯烃的反应非常剧烈，并伴随着副反应发生，与氟的加成通常需要在特殊条件下才能进行；碘的活泼性很低，几乎不能与烯烃进行加成反应，因此烯烃与卤素加成反应主要是氯和溴。例如：

$$CH_3CH=CH_2 + Br_2 \xrightarrow{CCl_4} CH_3\overset{|}{\underset{Br}{C}}H-\overset{|}{\underset{Br}{C}}H_2$$

1，2-二溴丙烷

烯烃与溴的加成产物二溴代烷为无色化合物，其反应现象为溴的四氯化碳溶液的红棕色褪去。该反应易发生，操作简单，现象明显，是实验室鉴别烯烃最常用的方法。但能使溴的四氯化碳褪色不只有烯烃，是否为烯烃还需要进一步验证。

3. 加卤化氢 烯烃与卤化氢（HX）发生亲电加成反应，产物为一卤代烃，其反应通式为：

$$\begin{matrix} C=C \end{matrix} + HX \longrightarrow -\overset{|}{\underset{H}{C}}-\overset{|}{\underset{X}{C}}-$$

为避免烯烃与水加成，反应不用卤化氢的水溶液，而是将干燥的卤化氢气体通入烯烃中进行反应。

卤化氢与烯烃加成的相对活性次序为：$HI > HBr > HCl > HF$。碘化氢和溴化氢很容易与烯烃加成，氯化氢与烯烃加成反应较慢，而氟化氢毒性较强，与烯烃加成时，伴随着副反应（聚合反应），一般不能与烯烃直接反应。

结构不对称的烯烃（即双键碳原子上连接的取代基不同）与卤化氢发生加成反应时，预计可得到两种不同的加成产物，但实际上只有一种是主要产物，像这种可能产生两个或者多个异构体时，而实际只产生一种或以一种产物为主的反应称为区域性选择反应。例如：

$$CH_2=CHCH_3 + HBr \longrightarrow CH_3-\overset{|}{\underset{Br}{C}}HCH_3 + CH_2-\overset{|}{\underset{Br}{C}}H_2CH_3$$

丙烯　　　　　　　2-溴丙烷　　　1-溴丙烷
主要产物　　　　次要产物

$$\underset{CH_3}{\overset{H}{\diagup}}C=C\underset{CH_3}{\overset{CH_3}{\diagdown}} + HCl \longrightarrow CH_3CH_2-\overset{Cl}{C}(CH_3)_2 + CH_3\overset{Cl}{C}H-CH(CH_3)_2$$

2-甲基-2-丁烯　　　　　　2-甲基-2-氯丁烷　　　2-甲基-3-氯丁烷
主要产物　　　　　次要产物

1870年俄国化学家马尔柯夫尼柯夫（V. V. Markovnikov，1838~1904）根据不对称烯烃与卤化氢加成的主要产物总结出一个经验规则：不对称烯烃与卤化氢等不对称试剂加成时，氢原子总是优先加到含氢较多的双键碳上，这一规则称为马尔柯夫尼柯夫规则（Markovnikov's rule），简称马氏规则。马氏规则可用来预测结构不对称烯烃与不对称试剂加成的主要产物。

$$\text{（环戊烯-CH}_3\text{,H）} + HBr \xrightarrow{\text{乙醚}} \text{（环戊烷-CH}_3\text{,Br）}$$

主要产物

在应用马氏规则时,要注意过氧化物效应,即不对称烯烃与溴化氢在过氧化物存在的条件下加成时,反应不遵循马氏规则,即氢原子加到含氢较少的双键碳原子上,得到反马氏产物。例如,丙烯与溴化氢在过氧化物的作用下加成,主要产物为1-溴丙烷,而不是2-溴丙烷。

$$CH_2 =CHCH_3 + HBr \xrightarrow{\text{过氧化物}} BrCH_2-CH_2CH_3$$

值得注意的是,只有溴化氢发生过氧化物效应,氯化氢和碘化氢不会发生过氧化物效应。

4. 加硫酸 烯烃与浓硫酸在低温条件下加成,生成烷基硫酸氢酯。该反应属于亲电加成反应,不对称烯烃与硫酸加成时,反应取向遵循马氏规则。

$$RCH =CH_2 + HOSO_2OH \xrightarrow{\text{低温}} \underset{\underset{OSO_2OH}{|}}{RCH}-CH_3$$

烷基硫酸氢酯与水在加热的条件下,水解生成醇。

$$CH_3CH =CH_2 + HOSO_2OH \xrightarrow{\text{低温}} \underset{\underset{OSO_2OH}{|}}{CH_3CH}-CH_3 \xrightarrow[\text{加热}]{H_2O} \underset{\underset{OH}{|}}{CH_3CH}-CH_3$$

工业上利用该法大规模合成醇,称为间接水合法。

烷烃不能与硫酸反应,而烯烃可以,因此可利用该性质除去混在烷烃中的少量烯烃杂质。

5. 加水 在无机酸如稀硫酸、稀磷酸的催化下,烯烃与水发生加成反应生成醇,称为烯烃的直接水合法。

$$CH_2 =CH_2 + HOH \xrightarrow[300℃,7MPa]{H_3PO_4} CH_3-CH_2OH$$

由于不对称烯烃与水加成时,反应取向遵循马氏规则,因此通过烯烃(除乙烯外)的直接、间接水合法合成的醇均为仲醇和叔醇。

（二）氧化反应

烯烃易被氧化,氧化反应发生在双键上,π键首先断开,当反应条件加强时,σ键也会断裂,反应条件不同烯烃的氧化产物不同。

在碱性或中性介质中,烯烃可以被冷的高锰酸钾溶液氧化,生成邻二醇。

$$\underset{}{C=C} + KMnO_4 \xrightarrow{H_2O} \underset{\underset{OH\ OH}{|\ \ |}}{-C-C-} + MnO_2\downarrow$$

反应中高锰酸钾紫红色褪去,并有棕色的二氧化锰沉淀生成,现象非常明显,可用于鉴别烯烃。

烯烃与热的、浓的高锰酸钾或酸性高锰酸钾反应,烯烃双键发生断裂,生成酮、羧酸、二氧化碳等物质。若双键碳上无氢原子,氧化产物为酮;若连有一个氢原子,则生成羧酸;若连有两个氢原子,则生成碳酸,碳酸不稳定分解产生二氧化碳和水,反应中,紫红色的高锰酸钾溶液变成无色溶液。

$$RCH=CH_2 + KMnO_4 \xrightarrow{H^+} RCOOH + CO_2\uparrow + H_2O$$

$$\begin{array}{c} R_1 \\ \diagdown \\ C=C \\ \diagup \quad \diagdown \\ R_2 \qquad R_3 \end{array} \begin{array}{c} H \\ \diagup \end{array} + KMnO_4 \xrightarrow{H^+} \begin{array}{c} R_1 \\ \diagdown \\ C=O \\ \diagup \\ R_2 \end{array} + R_3COOH$$

例如:

$$CH_3CH=CH_2 + KMnO_4 \xrightarrow{H^+} CH_3COOH + CO_2\uparrow + H_2O$$

$$\begin{array}{c} CH_3 \\ \diagdown \\ C=C \\ \diagup \quad \diagdown \\ CH_3 \qquad CH_3 \end{array} \begin{array}{c} H \\ \diagup \end{array} + KMnO_4 \xrightarrow{H^+} CH_3-\overset{O}{\overset{\|}{C}}-CH_3 + CH_3COOH$$

由上述反应可知,烯烃氧化产物的结构与烯烃结构密切相关,通过分析氧化产物的结构可以推断出烯烃的结构。

(三) 聚合反应

在催化剂或引发剂的作用下,大量的小分子化合物通过加成反应生成高分子化合物的反应称为聚合反应,反应中形成的高分子化合物称为聚合物,发生聚合反应的小分子化合物称为单体。

烯烃在一定条件下,π 键发生断裂,并按照一定方式连接形成链状的高分子化合物,反应式如下:

$$n\text{CH}_2=\text{CH}_2 \xrightarrow{催化剂} \left[\text{CH}_2-\text{CH}_2\right]_n$$
聚乙烯

聚乙烯是一种无毒、无味、绝缘的塑料,广泛用于日常用品(如塑料袋、管材等)、食品、制药等各个领域。如果变换双键碳上的取代基,可得到不同结构的聚合物(如氯乙烯聚合生成聚氯乙烯),从而得到性质各异的高分子材料。

▶ 四、诱导效应

由于成键原子或基团的电负性不同,通过静电作用力使成键电子云沿着碳链某一方向移动的现象称为诱导效应,用符号 I 表示。例如,1-氟丙烷(下式)的电子云沿着碳链向氟原子移动,原因是氟原子的电负性强于碳原子,F—C 键的电子云偏向氟原子(箭头的指向为电子云偏移的方向),C1 带有部分正电荷;C1 的正电荷吸引 C1-C2 键的电子云并偏向于 C1,C2 带少量正电荷,同理 C2 的正电荷又会吸引 C2-C3 键的电子云,使 C3 带更少的正电荷,这种影响即为诱导效应。

$$\overset{\delta-}{F} \leftarrow \overset{\delta+}{\underset{1}{C}} \leftarrow \overset{\delta\delta+}{\underset{2}{C}} \leftarrow \overset{\delta\delta\delta+}{\underset{3}{C}}$$

诱导效应的特点:①诱导效应是一种静电作用力,永久性存在;②电子云是沿着碳链(原子链)某一方向偏移的;③诱导效应随碳链(原子链)的延长,作用明显减弱,一般传递到 3 个 σ 键后就可忽略不计。

诱导效应可分为吸电子诱导效应和斥(给)电子诱导效应,分别用符号 –I 和 +I 表示。由吸电子基团引起的诱导效应称为吸电子诱导效应,由斥(给)电子基团引起的诱导效应称为斥(给)电子诱导效应。

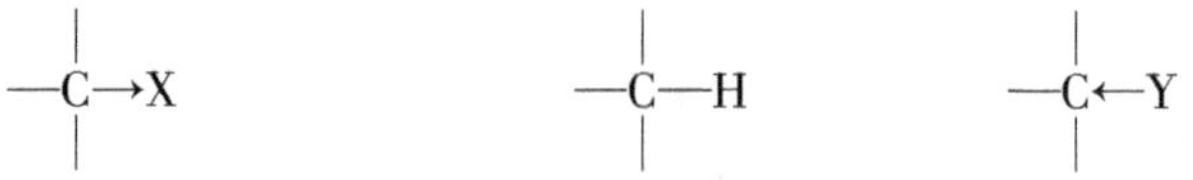

$$-\overset{|}{\underset{|}{C}}\rightarrow X \qquad\qquad -\overset{|}{\underset{|}{C}}-H \qquad\qquad -\overset{|}{\underset{|}{C}}\leftarrow Y$$

吸电子基团   比较标准   斥电子基团

-I 效应   +I 效应

吸电子基团和斥电子基团是以氢原子(H)作为比较标准,比氢原子电负性强的原子或基团称为吸电子基团(X);比氢原子电负性弱的原子或基团称为斥电子基团(Y)。

常见的一些吸电子基团和斥电子基团电负性强弱次序如下:

吸电子基团:$-NO_2 > -CN > -COOH > -X(F、Cl、Br、I) > -OCH_3 > -OH > -C_6H_5 > -HC=CH_2 > -H$

斥电子基团:$-O^- > -COO^- > -C(CH_3)_3 > -CH(CH_3)_2 > -C_2H_5 > -CH_3 > -H$

诱导效应可以解释碳正离子的稳定性,由于烷基是斥电子基团,通过诱导效应,使成键电子云偏向碳原子,可分散碳正离子的电荷,烷基越多,电荷越分散,体系越稳定。甲基碳正离子是没有烷基的碳正离子,电荷不能被分散,体系不稳定,因此烷基取代程度越高的碳正离子稳定性也就越强。

碳正离子的稳定性也可以很好地解释马氏规则,如丙烯与卤化氢的加成,反应首先形成两种碳正离子,即伯碳正离子和仲碳正离子,后者比前者更稳定,反应更快,因此反应以碳正离子稳定的加成产物为主。

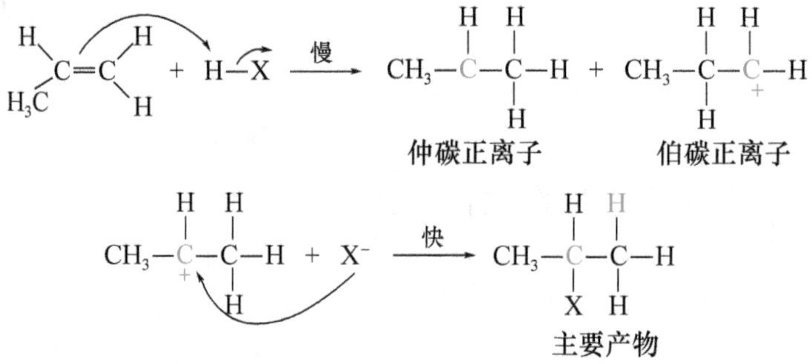

第2节 二 烯 烃

分子中含有两个碳碳双键的烯烃称为二烯烃,开链二烯烃的分子通式为 $C_nH_{2n-2}(n\geqslant 3)$。二烯烃与单烯烃性质相似,但由于分子中两个双键位置不同,又表现出不同于单烯烃的一些性质。

一、二烯烃的分类和命名

(一) 二烯烃的分类

根据两个碳碳双键的相对位置不同,可将二烯烃分为聚集二烯烃、隔离二烯烃和共轭二烯烃。

1. 聚集二烯烃 也称累积二烯烃,是指两个双键通过一个碳原子相连的二烯烃。例如,丙二烯($CH_2=C=CH_2$),聚集二烯烃稳定性很差,有机化合物中较少见。

$$\diagdown C=C=C\diagup$$

聚集二烯烃

2. 隔离二烯烃 也称孤立二烯烃,是指两双键之间间隔两个或者两个以上单键的二烯烃。隔离二烯烃两个双键距离较远,其性质与一般单烯烃性质相似。

$$\diagup C=C{+}C{+}_n C=C\diagdown$$

隔离二烯烃($n \geqslant 1$)

3. 共轭二烯烃 是指两个双键之间间隔一个单键的二烯烃,即单双键交替出现。例如,1,3-丁二烯($CH_2=CH—CH=CH_2$),由于共轭二烯烃中两个双键距离较近,互相影响,因此其性质有别于一般的烯烃。

$$\diagup C=C—C=C\diagdown$$

共轭二烯烃

(二) 二烯烃的命名

二烯烃的命名与单烯烃相似,选择含两个双键的最长碳链作为主链,支链作为取代基,根据主链碳原子数目命名为"某二烯",从距离双键最近的一端开始编号,取代基写在母体名称(某二烯)前,双键的位次写在母体名称前,并用半字线"-"隔开。例如:

$$\overset{1}{C}H_2=\overset{2}{C}H—\overset{3}{C}H=\overset{4}{C}H_2 \qquad \overset{5}{C}H_2=\overset{4}{C}H—\overset{3}{C}H—\overset{2}{C}=\overset{1}{C}H_2$$
$$\underset{\quad CH_3 \quad CH_3}{}$$

1,3-丁二烯　　　　　2,3-二甲基-1,4-戊二烯

二、共轭二烯烃的结构和共轭效应

(一) 共轭二烯烃的结构

1,3-丁二烯是最简单、最具代表性的共轭二烯烃。1,3-丁二烯是平面型分子,如图3-3(a)所示,即构成分子的所有原子均在同一平面内。分子中四个碳原子均为 sp^2 杂化,每个碳原子未参与杂化的 p 轨道与该平面垂直平行,四个 p 轨道从侧面以肩并肩的方式重叠形成一个大 π 键。该 π 键不同于 C1-C2,C3-C4 之间形成的孤立 π 键,大 π 键的 π 电子运动范围更大(两个碳原子扩大到四个碳原子),可以在整个大 π 键中运动,π 电子的这种运动称为离域,这样的 π 键称为共轭 π 键,如图3-3(b)所示。

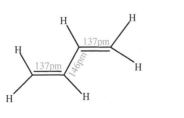

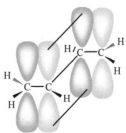

(a) 1,3-丁二烯分子中的碳-碳键长　　(b) 1,3-丁二烯的共轭π键

●●● 图3-3　1,3-丁二烯分子 ●●●

像 1,3-丁二烯分子这样,具有共轭 π 键的特殊结构体称为共轭体系。共轭体系具有以下特征。

(1) 键长平均化:在共轭体系中,π 电子的离域使电子云密度平均化,键长趋于平均化,换言之,在共轭体系中,连接两个双键的单键键长与双键的键长十分接近,但双键的键长比单烯烃的双键长,单键的键长比烷烃单键短。键长平均化是共轭体系的共同特征。

(2) 分子稳定性增强:π 电子的离域使电子在更大的空间运动,使整个体系电荷更加分散,体系的能量降低,稳定性随之增强,π 电子离域的范围越大(共轭链越长),体系越稳定。非共轭体系由于电荷只能在很小的范围运动,电荷不能被分散,所以其稳定性弱于共轭体系。

像 1,3-丁二烯一样,由 π-π 共轭引起的共轭效应称为 π-π 共轭,除此以外,还有 p-π 共轭,σ-π 超共轭和 σ-p 超共轭等。

(二) 共轭效应

在共轭体系中,由于电子的离域使电子云密度平均化,键长趋于平均化,导致体系能量降低,分子稳定性增强,这种效应称为共轭效应。共轭效应分为两种,即静态共轭效应和动态共轭效应。静态共轭效应是指共轭体系中由于 π 电子离域使体系内能降低,键长平均化和静态极化作用,是分子内固有的效应。例如,丙烯醛,由于氧的吸电子性,使整个分子电荷密度出现交替极化。

$$\overset{\delta^+}{H_2C}=\overset{\delta^-}{CH}-\overset{\delta^+}{C}=\overset{\delta^-}{O}$$
$$|$$
$$H$$

动态共轭效应是指共轭体系在外电场或试剂的作用下,产生的影响沿着整条共轭链传递的电子效应。

$$H^+\overset{\delta^-}{H_2C}=\overset{\delta^+}{CH}-\overset{\delta^-}{CH}=\overset{\delta^+}{CH_2}$$

共轭效应用符号 C 表示,共轭效应的作用是远程的,当共轭链的一端受到外电场的影响时,这种影响不会随着共轭链的延长而减弱,即不衰减传递。

根据共轭作用的结果,将共轭效应划分为吸电子共轭效应和斥(给)电子共轭效应两类。吸电子基团可降低共轭体系中 π 电子云的密度,该体系产生的共轭效应称为吸电子共轭效应,用符号 -C 表示;斥(给)电子基团可增加共轭体系中 π 电子云的密度,该体系产生的共轭效应称为斥(给)电子共轭效应,用符号 +C 表示。

共轭效应是一类重要的电子效应,与诱导效应有本质的区别,首先两者的产生原因不同,诱导效应是由于成键原子电负性差异引起的,而共轭效应是由于电子的离域引起的;其次两者的作用结果不同,诱导效应的作用是单向、短程的衰减传递,而共轭效应则是沿着整条共轭链远程的、不衰减传递,只存在共轭体系中。在同一分子中可能存在上述两种电子效应,分子的极化由这两种效果的总和决定。

▶▶ 三、共轭二烯烃的化学性质

共轭二烯烃具有单烯烃的所有化学性质,可以发生亲电加成反应、氧化反应等,由于共轭二烯烃的 π 电子发生离域,因此共轭二烯烃具有单烯烃所不具有一些性质。

（一）1,2-加成与1,4-加成

共轭二烯烃与单烯烃一样可以发生亲电加成反应,其加成方式有两种,即有两种加成产物。例如,1,3-丁二烯与1mol Br_2 加成,产物为1,2-加成产物和1,4-加成产物。

$$CH_2{=}CH{-}CH{=}CH_2 + Br_2 \longrightarrow \underset{\underset{Br}{|}\,\underset{Br}{|}}{CH_2{-}CH{-}CH{=}CH_2} + \underset{\underset{Br}{|}\quad\underset{Br}{|}}{CH_2{-}CH{=}CH{-}CH_2}$$

1,2-加成产物　　　　　1,4-加成产物

1,3-丁二烯与1mol HCl 加成,产物同样为1,2-加成产物和1,4-加成产物。

$$CH_2{=}CH{-}CH{=}CH_2 + HCl \longrightarrow \underset{\underset{H}{|}\,\underset{Cl}{|}}{CH_2{-}CH{-}CH{=}CH_2} + \underset{\underset{H}{|}\quad\underset{Cl}{|}}{CH_2{-}CH{=}CH{-}CH_2}$$

1,2-加成产物　　　　　1,4-加成产物

1,2-加成是指亲电试剂的两部分加在同一个双键的两个碳原子上,1,4-加成是指亲电试剂的两部分加在C1、C4位碳原子上,而C2、C3位形成双键,这种加成方式称为共轭加成,共轭加成是共轭二烯烃的特征反应。

共轭二烯烃加成时,往往伴随着1,2-加成和1,4-加成之间的竞争,主要产物是1,2-加成产物还是1,4-加成产物,取决于反应的条件。就温度而言,在较低的温度下以1,2-加成产物为主,在较高的温度下以1,4-加成产物为主。

（二）双烯合成反应

共轭二烯烃与含活泼双键或三键的化合物1,4-加成,生成六元环状的化合物,该反应称为双烯合成反应,也称狄尔斯-阿尔德(Diels-Alder)反应,例如:

1,3-丁二烯　　　顺丁烯二酸酐

上述反应中共轭二烯烃称为双烯体,含活泼不饱和键的化合物称为亲双烯体。如果亲双烯体的不饱和键上连有—CHO、—CN、—NO_2、—COOH 等强吸电子基团,双烯体的双键上连有给电子基团时,反应更容易进行。例如:

1,3-丁二烯　　　丙烯醛

双烯合成反应的用途非常广泛,常常用于制备六元环状化合物。

链接

双烯合成反应与狄尔斯-阿尔德

　　狄尔斯 (1876～1954) 和阿尔德 (1902～1958)是联邦德国著名有机化学家。 1928年, 狄尔斯-阿尔德 (双烯合成) 反应诞生, 其创始人是狄尔斯和他的助手阿尔德, 二人不但阐述了反应过程, 而且还强调了该反应在工业生产中的巨大应用价值。 阿尔德与狄尔斯为师生关系, 二人精诚合作, 共同研究、分享双烯合成反应 (即狄尔斯-阿尔德反应) 的学术成果。 1950 年, 阿尔德与导师狄尔斯共同获得诺贝尔化学奖。 该反应在工业中得到了广泛的应用, 利用该反应可生产染料、药物、杀虫剂、润滑油、人造橡胶和塑料等多种工业产品。

第3节 炔 烃

分子中具有碳碳三键(C≡C)的不饱和烃称为炔烃。结构中含有一个三键的链状炔烃分子通式为 C_nH_{2n-2}，碳碳三键是炔烃的官能团。

一、炔烃的结构和同分异构现象

（一）炔烃的结构

乙炔(HC≡CH)是最简单的炔烃，乙炔是直线型分子，即四个原子在同一直线上，C—H 键与 C≡C 之间的键角为180°。

$$H-C\overset{180°}{≡}C-H$$

乙炔分子中两个碳原子均为 sp 杂化，每个碳原子各以一个 sp 杂化轨道沿着键轴的方向重叠形成 C—C σ 键，再分别用一个 sp 杂化轨道与氢原子的 $1s$ 原子轨道重叠形成 C—H σ 键，如图3-4(a)所示。每个碳上有两个未参与杂化的 p 轨道(互相垂直)从侧面以"肩并肩"的方式重叠，形成两个 π 键(互相垂直)，如图3-4(b)所示。电子云呈圆柱状对称地分布在 C—C σ 键周围，因此碳碳三键是由两个 π 键和一个 σ 键构成的。

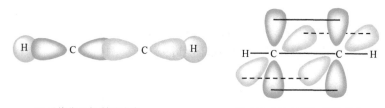

(a) 乙炔分子中σ键的形成   (b) 乙炔分子中两个π键的形成

•• 图3-4　乙炔分子的形成 ••

（二）炔烃的同分异构现象

由于炔烃三键呈直线型分布，每个三键碳原子无法连接两个取代基，所以炔烃无顺反异构体。炔烃的同分异构现象有官能团位置异构和碳链异构两种。例如，1-丁炔和2-丁炔属于官能团位置异构；1-戊炔和3-甲基-1-丁炔属于碳链异构。

CH≡CCH₂CH₃　　　CH₃C≡CCH₃　　　CH≡CCH₂CH₂CH₃　　　CH≡CCHCH₃
　　　　　　　　　　　　　　　　　　　　　　　　　　　　　　　　　　│
　　　　　　　　　　　　　　　　　　　　　　　　　　　　　　　　　 CH₃

　　1-丁炔　　　　　　　　2-丁炔　　　　　　　　1-戊炔　　　　　3-甲基-1-丁炔

二、炔烃的命名

炔烃的系统命名法与烯烃类似，首先选择含三键在内的最长碳链作为主链，根据主链碳原子数目，命名为"某炔"。从距三键最近的一端开始编号，取代基名称在前，母体名称在后，母体名称前标出三键的位次(表示方法与烯烃相同)，并用半字线隔开。如：

　　　　⁵　⁴　³　²¹　　　　　　　¹　²　³　⁴　⁵⁶
　　　 CH₃CHC≡CCH₃　　　　　 CH₃C≡C—C≡CCH₃
　　　　　　│
　　　　　 CH₃

　　　4-甲基-2-戊炔　　　　　　　　　2,4-己二炔

若分子中同时出现双键、三键,应选择包括双键、三键在内的最长碳链作为主链,根据主链碳原子数目,命名为"某烯炔"。从距不饱和键(双键或三键)最近的一端开始编号,并以双键在前,三键在后的原则命名。如果双键、三键与主链两端距离相同时,则从靠近双键的一端开始编号,使双键的位次最小。例如:

$$\overset{1}{C}H_3\overset{2}{C}H=\overset{3}{C}H—\overset{4}{C}\equiv\overset{5}{C}\overset{6}{C}H_3$$

$$\overset{1}{C}H_3\overset{2}{C}H=\overset{3}{C}H\overset{4}{C}H_2\overset{5}{C}H—\overset{6}{C}\equiv\overset{7}{C}\overset{8}{C}H_3$$
$$\underset{CH_2CH_3}{|}$$

2-己烯-4-炔   5-乙基-2-辛烯-6-炔

▶ **三、炔烃的性质**

炔烃的物理性质与烯烃相似,常温下,含2~4个碳原子的正炔烃为气态,含5~15个碳原子的炔烃为液态,16个碳原子以上的炔烃为固态。炔烃的熔点、沸点随碳原子数目的增加而升高,但其熔点、沸点、密度比同碳原子数目的烷烃和烯烃略高。炔烃易溶于有机溶剂,难溶于水。

炔烃的碳碳三键中有两个 π 键,在化学性质方面与烯烃有共性,也能发生加成反应、氧化反应、聚合反应等。但由于炔烃中三键碳原子均为 sp 杂化,炔烃又有区别于烯烃的一些特性。

(一) 加成反应

1. 催化加氢 炔烃的催化加氢反应在金属铂(Pt)、钯(Pd)、镍(Ni)等的催化下,分两步进行,首先生成烯烃,烯烃继续加氢最终生成烷烃。反应如下:

$$R_1C\equiv CR_2 + H_2 \xrightarrow{Pt} R_1HC=CHR_2 + H_2 \xrightarrow{Pt} R_1H_2C—CH_2R_2$$

丙炔催化氢化的最终产物为丙烷。

$$CH_3C\equiv CH + H_2 \xrightarrow{Pt} CH_3CH=CH_2 + H_2 \xrightarrow{Pt} CH_3CH_2CH_3$$

如果使用低活性的林德拉(Lindlar)作为催化剂($Pd+BaSO_4$/喹啉或 $Pd+CaCO_3$/喹啉),则反应产物只有烯烃(顺式)。

$$CH_3C\equiv CCH_3 + H_2 \xrightarrow[喹啉]{Pb/BaSO_4} \underset{\underset{H}{|}}{\overset{\overset{H_3C}{|}}{C}}=\underset{\underset{H}{|}}{\overset{\overset{CH_3}{|}}{C}}$$

顺式加成产物

林德拉催化剂需要经过特殊处理才能发挥作用,通常将金属钯的细粉沉积在硫酸钡或碳酸钙上,再用乙酸铅或喹啉处理,以降低其活性。

2. 加卤素 炔烃与卤素(Cl_2、Br_2)加成先生成邻二卤代烯,继续加成生成四卤代烷。例如,乙炔与溴的加成,先生成1,2-二溴乙烯,再生成1,1,2,2-四溴乙烷。

$$CH\equiv CH + Br_2 \longrightarrow BrCH=CHBr + Br_2 \longrightarrow Br_2CH—CHBr_2$$

炔烃与溴加成使溴的四氯化碳溶液(红棕色)褪色,可用于炔烃的鉴别,但由于炔烃三键的活性比烯烃双键低,因此反应速度比烯烃要慢一些。如果分子中同时存在双键和三键,与等量卤素加成时,卤素优先加在双键上。

$$H_2C=CHCH_2C\equiv CH + Br_2 \longrightarrow \underset{\underset{Br\ \ Br}{|\ \ \ |}}{H_2C—CHCH_2C\equiv CH}$$

主要产物(90%)

3. 加卤化氢　炔烃与卤化氢加成先生成一卤代烯,继续加成生成偕二卤代烷(同一个碳上连接两个卤原子的烷烃)。例如:

$$CH \equiv CH + HBr \longrightarrow CH_2=CHBr \xrightarrow{HBr} CH_3CHBr_2$$
$$\text{1-溴乙烯} \qquad\qquad \text{1,1-二溴乙烷}$$

不对称炔烃加卤化氢时,加成取向遵循马氏规则。例如,丙炔与溴化氢加成,产物为马氏产物。

$$CH_3C \equiv CH + HBr \longrightarrow \underset{Br}{CH_3C=CH_2} \xrightarrow{HBr} CH_3-\underset{Br}{\overset{Br}{C}}-CH_3$$
$$\qquad\qquad\qquad\qquad \text{2-溴丙烯} \qquad\qquad \text{2,2-二溴丙烷}$$

炔烃与溴化氢的加成也存在过氧化物效应,加成产物为反马氏产物。

$$CH_3C \equiv CH + HBr \xrightarrow{\text{过氧化物}} CH_3CH=CHBr \xrightarrow{HBr} CH_3CH_2CHBr_2$$
$$\qquad\qquad\qquad \text{1-溴丙烯} \qquad\qquad \text{1,1-二溴丙烷}$$

4. 加水　炔烃在酸性汞盐(如硫酸汞)的催化下,能与水发生加成反应。反应同样分为两步进行,第一步先生成烯醇,烯醇不稳定,立刻发生分子重排转化为羰基化合物。若是乙炔,终产物为乙醛;其他炔烃的终产物都为酮。

$$CH \equiv CH + H_2O \xrightarrow[H_2SO_4]{HgSO_4} \left[\underset{H-C=CH_2}{\overset{:OH}{}} \right] \longrightarrow H-\overset{O}{\overset{\|}{C}}-CH_3$$

$$RC \equiv CH + H_2O \xrightarrow[H_2SO_4]{HgSO_4} \left[\underset{RC=CH_2}{\overset{OH}{}} \right] \longrightarrow R\overset{O}{\overset{\|}{C}}-CH_3$$

(二) 氧化反应

在高锰酸钾等氧化剂作用下,炔烃碳碳三键断裂,生成羧酸、二氧化碳。一般连接烷基的三键碳($RC \equiv$)被氧化成羧基,连接氢的三键碳($\equiv CH$)则被氧化生二氧化碳。

$$RC \equiv CH + KMnO_4 \xrightarrow{H^+} RCOOH + CO_2 \uparrow$$

$$RC \equiv CR_1 + KMnO_4 \xrightarrow{H^+} RCOOH + R_1COOH$$

烯烃和炔烃与高锰酸钾发生氧化反应时,都能使高锰酸钾溶液褪色,但和炔烃反应褪色速度比与烯烃慢。另外也可以根据氧化反应产物推断炔烃的结构。

(三) 聚合反应

乙炔在催化剂的作用下,可发生聚合反应生成链状或环状化合物。两个乙炔分子经催化可合成1-丁烯-3-炔。

$$2HC \equiv CH \xrightarrow[HCl]{Cu_2Cl_2-NH_4Cl} CH_2=CH-C \equiv CH$$
$$\text{1-丁烯-3-炔}$$

乙炔在金属催化剂的作用下,可聚合生成环状化合物。

$$3HC \equiv CH \xrightarrow[300℃]{\text{催化剂}}$$

（四）端基炔烃的性质

端基炔烃是指三键碳连氢原子的炔烃，包括有乙炔和具有 $RC \equiv CH$ 结构特点的炔烃。

与三键碳原子相连的氢原子称为炔氢。炔氢被重金属离子取代，生成有颜色的重金属炔化物。

$$RC \equiv CH + [Ag(NH_3)_2]NO_3 \longrightarrow RC \equiv CAg \downarrow$$
$$炔化银（白色）$$

$$RC \equiv CH + [Cu(NH_3)_2]Cl \longrightarrow Cl \equiv CCu \downarrow$$
$$炔化亚铜（棕红色）$$

例如，乙炔与硝酸银的氨溶液反应生成白色的乙炔银沉淀；乙炔与氯化亚铜的氨溶液反应生成棕红色的乙炔亚铜沉淀。

$$CH \equiv CH + 2[Ag(NH_3)_2]NO_3 \longrightarrow AgC \equiv CAg \downarrow$$
$$乙炔银$$

$$CH \equiv CH + 2[Cu(NH_3)_2]Cl \longrightarrow CuC \equiv CCu \downarrow$$
$$乙炔亚铜$$

上述反应非常灵敏，常用于鉴别乙炔和端基炔烃。干燥状态下的金属炔化物很不稳定，受热或撞击容易发生爆炸，因此反应结束后，应及时用硝酸或盐酸处理，避免险情发生。

目标检测

一、单项选择题

1. 乙烯不能发生的反应是（   ）
   A. 加成反应　　　　　　B. 取代反应
   C. 聚合反应　　　　　　D. 氧化反应

2. 丙烯与溴化氢反应的主要产物是（   ）
   A. 1-溴丙烷　　　　　　B. 2-溴丙烷
   C. 2-溴丙烯　　　　　　D. 1,2-二溴丙烷

3. 下列化合物存在顺反异构现象的是（   ）
   A. 2-甲基-1-丁烯
   B. 2,3,4-三甲基-2-戊烯
   C. 3-甲基-2-戊烯
   D. 2-乙基-1,1-二溴-1-丁烯

4. 下列化合物不能使高锰酸钾褪色的是（   ）
   A. 环丙烷　　　　　　　B. 1-丁烯
   C. 1,3-丁二烯　　　　　D. 3-甲基-1-戊炔

5. 下列化合物不能使溴的四氯化碳溶液褪色的是（   ）
   A. 环己烯　　　　　　　B. 环己烷
   C. 2-丁炔　　　　　　　D. 2-丁烯

6. 下列化合物被酸性高锰酸钾溶液氧化后，只生成羧酸的是（   ）
   A. 2-甲基丙烯
   B. 1-丁烯

   C. 2,3-二甲基-2-丁烯
   D. 2,5-二甲基-3-己烯

7. 下列化合物能与银氨溶液反应生成白色沉淀的是（   ）
   A. 1-戊烯　　　　　　　B. 1-戊炔
   C. 2-戊炔　　　　　　　D. 乙烯

8. 下列烯烃中属于共轭烯烃的是（   ）
   A. 1,3,5-己三烯　　　　B. 1,4-戊二烯
   C. 2,5-庚二烯　　　　　D. 丙二烯

9. 鉴定端基炔烃常用的试剂是（   ）
   A. 氯化亚铜的氨溶液
   B. 溴的四氯化碳溶液
   C. 酸性高锰酸钾溶液
   D. 中性或碱性高锰酸钾溶液

10. 丙炔加水加成的产物为（   ）
    A. 丙醛　　　　　　　　B. 丙酸
    C. 丙酮　　　　　　　　D. 2-丙醇

11. 下列化合物中存在有顺反异构体的是（   ）
    A. 2-甲基-2-丁烯　　　B. 2,3-二甲基-2-丁烯
    C. 2-甲基-1-丁烯　　　D. 2-戊烯

12. 下列基团的优先次序是（   ）
    ①—C_2H_5　②—OH　③—CHO　④—$COOH$
    A. ④>③>②>①　　　B. ②>④>③>①

C. ③>④>②>①　　　D. ②>③>④>①

13. 结构不对称的烯烃与 HBr 加成,反应取向遵循
（ ）
　　A. 马氏规则　　　　　B. 反马氏规则
　　C. 扎依采夫规则　　　D. 过氧化物效应

14. 1-甲基环己烯与 HBr 加成的主要产物是( )
　　A. 1-甲基-1-溴代环己烷
　　B. 顺-2-甲基溴代环己烷
　　C. 反-2-甲基溴代环己烷
　　D. 1-甲基-3-溴环己烷

15. 某烃(C_6H_{12})能使溴溶液褪色,能溶于浓硫酸,
催化氢化生成正己烷,用酸性 $KMnO_4$ 氧化得到
两种羧酸,则该烃为( )
　　A. $CH_3CH_2CH{=}CHCH_2CH_3$
　　B. $(CH_3)_2CHCH{=}CHCH_3$
　　C. $CH_3CH_2CH_2CH{=}CHCH_3$
　　D. $CH_3CH_2CH_2CH_2CH{=}CH_2$

二、命名下列化合物

1.

2.

3. $CH_2{=}CHCH_2C{\equiv}CH$

4. $CH_3C{\equiv}C{-}C{=}CHCH_2CH_3$ （C_2H_5）

5. $CH_3C{\equiv}CCHCH_3$ （CH_3）

6. $H_3CC{=}CHCHCHCH_3$ （CH_3 CH_3）

三、写出下列化合物的结构简式

1. 2,2-二甲基戊烯

2. 3-甲基-1-丁炔

3. 3-乙基-4-己烯-1-炔

4. (E)-2-甲基-3-辛烯-5-炔

四、写出下列反应的主要产物

1. $CH_2{=}CHCH_2C{\equiv}CH \xrightarrow{1molBr_2}$

2. $CH_3C{\equiv}CCH_3 + H_2 \xrightarrow[\text{喹啉}]{Pb/BaSO_4}$

3. $CH_3CH_2C{=}CH_2$ （CH_3） $+ HBr \longrightarrow$

4. $\xrightarrow[OH^-]{KMnO_4}$

5. $CH_3CH_2CHC{\equiv}CH$ （CH_3） $+H_2O \xrightarrow[H_2SO_4]{HgSO_4}$

6. $+ CH_2{=}CHCOOH \longrightarrow$

7. $CH_3CH{=}CCH_2CH_2C{\equiv}CH$ （CH_3） $\xrightarrow[H^+]{KMnO_4}$

五、用化学方法区别下列各组化合物

1. 己烷、1-己炔和 2-己炔
2. 1-戊炔、1-戊烯和正戊烷
3. 1-丁炔、2-丁烯和乙基环丙烷
4. 丙烯、环丙烷和丙炔

六、推断结构式

1. 两个互为异构体的化合物 A、B,均能使溴的四氯化碳溶液褪色。其中 A 与 [Ag(NH₃)₂]NO₃ 反应生成白色沉淀,用 KMnO₄ 溶液氧化生成丙酸（CH₃CH₂COOH）和二氧化碳;B 不与 [Ag(NH₃)₂]NO₃ 反应,而用 KMnO₄ 溶液氧化只生成一种羧酸。试推断并写出 A 和 B 的结构式。

2. 分子式为 C₅H₁₀ 的化合物 A、B 和 C,三者都能使高锰酸钾溶液和溴的四氯化碳溶液褪色,其中 A 有顺反异构体。B 和 C 与溴化氢加成产物都为 2-甲基-2-溴丁烷,B 被酸性高锰酸钾溶液氧化后的产物是羧酸和酮。试推测 A、B 和 C 的结构式。

（唐晓光）

第4章 芳 香 烃

学习目标

1. 掌握:苯的结构;苯的同系物的命名;单环芳香烃的主要化学性质。
2. 熟悉:芳香烃的概念和分类;萘的主要化学性质。
3. 了解:苯环上亲电取代反应的机理;稠环芳烃结构与分类;常见的芳香烃和致癌芳香烃。

芳香烃(aromatic hydrocarbons)是一类含有苯环的烃类化合物,因初期从植物中提取出具有香味的化合物而得名,后来发现的一些芳香烃并没有香味,只是芳香一词沿用至今。

苯(benzene)是最简单的芳香烃,也是芳香族化合物的母体。在有机化学发展初期,通常将含有苯环的化合物称为芳香族化合物。芳香族化合物具有芳香性,主要表现在其分子特殊的稳定性,在化学性质上难以发生加成反应和氧化反应,但却容易发生取代反应。芳香性赋予芳香族化合物新的含义,人们将具有特殊稳定性的不饱和的环状化合物统称为芳香族化合物。

烃可分为脂肪烃和芳香烃。芳香烃可分苯型芳香烃和非苯型芳香烃,苯型芳香烃是指含有苯环的芳香烃,非苯型芳香烃是指分子中无苯环,但具有芳香性的芳香烃。本章主要讨论苯型芳香烃。

根据分子中苯环的数目,将苯型芳香烃分为单环芳烃和多环芳烃。

单环芳烃分子中只有 1 个苯环。例如,苯及其同系物。

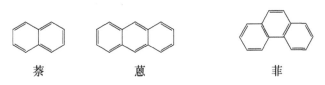

| 苯 | 甲苯 | 对二甲苯 | 苯乙烯 |

多环芳烃分子中含有 2 个或者 2 个以上的苯环。多环芳烃分为:稠环芳烃、联苯和联多苯、多苯代脂肪烃。

稠环芳烃是指分子中含有 2 个或 2 个以上苯环的芳烃,共用相邻的两个碳原子稠合而成,如萘(naphthalene)、蒽(anthracene)、菲(phenanthrene)。

| 萘 | 蒽 | 菲 |

联苯和连多苯是由 2 个或 2 个以上的苯环以单键直接相连而形成的芳香烃,如联苯、对三联苯。

联苯　　　　　　　　　　　　对三联苯

多苯代脂肪烃是脂肪烃分子的中 2 个或 2 个以上氢原子被苯基取代而形成的芳香烃,如二苯甲烷、三苯甲烷等。

二苯甲烷　　　　　　　　　三苯甲烷

第 1 节　单环芳烃

▶▶ 一、苯的结构

苯是最简单的芳香烃,分子式为 C_6H_6,分子中碳氢原子个数比与乙炔相同,都是 1:1,说明苯应该具有高度不饱和性。但是苯并没有不饱和烃那样易加成、易氧化的化学性质,这与苯的特殊结构有关。

经现代物理学方法(X 射线法、光谱法等)研究表明:苯分子为平面正六边形结构,即分子中所有原子处于同一平面;键角均为 120°;6 个碳碳键等长,均为 139pm,6 个碳氢键长为 108pm,见图 4-1(a)。根据轨道杂化理论,苯分子中 6 个碳原子均以一个 sp^2 杂化轨道互相重叠形成 6 个 C—C σ键,每个碳原子各以一个 sp^2 杂化轨道分别与氢原子 1s 原子轨道重叠形成 6 个 C—H σ 键,见图 4-1(b)。由于 sp^2 杂化轨道在同一平面,键角均为 120°,因此所有碳原子和氢原子都在同一平面内,形成一个正六边形。每个碳原子还有一个垂直于 σ 键平面的 p 轨道,每个 p 轨道之间互相平行,6 个 p轨道从侧面彼此重叠,形成一个闭合的环状大 π 键,见图 4-1(c),也称芳香大 π 键,属于 π-π 共轭。π 电子云均匀、对称地分布在环平面的上下方,因此苯环中没有单键与双键的区别。

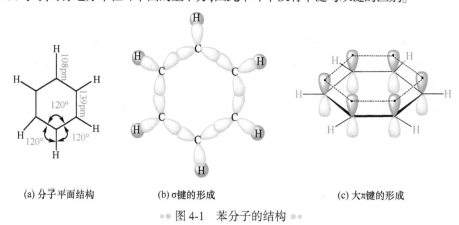

(a) 分子平面结构　　　(b) σ键的形成　　　(c) 大π键的形成

●● 图 4-1　苯分子的结构 ●●

由于苯环中的 π 电子高度离域,使电子云密度平均化,键长平均化,体系能量降低,所以苯分子具有特殊的稳定性。

常见苯的结构式为:

在六元环上用单双键交替排列的结构式称为苯的凯库勒式。在六元环内用一个圆圈表示闭合大 π 键,符合近代价键理论。

链 接　　　　　　　　　　**苯的凯库勒结构式**

关于凯库勒悟出苯分子的环状结构的经过颇富戏剧性,一直是化学史上的一个趣闻。 苯环结构的发现是有机化学发展史上的一个里程碑,极大地促进了芳香族化学的发展和化学工业的进步。 凯库勒是一个极富想象力和创造力的化学家,早年从事过建筑行业,后又跟李比希等化学大师学习,这些经历为他的成功之路奠定了基础。 关于凯库勒结构式的发现,坊间也有各种说法,据他在回忆录中写到:某晚,我无法集中精力写书,于是将椅子转向炉火,打起 来。 半梦半醒间我又看见一些原子活跃起来,我的思想变得更敏锐了,立刻分辨出多种形状的大结构,也能分辨出有时紧密地靠近在一起的长行分子,它围绕、旋转,像蛇一样地动着。 看! 那是什么? 有一条蛇居然咬住了自己的尾巴,这个画面一直浮现在我的脑海,突然我像被电击一样猛醒过来。 于是花了这一夜的剩余时间,作出了这个假想。

二、苯及其同系物的命名

单环芳烃的命名方法有两种,一种是以苯为母体,另一种是以苯为取代基。

(一) 一取代苯的命名

一取代苯中的取代基为烷基、硝基、卤素时,以苯为母体,命名为某苯。例如,甲苯、乙苯、氯苯、硝基苯等。

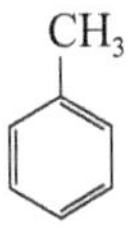

甲苯 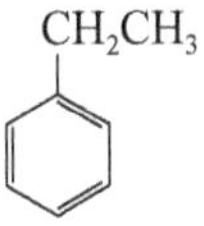　　　　　乙苯 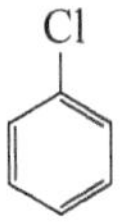　　　　　氯苯 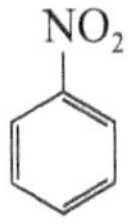　　　　　硝基苯

如果取代基为羧基、醛基、羟基、氨基、磺酸基、不饱和基团或复杂烃基等,将这些官能团作为母体,苯作为取代基。例如,苯甲酸、苯甲醛、苯胺、苯乙烯等。

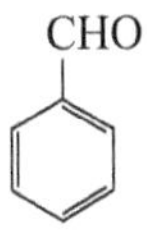

苯甲醛 　　　　苯甲酸 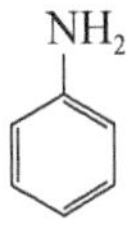　　　　苯胺 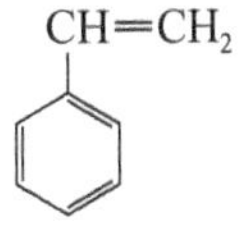　　　　　苯乙烯

苯分子中去掉一个氢原子剩余的基团称为苯基(—Ph),苯环取代基上去掉一个氢原子剩余的基团称为苯某基。

苯基　　　　　苯甲基或苄基

(二) 二取代苯的命名

当苯环上有 2 个相同的取代基时,它们在苯环上的相对位置不同而产生 3 个异构体,取代基的位置分别用邻(或 *o*)、间(或 *m*)、对(或 *p*)来表示,也可以用 1,2-、1,3-、1,4-表示,然后再命名。例如:

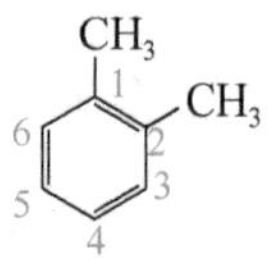

邻二甲苯
(*o*-二甲苯)
1,2-二甲苯

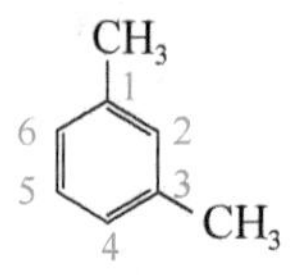

间二甲苯
(*m*-二甲苯)
1,3-二甲苯

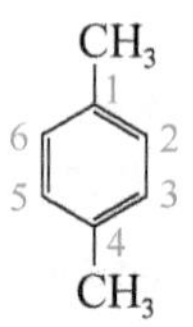

对二甲苯
(*p*-二甲苯)
1,4-二甲苯

当苯环上有两个不同的取代基时,选择一个官能团与苯一起作为母体,其他的作为取代基,母体官能团按如下次序选择:

—COOH > —COOR > —COX > —CONH > —CN > —CHO > —OH > —NH₂> —C≡C —>
—C≡C —> —R > —X > —NO₂

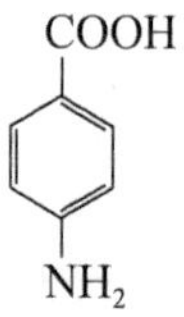

对氨基苯甲酸
4-氨基苯甲酸

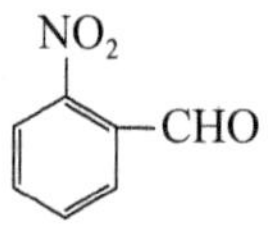

邻硝基苯甲醛
2-硝基苯甲醛

如果苯环上的两个取代基都是烷基,选择较小的烷基与苯环一起作为母体。例如:

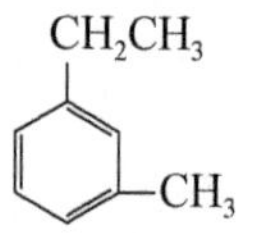

3-乙基甲苯

(三) 多取代苯的命名

当苯环上连 3 个相同的取代基时,它们会因在苯环上的位置不同而产生异构体,取代基的位置分别用连、偏、均来表示,也可以用 1,2,3-、1,2,4-、1,3,5-表示。例如:

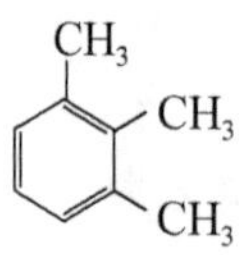

1,2,3-三甲苯
连三甲苯

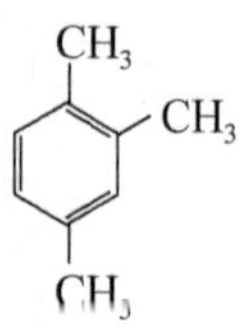

1,2,4-三甲苯
偏三甲苯

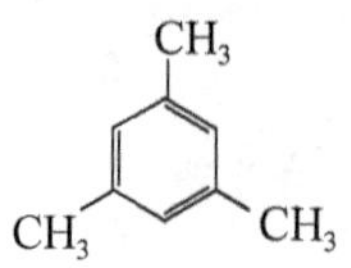

1,3,5-三甲苯
均三甲苯

当苯环上连接3个或3个以上不同的取代基时,命名方法与二取代苯的类似,在编号上略有不同,将主官能团所连接的位次编成1位,并使其他的取代基位次尽可能小。

▶ 三、苯及其同系物的性质

多数单环芳烃为无色液体,具有特殊的气味,易溶于有机溶剂,难溶于水,一般密度比水小。苯是一种易挥发、易燃的有机溶剂,苯的蒸气具有毒性,短期内吸入高浓度苯,可发生亚急性苯中毒,严重者还会发生再生障碍性贫血、急性白血病等,苯对人体的危害可概括为致畸、致残和致癌。

苯及其同系物都有苯环这个稳定的共轭体系,都具有芳香性,所以它们的化学性质一般发生在苯环及其附近,主要涉及苯环上 C—H 键断裂的取代反应、苯环侧链上 α-H 的活性引发的氧化反应、取代反应等。主要表现如下:

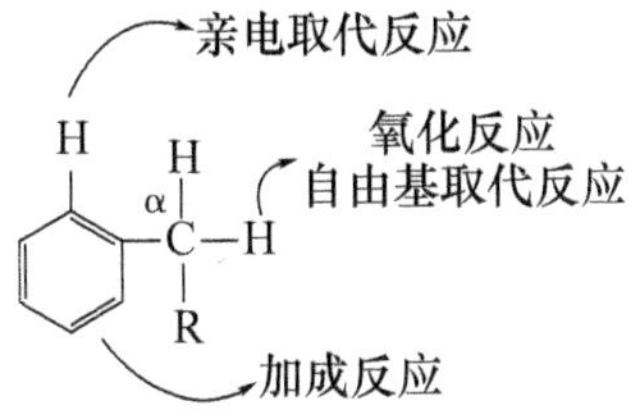

(一) 取代反应

苯环上的亲电取代反应主要有卤代、硝化、磺化、烷基化和酰基化,即苯环上的氢原子被卤原子、硝基、磺酸基、烷基和酰基取代。反应通式如下:

1. 卤代反应 苯在三卤化铁或铁粉的催化下,与卤素反应生成卤代苯及卤化氢。

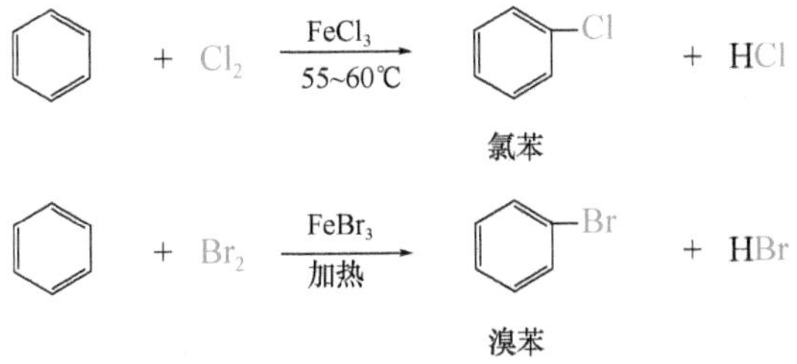

卤素的相对活性次序为:$F_2 > Cl_2 > Br_2 > I_2$。氟代反应太剧烈,不易控制,而碘代反应不仅速度慢,而且产物碘化氢可使反应逆转,所以,一般用氯代反应和溴代反应来制备卤苯。

烷基苯在三卤化铁或铁粉的催化下,卤代反应比苯容易,主要生成邻位和对位产物。例如:

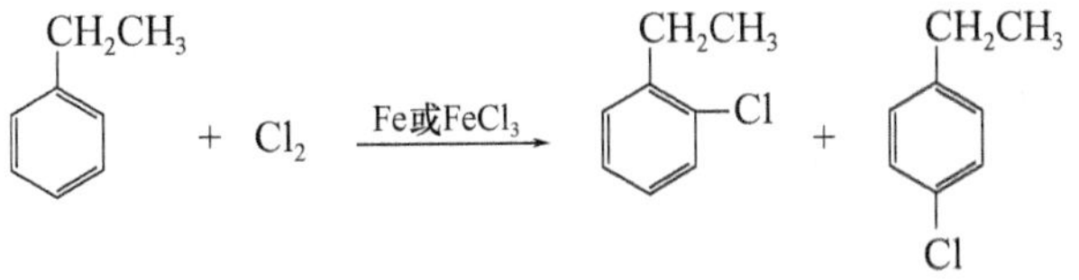

在高温或者光照条件下,侧链含 α-H 的烷基苯容易发生卤代反应,苯环侧链的氢原子

被卤素（Cl_2、Br_2）取代。例如：

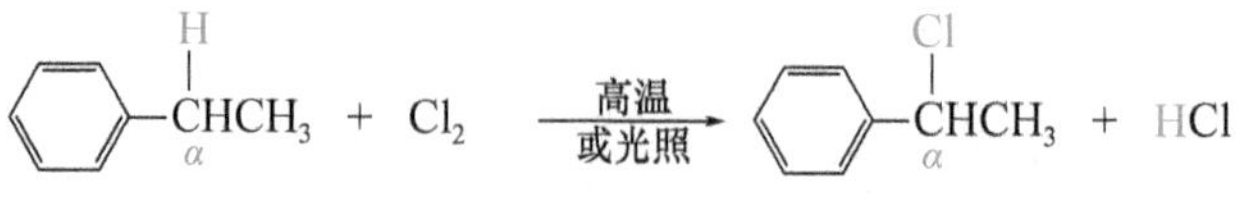

$$\text{（苯）CHCH}_3 + Cl_2 \xrightarrow{\text{高温或光照}} \text{（苯）CHCH}_3 + HCl$$

1-苯基-1-氯乙烷

虽然烷基苯侧链的 α-H 与苯环上的氢原子均可被卤原子取代，但两者有本质的区别，首先两者的反应条件不同，前者是在铁粉或三卤化铁为催化剂的条件下进行的，而后者是在高温或光照条件下进行的；其次两者的反应部位不同，前者是苯环上的 H 被卤素取代，后者是侧链的 α-H 被卤素取代。

2. 硝化反应　苯与混酸（浓硫酸与浓硝酸的混合物）在加热的条件下反应，苯环上的氢原子被硝基取代，生成硝基苯，该反应称为硝化反应。

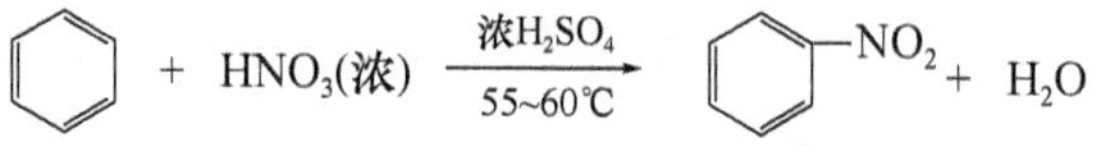

$$\text{（苯）} + HNO_3\text{（浓）} \xrightarrow[55\sim60℃]{\text{浓}H_2SO_4} \text{（苯）}-NO_2 + H_2O$$

硝基苯

混酸的硝化能力比较强，且无氧化性，如果苯环上有烷基等易被氧化的取代基，也不会被氧化，更不会影响硝化。硝化反应中，浓硫酸既是催化剂，也是脱水剂。

在增加硝酸浓度和提高反应温度的条件下，硝基苯可进一步硝化，主要生成间二硝基苯。例如：

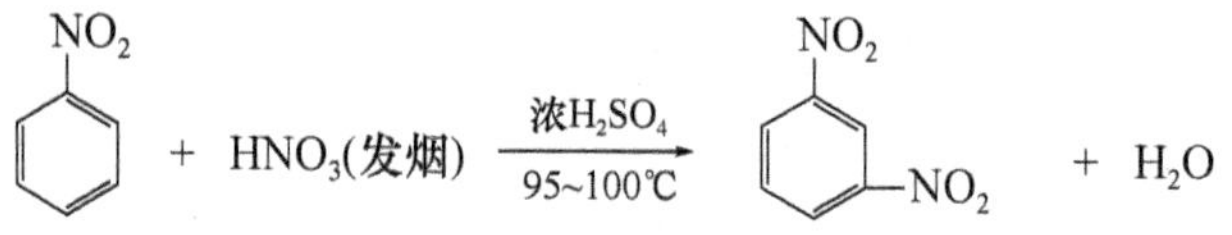

$$\text{（苯）}NO_2 + HNO_3\text{（发烟）} \xrightarrow[95\sim100℃]{\text{浓}H_2SO_4} \text{（苯）}NO_2, NO_2 + H_2O$$

间二硝基苯

烷基苯的硝化反应比苯更容易，主要生成邻位和对位产物。例如：

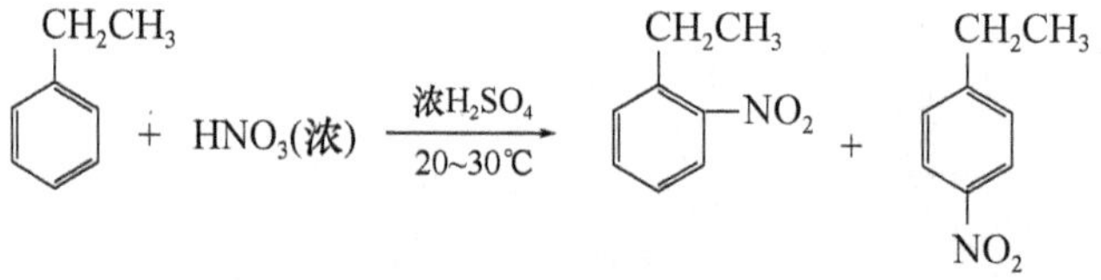

$$\text{（苯）}CH_2CH_3 + HNO_3\text{（浓）} \xrightarrow[20\sim30℃]{\text{浓}H_2SO_4} \text{（苯）}CH_2CH_3, NO_2 + \text{（苯）}CH_2CH_3, NO_2$$

邻硝基乙苯　　　**对硝基乙苯**

3. 磺化反应　苯与浓硫酸或发烟硫酸（三氧化硫和硫酸的混合物）反应，苯环上一个氢原子被磺酸基（—SO_3H）取代，生成苯磺酸，该反应称为磺化反应。

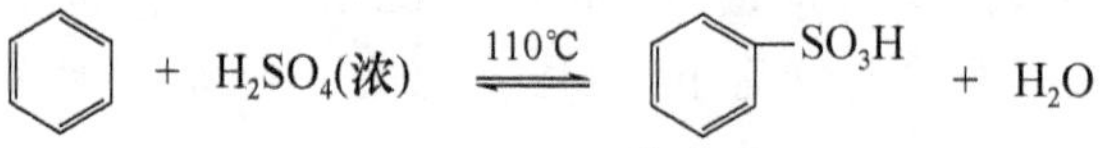

$$\text{（苯）} + H_2SO_4\text{（浓）} \xrightleftharpoons{110℃} \text{（苯）}-SO_3H + H_2O$$

苯磺酸

磺化反应是可逆反应，苯磺酸遇到过热水蒸气可以发生水解反应，生成苯和稀硫酸。

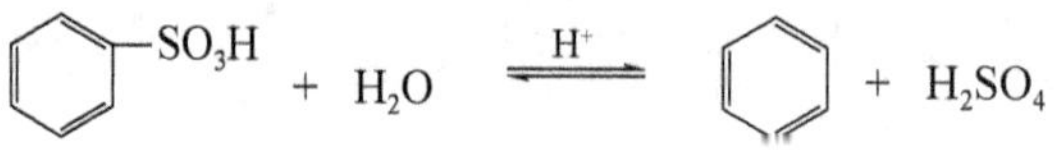

$$\text{（苯）}-SO_3H + H_2O \xrightleftharpoons{H^+} \text{（苯）} + H_2SO_4$$

烷基苯的磺化反应比苯更容易，在室温下就能与浓硫酸反应，主要得到邻位和对位产物。例如：

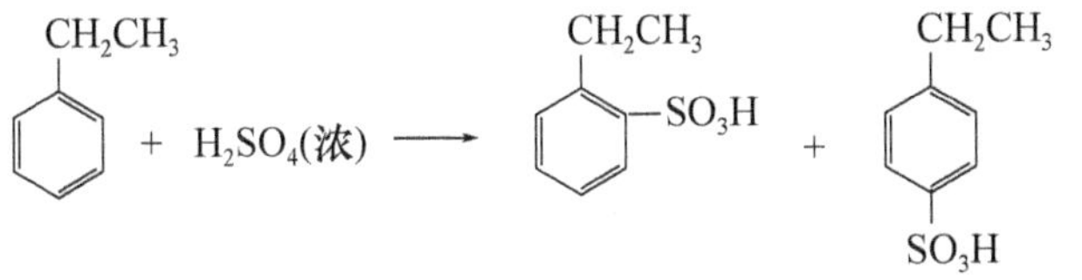

邻乙基苯磺酸　　　对乙基苯磺酸

苯磺酸易溶于水,可以将一些水溶性较差的芳香类药物通过磺化反应,在分子上引入磺酸基(—SO₃H),再变成磺酸的钠盐(—SO₃Na),以增加此类药物的水溶性。在有机合成中,常利用磺化反应的可逆性,把磺酸基作为临时占位基团,以得到所需要的产物。

4. 傅-克烷基化反应　苯与卤代烃在无水三氯化铝等催化剂的作用下发生反应,苯环上的一个氢原子被烷基取代,生成烷基苯,该反应称为傅-克烷基化反应。溴代烷和氯代烷是该反应常用的卤代烃。

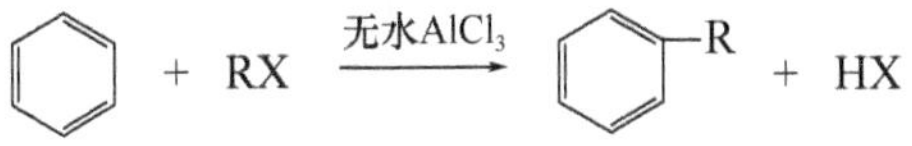

例如:

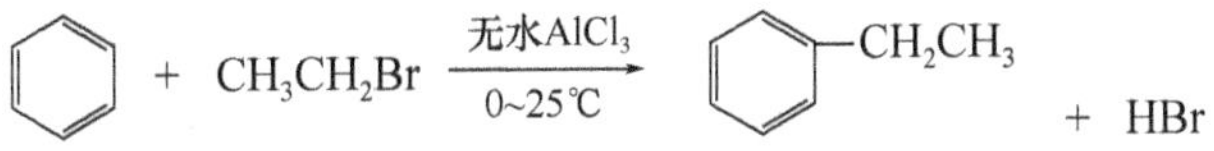

溴乙烷　　　　　　　　乙苯

含有 3 个或 3 个以上碳原子卤代烷发生傅-克烷基化反应时,会发生碳链异构化现象,即碳原子发生重排。

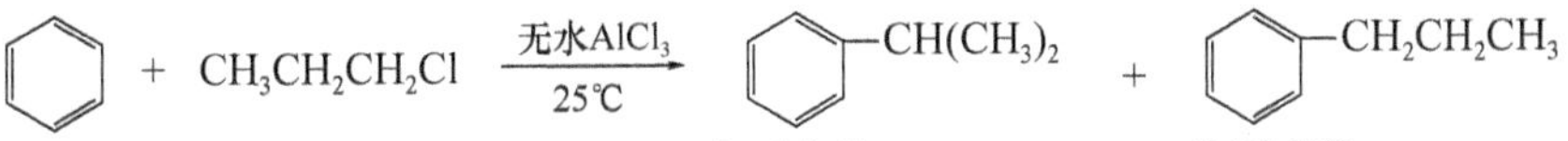

主要产物　　　　　　　次要产物

(二) 加成反应

与烯烃相比,苯不易发生加成反应,但在特殊的条件下也可以发生加成反应。例如,在高温、高压下,苯与氢气加成,产物为环己烷;苯在特定条件下与氯气加成,产物为六氯环己烷。

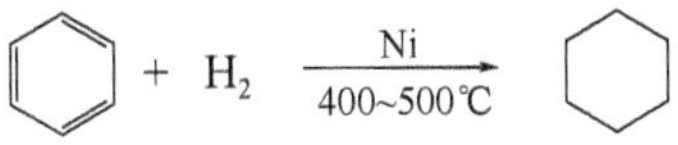

环己烷

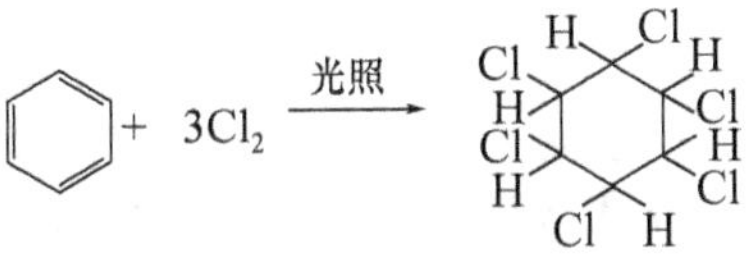

六氯环己烷

六氯环己烷俗称“六六六”,曾是一种杀虫剂,因其残毒较大,又不易分解,在我国已禁止使用。

(三) 氧化反应

苯环很稳定,很难发生氧化反应,但烷基苯的侧链容易被氧化。侧链含 α-H 的烷基苯与强氧化剂(酸性高锰酸钾或酸性重铬酸钾)反应时,无论侧链有多长或者有几条侧链,均被氧化成羧基。如果苯环侧链无 α-H,则不能被氧化。

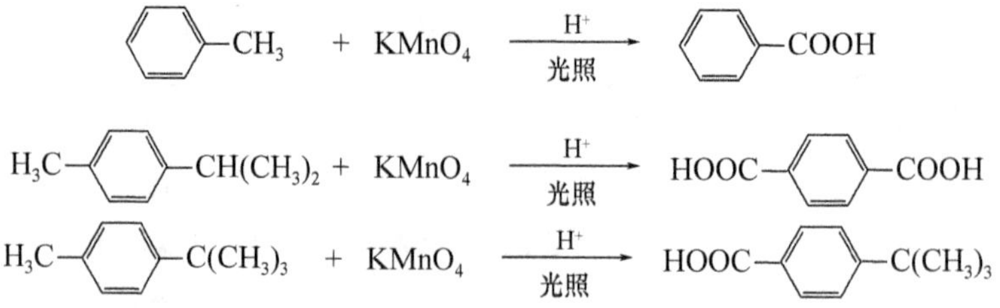

$$CH_3 + KMnO_4 \xrightarrow[\text{光照}]{H^+} COOH$$

$$H_3C-CH(CH_3)_2 + KMnO_4 \xrightarrow[\text{光照}]{H^+} HOOC-COOH$$

$$H_3C-C(CH_3)_3 + KMnO_4 \xrightarrow[\text{光照}]{H^+} HOOC-C(CH_3)_3$$

侧链含 α-H 的烷基苯的氧化反应可使紫红色的高锰酸钾褪色,常用来鉴别侧链含 α-H 的烷基苯。

(四) 苯环上亲电取代反应的定位效应

1. 定位效应　当苯环上引入第 1 个取代基时,由于苯环上 6 个氢原子是等同的,所以苯的一元取代产物不产生异构体。但是,当苯环上已有 1 个取代基之后,再引入第 2 个取代基时,从理论上来讲它可能有 3 种位置:第 1 个取代基的邻位、间位与对位。

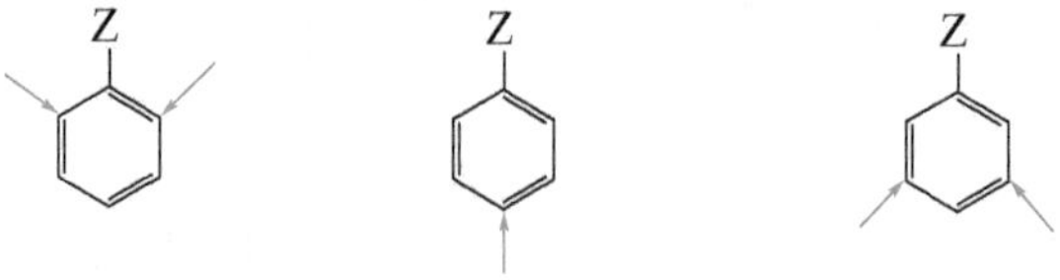

| 邻位 | 对位 | 间位 |

假设新取代基进入原取代基邻位、对位与间位的概率相同,则生成的三种取代产物所占比例为:邻位 40%,对位 20%,间位 40%,但是实际并非如此,如硝基苯发生硝化时,反应速度比苯慢得多,主产物为间位产物(占 93%);而甲苯硝化时,反应速度比苯快得多,主产物为邻位产物(58%)和对位产物(38%)。

间硝基苯

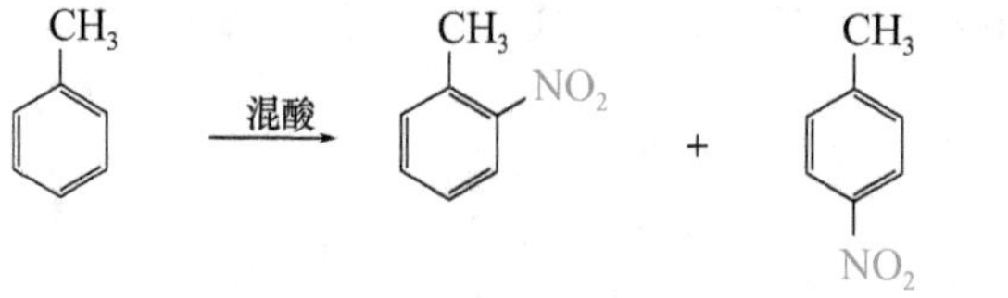

邻硝基甲苯　　　　对硝基甲苯

由上述反应可知,苯环上原取代基会影响亲电取代反应的活性和新取代基进入苯环的位置,苯环上原有取代基称为定位基,定位基对亲电反应活性与新取代基位置的影响称为定位效应。

定位基可分为两类,即第一类定位基和第二类定位基。

(1) 第一类定位基:又称邻位、对位定位基,其特点为与苯环相连的原子是饱和的或有孤电子对,属于斥电子基,能够活化苯环,亲电反应更容易进行(与苯相比),并使新取代基进入其邻位、对位,如烷基、羟基等,见表 4-1。

(2) 第二类定位基:又称间位定位基,其特点为与苯环直接相连的往往是极性不饱和基团,属于吸电子基,能够钝化苯环,亲电取代反应不容易进行(与苯相比),并使新取代基进入其间位,如硝基、磺酸基等,见表4-1。

表4-1 常见的定位基及其对苯环活性的影响

第一类定位基	对苯环活性影响	第二类定位基	对苯环活性影响
—NH_2,—OH	强活化	—NO_2,—CF_3	很强钝化
—OR,—NHCOR	中等活化	—COOR,—CHO,—COOH,—COR	强钝化
—R,—Ar(芳基)	弱活化	—COCl,—$CONH_2$	强钝化
—X,—CH_2Cl	弱钝化	—C≡N,—SO_3H	强钝化

由表4-1可知:第一类定位基总体表现出供电子效应(卤素除外),与苯环相连可提高苯环的电子云密度,活化苯环;第二类定位基总体表现出吸电子效应,与苯环相连可降低苯环的电子云密度,钝化苯环。

2. 定位效应的理论解释 在苯亲电取代反应的机理中,第一步(生成碳正离子中间体)是控速步骤,直接决定了整个反应的进程,碳正离子中间体越稳定,反应越容易进行,即反应速率越快;反之,反应速率则越慢。下面以甲基、羟基、卤素、硝基为例,具体分析定位基的定位效应。

(1)甲基:是给电子基团,可以分散苯环上的正电荷,使碳正离子中间体更加稳定,反应速率加快,具有活化苯环的作用。甲苯在反应中生成的三种碳正离子中间体以邻位、对位的中间体最稳定,因此邻位、对位反应速度比间位快,产物比例较高,因此甲基是活化苯环的邻位、对位定位基。

(2)羟基:对苯环的电子云密度影响是双重的,由于羟基氧原子电负性强于碳原子,因此羟基具有吸电子诱导效应,降低苯环电子云密度;但氧原子上有孤电子对(p轨道上),与苯环的 π 电子,形成 p-π 共轭体系,该体系使电子云密度平均化,氧原子的孤电子对向苯环移动,使其电子云密度增大,因此羟基又具有给电子的共轭效应,这两种作用是反向的,但总的结果是共轭效应占主导地位,增强了碳正离子中间体的稳定性,活化苯环。苯酚在反应中生成的三种碳正离子中间体以邻位、对位的最稳定,因此邻位、对位反应速度比间位快,产物比例较高,因此羟基是强活化苯环的邻位、对位定位基。

(3)卤素:属于第一类定位基,它具有弱钝化苯环的作用。以氯苯为例,氯原子同氧原子一样,也会与苯环形成 p-π 共轭体系,产生给电子的共轭效应,但由于氯原子的吸电子诱导效应强于共轭效应,结果使苯环的电子云密度降低,反应中产生的碳正离子中间体的稳定性也随之降低,钝化苯环。反应中,邻位、对位碳正离子中间体最稳定,反应速度快,因此卤素是弱钝化苯环的邻位、对位定位基。

(4)硝基:是强吸电子基团,与苯环相连降低苯环的电子云密度,反应中碳正离子中间体的稳定性降低,反应不易进行(与苯相比),钝化苯环。反应中产生的正碳离子中间体以间位最稳定,主要产物为间位取代物,因此硝基是强钝化苯环的间位定位基。

3. 定位效应的应用 定位效应在有机合成中具有重要的应用:第一,可利用定位效应来预测取代反应的主要产物;第二,可根据定位效应来选择合理的合成路线。例如,由苯合成间硝基氯苯时,应先硝化再卤代。

间硝基氯苯

如果先卤代再硝化,得到的产物为邻硝基氯苯和对硝基氯苯。

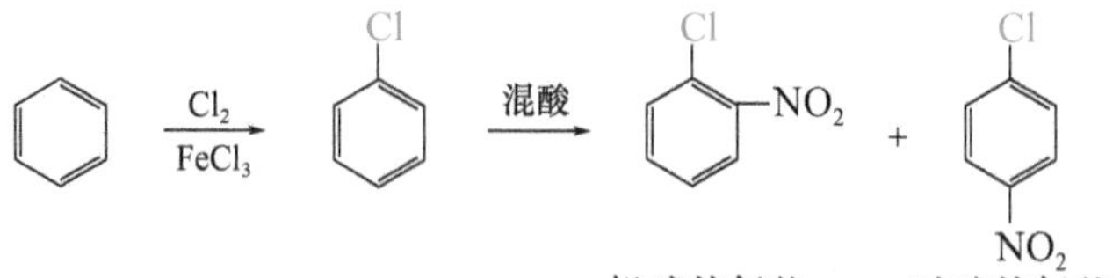

邻硝基氯苯　　对硝基氯苯

又例如,由苯制备间硝基苯甲酸时,利用傅-克烷基化反应在苯环上引入烷基,再氧化成羧酸,最后进行硝化反应,即可制得目的物。

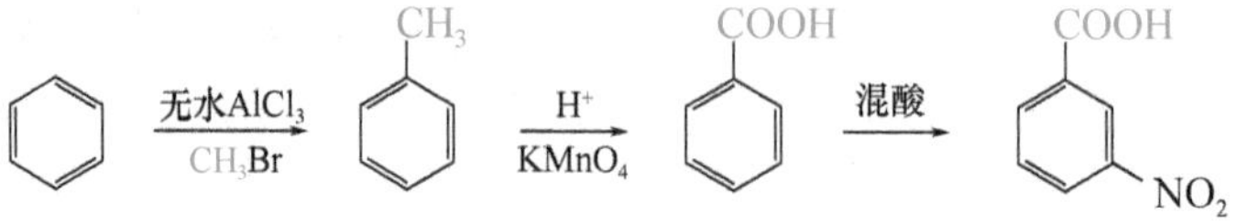

第2节　稠环芳香烃

稠环芳香烃是指两个或两个以上的苯环共用两个邻位碳原子稠合而成的多环芳烃,比较重要的稠环芳香烃有萘、蒽、菲等。

一、萘

萘($C_{10}H_8$)为无色片状结晶,有特殊气味,易升华,难溶于水,易溶于有机溶剂。萘存在于煤焦油中,主要用于染料、树脂等物质的合成。

萘是由两个苯环稠合而成,因此萘的结构特征与苯相似。经现代物理学方法研究,萘为平面分子,环上所有碳原子均为 sp^2 杂化,每个碳上未参与杂化的 p 轨道从侧面重叠形成一个闭合的芳香大 π 键,π 电子离域,使萘具有一定的芳香性。但形成萘环的两个苯环共用了一对碳原子,环上 p 轨道重叠程度不完全相同,使得 π 电子云并未完全平均化,导致 α 位(1、4、5、8)碳原子电子云密度最高,β 位(2、3、6、7)碳原子电子云密度偏低,因此表现出不同的化学活性。

由于 π 电子云分布的不均,键长也未完全平均化,萘的稳定性比苯差。萘环上的碳不是完全等同的,其编号是固定的,从 α 位开始编号。

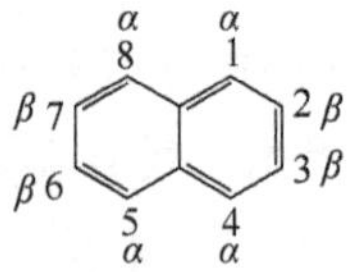

萘衍生物的命名与苯及其同系物的类似。命名萘的一取代物时,取代基的位次可用阿拉伯数字或 α、β 来表示。例如:

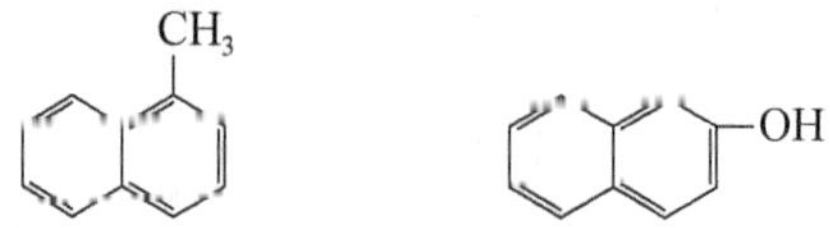

1-甲基萘(α-甲基萘)　　　　2-萘酚(β-萘酚)

萘的二取代物命名,只能用阿拉伯数字来表示取代基的位次。例如:

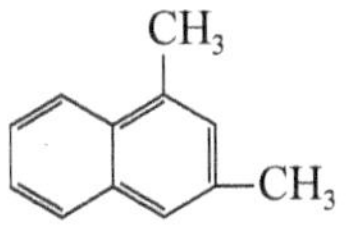

1,3-二甲基萘 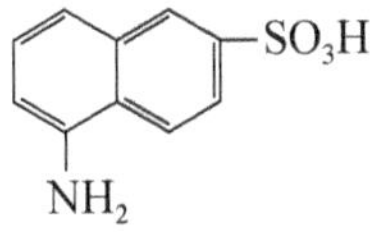　　　　5-氨基-2-萘磺酸

萘的结构与苯相似,因此萘可以发生亲电取代反应。由于萘的芳香性比苯差,所以萘比苯更容易发生氧化反应、加成反应。

1. 亲电取代反应　萘可以发生硝化反应、卤代反应、磺化反应等常见的亲电取代反应,主要生成 α 位取代物,原因是萘环 α 位的电子云密度高于 β 位,α 位的活性高于 β 位。例如,萘发生硝化反应生成 α-硝基萘;萘与氯气发生卤代反应生成 α-氯萘;萘在低温下磺化主要生成 α-萘磺酸,在高温下磺化主要生成 β-萘磺酸。

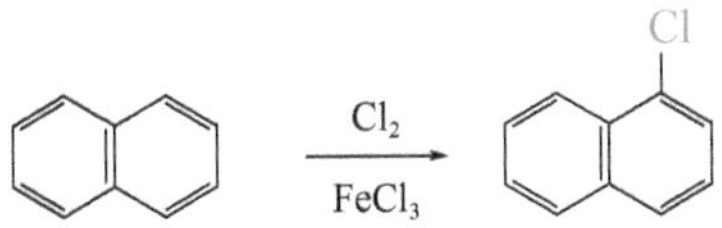

α-氯萘

α-硝基萘

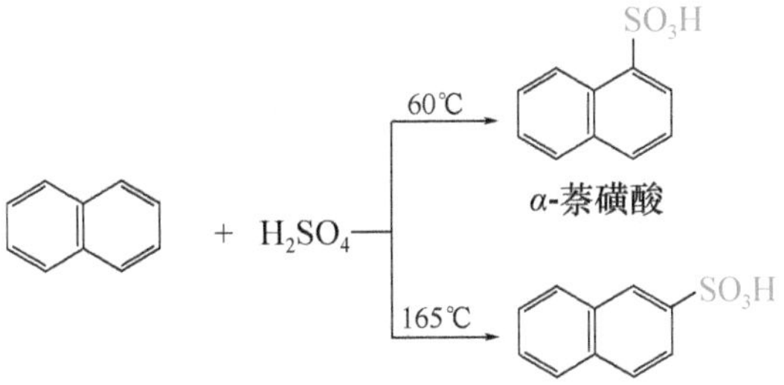

α-萘磺酸

β-萘磺酸

2. 加成反应　萘在一定条件下,可发生加成反应,产物与试剂及条件有关。

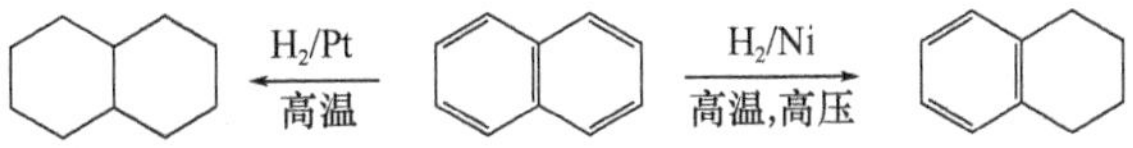

十氢萘　　　　　　　　　　　　　　　四氢萘

3. 氧化反应　萘容易发生氧化反应,主要发生在 α 位上,条件不同,产物也不同。

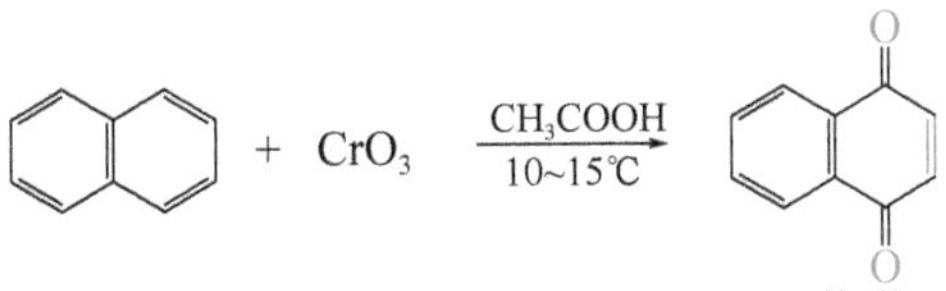

1,4-萘醌

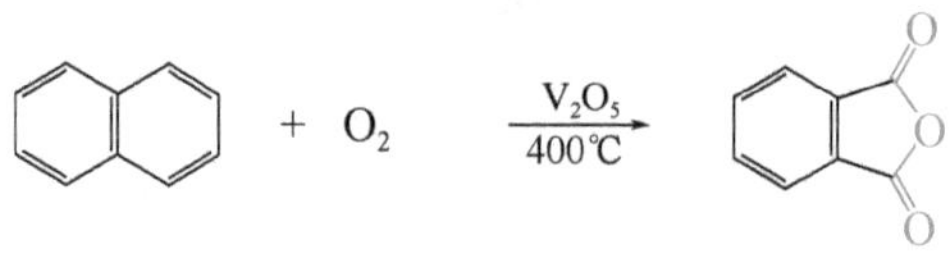

邻苯二甲酸酐

▶▶ 二、蒽和菲

蒽和菲存在于煤焦油中,两者的分子式均为 $C_{14}H_{10}$,互为同分异构体。蒽为无色片状结晶,有蓝色荧光,熔点为 216℃,沸点为 340℃。菲为无色有光泽的晶体,熔点 100℃,沸点为 340℃。

蒽由 3 个苯环线型稠合,菲由 3 个苯环角型稠合,蒽、菲的结构与苯类似,也为平面分子,即所有的原子均在同一平面,也具有芳香大 π 键,但两者的芳香性比萘还要差。蒽和菲的结构与编号如下:

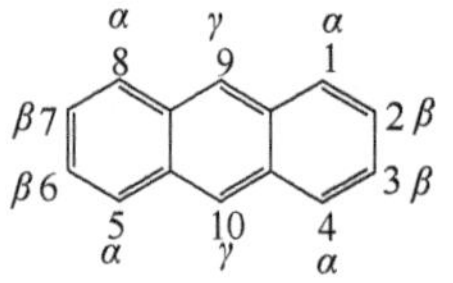

蒽 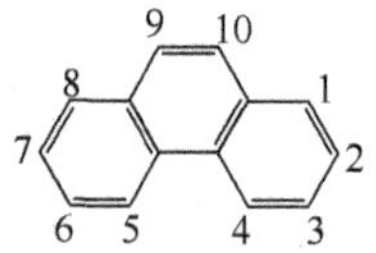　　　　　　　菲

蒽、菲的芳香性与萘的有一定差异,因此蒽和菲更容易发生氧化、加成和取代等反应,反应的主要部位为 9,10-位,产物均保持两个完整的苯环。蒽、菲与溴的加成反应如下:

9,10-二溴-9,10-二氢蒽

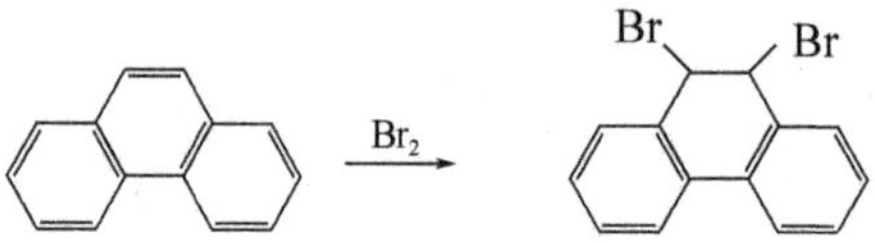

9,10-二溴-9,10-二氢菲

链接

致癌芳烃

具有致癌作用的稠环芳香烃,即致癌芳烃,多存在于煤焦油、沥青和烟草的焦油中。致癌芳烃主要为 4 环和 5 环的稠环芳烃,其中 3,4-苯并芘 的致癌作用最强。部分有机物如糖、蛋白质、脂肪在燃烧、焦化的过程中会产生致癌芳烃,食物在烟熏过程中也会遭致癌芳烃污染。常见的致癌芳烃结构如下:

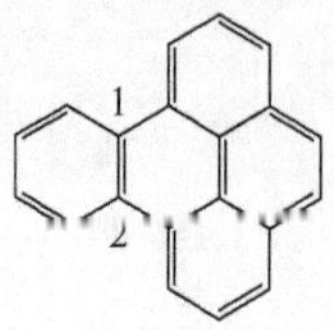

1,2-苯并芘 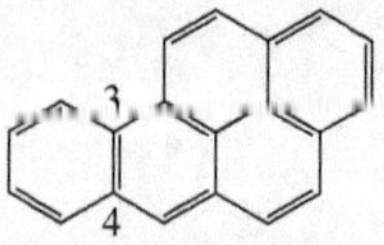　　　　　　　　3,4-苯并芘

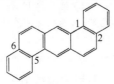

1,2,5,6-二苯并蒽 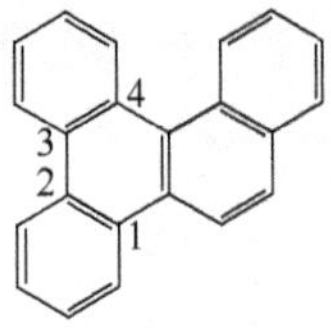　　　　1,2,3,4-二苯并菲

目标检测

一、单项选择题

1. 在高温或光照的条件下,乙苯与氯气反应的主要产物为(　　)

A. 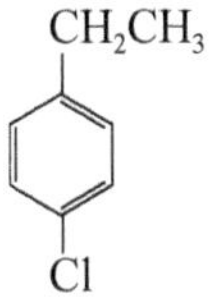 ![CH2CH3...Cl]
B. 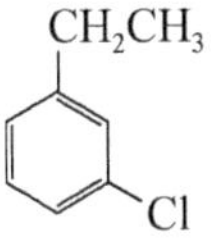 ![CH2CH3...Cl]
C. ![CH2CH3...Cl]
D. 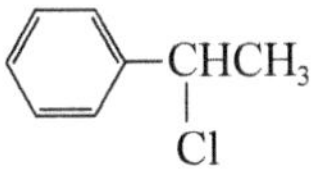 ![CHCH3Cl]

2. 不是苯的同系物,但属于芳香烃的是(　　)

A. 乙苯　　　　　B. 溴苯
C. 蒽　　　　　　D. 甲苯

3. 区别乙苯和苯的可用的试剂是(　　)

A. 高锰酸钾　　　B. 三氯化铁
C. 银氨溶液　　　D. 三氯化铝

4. 在光照条件下,下列物质最容易发生硝化反应的是(　　)

A. 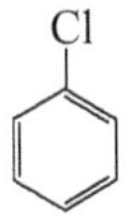 ![Cl-苯环]
B. 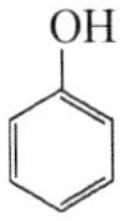 ![OH-苯环]
C. 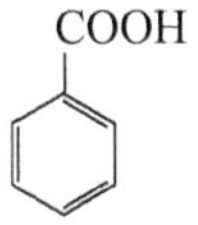 ![COOH-苯环]
D. 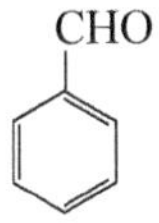 ![CHO-苯环]

5. 由萘氧化成邻苯二甲酸酐的条件是(　　)

A. CrO_3,CH_3COOH
B. O_3,H_2O
C. $KMnO_4/H^+$
D. V_2O_5,O_2,400℃

6. 邻乙基甲苯与酸性 $KMnO_4$ 反应的主要产物是(　　)

A. 邻甲基苯甲酸　　B. 邻苯二甲酸
C. 邻甲基苯乙酸　　D. 邻乙基苯甲酸

7. 大量存在于煤焦油的化学物质是(　　)

A. 环烷烃
B. 烯烃
C. 芳香烃
D. 杂环化合物

8. 由苯合成对氯苯甲酸,合理的路线为(　　)

A. 先烷基化,再氯化,最后氧化
B. 先烷基化,再氧化,最后氯化
C. 先氯化,再烷基化,最后氧化
D. 先氯化,再酸化

二、命名下列化合物

1. 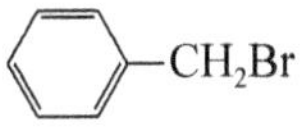 —CH_2Br

2.

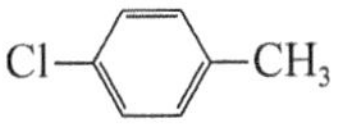

3.

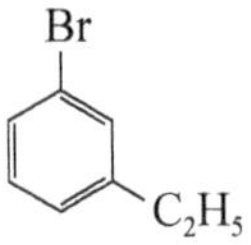

4. 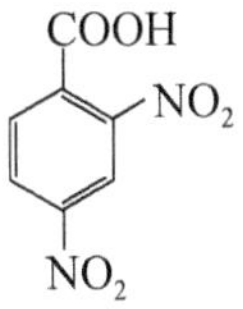 ![COOH,NO2,NO2苯环]

5. 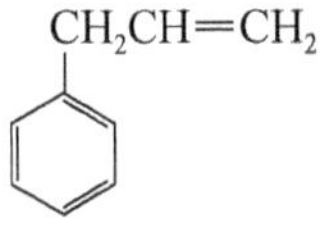 ![CH2CH=CH2苯环]

6. 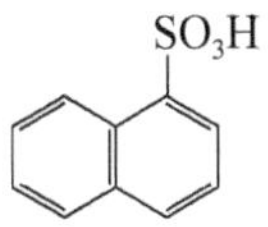 ![SO3H萘]

三、写出下列化合物的结构简式

1. 邻二甲苯
2. 1,3,5-三甲苯
3. α-甲基萘
4. 间硝基乙苯

5. 2-硝基-5-氯甲苯

6. 溴苯

四、写出下列反应的主要产物

1. 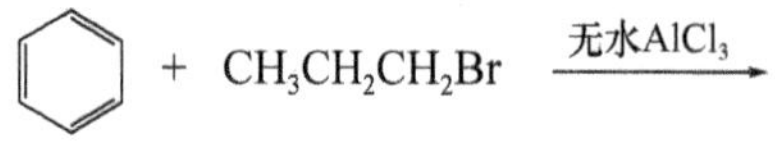 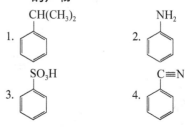 + CH₃CH₂CH₂Br —无水AlCl₃→

2. 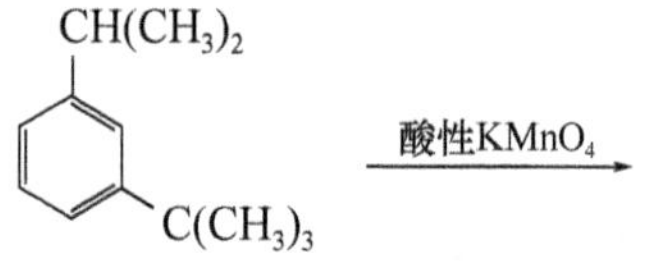 （图：间位取代苯，CH(CH₃)₂ 和 C(CH₃)₃） —酸性KMnO₄→

3. （图：甲苯 CH₃） —FeBr₃／Br₂→

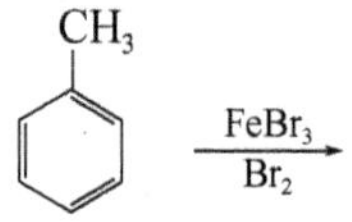

4.  （苯） + CH₃COCl —无水AlCl₃→

五、用化学方法区别下列各组化合物

1. 乙苯、苯乙烯和苯乙炔

2. 环己烷、环己烯和苯

3. 叔丁基苯、异丙基苯和1-苯基-1-丙烯

六、利用定位效应预测下列各物质一元硝化的产物

1. （图：CH(CH₃)₂ 取代苯）

2. （图：NH₂ 取代苯）

3. （图：SO₃H 取代苯）

4. （图：C≡N 取代苯）

（唐晓光）

第5章 卤 代 烃

学习目标

1. 掌握：卤代烃的化学性质。
2. 熟悉：卤代烃的结构、分类和命名。
3. 了解：卤代烃的物理性质和常见的卤代烃。

卤代烃(halogenated hydrocarbon)是一类重要的有机化合物，可用作杀虫剂、制冷剂、溶剂等，也可用作化学和药物合成的重要中间体、塑料的原料等，含卤素的有机物绝大多数由化学合成而得。

一、卤代烃的结构、分类和命名

(一) 卤代烃的结构

卤代烃可以看作是烃分子中的氢原子被卤素原子(—X)取代后生成的化合物，简称卤烃。结构通式通常用(Ar)R—X 表示。其中—X 表示卤素原子(F、Cl、Br、I)，是卤代烃的官能团。

(二) 卤代烃的分类

卤代烃的分类方法很多，主要有以下 5 种。

1. 按卤原子分类 根据卤原子的不同，卤代烃可分为氟代烃、氯代烃、溴代烃和碘代烃。

RF	RCl	RBr	RI
氟代烃	氯代烃	溴代烃	碘代烃

2. 按烃基分类 根据烃基的不同，卤代烃分为脂肪族卤代烃、芳香族卤代烃。脂肪族卤代烃根据烃基中是否含有不饱和键，分为饱和卤代烃和不饱和卤代烃。

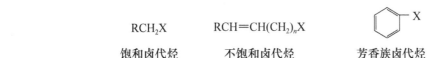

RCH_2X 饱和卤代烃

$RCH{=}CH(CH_2)_nX$ 不饱和卤代烃

芳香族卤代烃

3. 按碳原子类型分类 根据卤原子所连接的饱和碳原子类型的不同，将卤代烃分为伯卤代烃(1°卤代烃)、仲卤代烃(2°卤代烃)和叔卤代烃(3°卤代烃)。

$RCH_2{-}X$

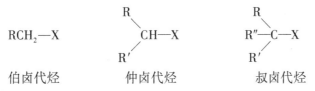

伯卤代烃

仲卤代烃

叔卤代烃

其中,R、R′、R″可以相同,也可以不相同。

4. 按卤原子数目分类 根据分子中所含卤原子数目不同,卤代烃可分为一卤代烃、二卤代烃和多卤代烃。

$$RCH_2X \qquad\qquad RCHX_2 \qquad\qquad RCX_3$$
$$\text{一卤代烃} \qquad\qquad \text{二卤代烃} \qquad\qquad \text{多卤代烃}$$

(三) 卤代烃的命名

1. 普通命名法 简单的一元卤代烃可以用普通命名法,称为"某烃基卤",例如:

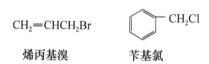

烯丙基溴   苄基氯

也可以在相应的烃前面直接加"卤代"二字,称为"卤代某烃","代"字可省略。例如:

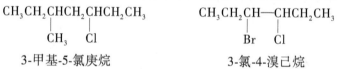

溴乙烷   氯乙烯   溴苯

2. 系统命名法 复杂的卤代烃一般采用系统命名法。以相应的烃基为母体,卤原子为取代基,按各类烃的系统命名原则进行命名。

(1) 饱和卤代烃的命名:以烃为母体,卤原子作为取代基,命名时选择含与卤原子相连的碳原子在内的最长碳链为主链,其他原则与烷烃相同。当卤原子与支链烷基位次相同时,应给予烷基以较小的编号;不同卤原子的位次相同时,给予原子序数较小的卤原子以较小的编号。例如:

$$\underset{}{CH_3CH_2}\underset{|}{C}HCH_2\underset{|}{C}HCH_2CH_3 \qquad\qquad CH_3CH_2\underset{|}{C}H{-}\underset{|}{C}HCH_2CH_3$$
$$\underset{}{}CH_3Cl \qquad\qquad\qquad BrCl$$

3-甲基-5-氯庚烷   3-氯-4-溴己烷

(2) 不饱和卤代烃的命名:选择含有不饱和键且连有卤原子的碳原子在内的最长碳链为主链,编号使不饱和键碳原子位次尽可能最小,卤原子作为取代基。例如:

$$CH_2{=}CHCH_2CH_2Cl \qquad\qquad CH_3C{\equiv}CCH_2CH_2Cl$$

4-氯-1-丁烯   5-氯-2-戊炔

(3) 卤代芳烃的命名:若卤素与苯环(脂环)直接相连,通常以芳烃为母体,将卤素作为取代基,根据卤原子在环上的位置而命名;若卤素与苯环的支链相连,则将苯环与卤素原子都作为取代基。例如:

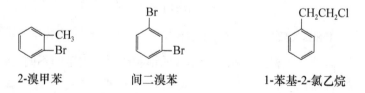

2-溴甲苯   间二溴苯   1-苯基-2-氯乙烷

▶▶ 二、卤代烃的性质

(一) 卤代烃的物理性质

在室温下,氯甲烷、氯乙烷、氯乙烯和溴甲烷为气体,一般卤代烃为液体,高级卤代烃(C_{15}以上)则为固体。卤代烃都难溶于水,而溶于烃、醇、醚等有机溶剂,卤代烃本身也是常用的有机溶剂,如二氯甲烷、氯仿等。卤代烃有毒,大多数卤代烃具有特殊气味。除氟代烷和多数一氯化物外,其他卤代烃的密度都比水大。

在烃基相同的情况下,卤代烃的沸点随卤素原子序数的增加而升高;同分异构体中,支链分子的沸点较直链为低,支链越多,沸点越低。

(二) 卤代烃的化学性质

卤原子是卤代烃的官能团,卤代烃的许多化学性质都是由于卤原子的存在而引起的。由于卤素原子吸电子能力强、电负性较大,所以 C—X 键的共用电子对向卤原子偏移,$C^{\delta+} \to X^{\delta-}$,因此 C—X 键是一极性共价键。当与一些极性试剂作用时,C—X 键易断裂而发生反应。当烃基相同时,卤代烃的反应活性一般为 RI>RBr>RCl。

1. 卤代烷的取代反应 在一定条件下(常为碱性条件),卤代烃的卤原子可被其他原子或原子团所替代,生成烃的其他衍生物。

试剂中带负电荷基团(如 OH^-、CN^-、OR^-、ONO_2^-)或含有孤对电子的中性分子(如 NH_3)等亲核试剂进攻卤代烷中 $C^{\delta+}$—$X^{\delta-}$ 键带部分正电荷的碳原子,而卤素原子被取代的反应,称为亲核取代反应(nucleophilic substitution reaction)。常用 S_N 表示,其中"S"代表取代(substitution),"N"代表亲核(nucleophilic)。反应以通式如下:

$$RX \quad + \quad Nu^- \quad \longrightarrow \quad RNu \quad + \quad X^-$$
$$\text{底物} \quad \text{亲核试剂} \quad \text{产物} \quad \text{离去基团}$$

式中:Nu^- 称为亲核试剂,Nu^- 进攻的卤代烷称为反应底物,卤代烷中与卤原子相连的碳原子称为反应中心,被取代而带着一对电子离去的基团 X^-,称为离去基团。

卤代烃能与许多亲核试剂作用,得到不同的产物。

(1)水解反应:将卤代烃与强碱(氢氧化钠、氢氧化钾)的水溶液共热,卤原子被羟基(-OH)取代生成醇。此反应也称为卤代烃的水解反应。卤代烃的水解反应活性顺序为伯卤代烃>仲卤代烃>叔卤代烃。

卤代烷与氢氧化钠(钾)的水溶液共热生成醇,可用于制备醇类。

$$R—X + NaOH \xrightarrow[\triangle]{H_2O} ROH + NaX$$

$$CH_3CH_2—Cl \xrightarrow[\triangle]{H_2O} CH_3CH_2—OH + NaCl$$

(2)氰解反应:卤代烷与氰化钠(钾)在醇溶液中反应生成腈。

$$RX + NaCN \longrightarrow RCN + NaX$$

通过此反应,在产物中增加了1个碳原子。因此,在有机合成上常作为增长碳链的方法之一。腈在酸性条件下水解,可得羧酸。

$$RCN + H_2O \xrightarrow{H^+/OH^-} RCOOH$$

(3)醇解反应:卤代烷与醇钠(或酚钠)作用,X 被—OR 取代,生成醚。

$$RX + NaOR' \longrightarrow ROR' + NaX$$

(4)氨解反应:卤代烷与氨作用生成胺。

$$RX + NH_3 \longrightarrow RNH_2 + HX$$

(5)与硝酸银的醇溶液反应:卤代烷与硝酸银的乙醇溶液共热生成硝酸酯,此反应可用于鉴别卤代烷。

$$RX + AgNO_3 \xrightarrow{CH_3CH_2OH} RONO_2 + AgX \downarrow$$

卤代烃通过取代反应能够转化为各种不同类型的有机化合物,它是烃转化为其他烃的衍生物的重要途径。

2. 卤代烃的消除反应　有机物分子中脱去一个小分子(如 HX、H_2O、NH_3 等)生成不饱和化合物的反应称为消除反应。卤代烷与强碱的醇溶液共热,分子中脱去一分子卤化氢,生成烯烃。

$$\underset{\substack{\text{$\lfloor$ $\dashv$ $\dashv$ $\rfloor$}\\ \text{H \quad Cl}}}{CH_3-\overset{\beta}{C}H-\overset{\alpha}{C}H_2} + NaOH \xrightarrow[\triangle]{CH_3CH_2OH} CH_3CH{=}CH_2 + NaCl + H_2O$$

反应中,卤代烷除 α 碳原子上脱去 X 外,还从 β 碳上脱去 H 原子,故又称 β-消除反应。消除反应的难易与卤代烷的结构有关,不同卤代烷发生消除反应的活性次序:叔卤代烷>仲卤代烷>伯卤代烷。

结构不对称的仲卤代烷和叔卤代烷发生消除反应可生成两种不同的烯烃。

$$\underset{\substack{| \\ Br}}{CH_3CH_2CHCH_3} \longrightarrow \underset{\text{2-丁烯(81\%)}}{CH_3CH{=}CHCH_3} + \underset{\text{1-丁烯(19\%)}}{CH_3CH_2CH{=}CH_2}$$

大量实验结果表明,仲卤代烷和叔卤代烷消除卤化氢时,主要是脱去含氢较少的 β-C 上的氢原子,生成双键碳上有较多烃基的烯烃,这一经验规律称为扎伊采夫(Saytzeff)规则。

3. 与金属反应　在常温下,把镁屑放在无水乙醚中,滴加卤代烷,卤代烷与镁作用生成有机镁化合物,该产物不需分离即可直接用于有机合成反应,这种有机镁化合物称为格氏试剂(Grignard),一般用通式 RMgX 表示。

$$RX + Mg \xrightarrow{无水乙醚} RMgX$$

在制备格氏试剂时,生成格氏试剂的反应速率与卤代烃的结构和种类有关,卤素相同,烃基不同的卤代烃,反应速率为:伯卤代烷>仲卤代烷>叔卤代烷;烃基相同,卤原子不同的卤代烃,反应速率为 R—I>R—Br>R—Cl。

由于格氏试剂中的 C-Mg 键具有强极性,所以此试剂性质十分活泼,具有很强的亲核性,这是有机合成中最重要的亲核试剂之一,在有机合成中有广泛的应用,可用来合成烷烃、醇、醛、羧酸等各类化合物。例如:

$$RMgX + CO_2 \longrightarrow RCOOMgX \xrightarrow{H_2O/H^+} RCOOH + Mg(OH)X$$

格氏试剂很容易与氧气、二氧化碳及各种含有活泼氢原子的化合物(如水、醇、酸、氨、端位炔等)反应,因此,在制备和使用格氏试剂时,必须使用无水的乙醚作为溶剂,并且不存在其他任何含有活泼氢原子的物质,反应体系采取隔绝空气的措施。

4. 不同类型卤代烃的鉴别　不饱和烃分子中的氢原子被卤原子取代的称为不饱和卤代烃,主要是卤代烯烃。根据卤原子与双键的相对位置不同,将其分为三类:乙烯型卤代烃、烯丙基型卤代烃、隔离型卤代烯烃(卤代烷型)。

不同类型的卤代烃,由于分子内双键和卤原子的相对位置不同,相互之间的作用不同,表现在化学性质,尤其是卤原子的活泼性有较大的差异。

(1) 烯丙基型卤代烃:卤原子与双键(C═C)碳原子相隔一个饱和碳原子的卤代烃称为烯丙基型卤代烃(也称卤代烯丙型),其通式为:

$$(H)R—CH\!=\!CH—CH_2—X \qquad \text{（苯基）}—CH_2—X$$

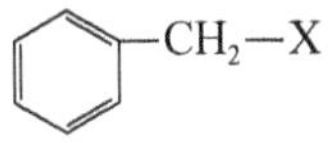

烯丙基型卤代烃分子中的卤原子很活泼,比一般卤代烷易发生取代反应。例如,与硝酸银的乙醇溶液在室温下能迅速反应产生卤化银沉淀和硝酸酯。

$$(H)R—CH\!=\!CH—CH_2—X + AgNO_3 \xrightarrow{C_2H_5OH} (H)R—CH\!=\!CH—CH_2—ONO_2 + AgX\downarrow$$

这是由于卤原子的电负性较大,容易获得电子,离去后生成碳正离子,此碳正离子的 p 轨道与碳碳双键的 π 键或苯环的大 π 键,形成了 p-π 共轭体系,使其结构稳定容易发生取代反应。烯丙基碳正离子的 p-π 共轭体系如下所示:

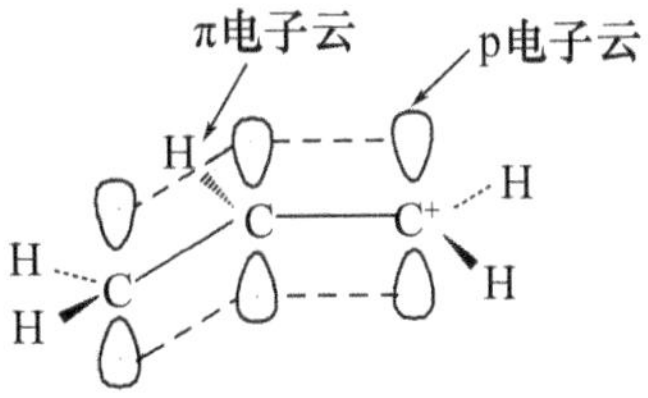

（2）隔离型卤代烯烃:卤原子与双键相隔两个或两个以上饱和碳原子的卤代烃称为隔离型卤代烯烃(也称孤立型或卤代烷型),其通式为:

$$RCH\!=\!CH(CH_2)_n—X \quad (n\geqslant2) \qquad \text{（苯基）}—(CH_2)_n—X \quad (n\geqslant2)$$

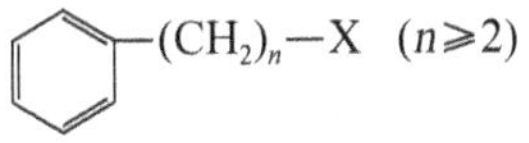

此类卤代烃分子中,卤原子与双键(或苯环)间隔较远,相互影响很小。因此,孤立型卤代烯烃中的卤素,其活泼性与卤代烷相似。与硝酸银的乙醇溶液在室温下不反应,加热后才能产生卤化银沉淀。

这类卤代烃中的卤原子活泼性顺序为:叔卤代烃>仲卤代烃>伯卤代烃。

（3）乙烯型卤代烃:卤原子直接与双键碳原子相连的卤代烃称为乙烯型卤代烃(也称卤代乙烯型),其通式为:

$$(H)R—CH\!=\!CH—X \qquad \text{（苯基）}—X$$

乙烯型卤代烃的卤原子极不活泼,不易发生取代反应。例如,与硝酸银的乙醇溶液共热,无卤化银沉淀产生。这是由于卤原子 p 轨道的孤对电子与烯烃的 C $=$ C 键或苯环的大 π 键形成 p-π 共轭体系,使 C—X 键电子云密度增加,键长缩短,键极性降低,卤原子与碳原子结合得更加牢固,因此难于发生一般的取代反应。

例如,氯乙烯、氯苯与硝酸银醇溶液在加热的条件下也不发生反应。氯乙烯中的 p-π 共轭体系可表示为:

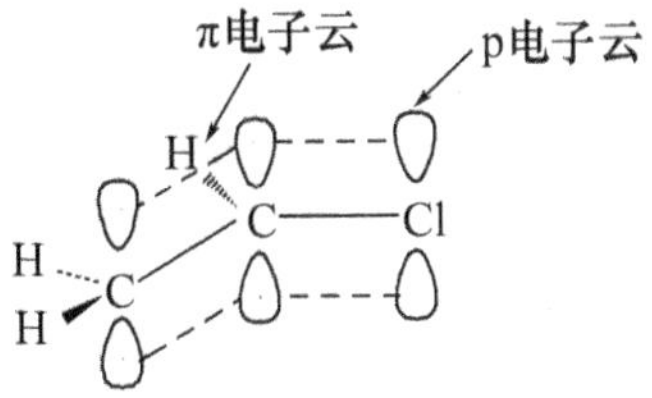

综上所述,上述三类卤代烯烃进行取代反应的活性次序为:烯丙基型卤代烃>隔离型卤代烯烃>乙烯型卤代烃。

利用不同类型的卤代烃与硝酸银醇溶液反应的活性不同,生成卤化银沉淀的速率不同,加以区别。表5-1列出了3种不同类型卤代烃与硝酸银醇溶液的反应情况。

表 5-1　3 种不同类型的卤代烃与硝酸银醇溶液反应情况

卤代烃类型	代表物	反应条件和现象	卤原子的活性
烯丙基型	$CH_2=CHCH_2Cl$	室温下立即产生沉淀	最活泼
隔离型	$CH_2=CH(CH_2)_2Cl$	加热后缓慢产生沉淀	较活泼
乙烯型	$CH_2=CHCl$	加热后也不产生沉淀	最不活泼

三、常见的卤代烃

1．三氯甲烷($CHCl_3$)　又称氯仿,是一种无色透明、有甜味且易挥发的液体,是良好的有机溶剂,能溶解油脂、蜡、橡胶、有机玻璃等物质。其可用作抗生素、香料、油脂、树脂、橡胶的溶剂和萃取剂,也可作为有机合成的原料,主要用来生产氟里昂、染料和药物等,与四氯化碳混合可制成不冻的防火液体。在医学上,曾作为常用麻醉剂,由于毒性大,已很少使用。

三氯甲烷在光和空气中能逐渐被氧化生成剧毒的光气,所以平时将它保存在棕色瓶中,通常加少量乙醇,使生成的光气生成无毒的碳酸二乙酯(无毒)。

2．四氯化碳(CCl_4)　是一种无色透明、易挥发、不易燃、有毒液体,具有特殊的芳香气味,能溶解脂肪、油漆等多种物质。高温下可水解生成光气,还原可得氯仿。

曾广泛用作溶剂、灭火剂、有机物的氯化剂、香料的浸出剂、纤维的脱脂剂、粮食的蒸煮剂、药物的萃取剂、有机溶剂、织物的干洗剂,但是由于毒性的关系现在甚少使用并被限制生产。

3．二氯甲烷(CH_2Cl_2)　为无色具有芳香气味的透明液体,微溶于水,溶于乙醇和乙醚,是不可燃、低沸点、易挥发的溶剂,常用来代替易燃的石油醚、乙醚等。

二氯甲烷具有溶解能力强和毒性低的优点,主要用于胶片生产和医药领域。用作胶片生产中的溶剂、石油脱蜡溶剂、气溶胶推进剂、有机合成萃取剂、聚氨酯等泡沫塑料生产用发泡剂和金属清洗剂等。在制药工业中作反应介质,用于制备氨苄青霉素、羟苄青霉素和先锋霉素等;用于谷物熏蒸和低压冷冻机及空调装置的制冷。二氯甲烷还是用来制作脱咖啡因咖啡的物质。

链接

卤代烃的毒性

多数卤代烃有毒,经皮肤接触后,可侵犯神经中枢或作用于内脏器官,引起中毒,如　乙烷中毒可表现出面部潮红、瞳孔扩大、脉搏加快及头痛、眩晕等症状,严重者有四肢震颤、呼吸困难、发　、虚脱等症状,并且临床上尚无　乙烷中毒的特效解毒剂。所以使用时要注意通风和防护。

氟氯烃是一类多卤代烃,化学性质稳定,无毒,曾被认为是安全无害的物质,被广泛应用在冷冻设备和空气调节装置中作制冷剂(冷媒)或灭火剂等。例如,氟利昂是大家熟知的卤代烃,氟利昂是氟氯烷的俗称,为几种氟氯代甲烷和氟氯代乙烷的总称,其中最常见的是氟利昂-12(CF_2Cl_2,学名二氟二氯甲烷)。由于氟氯烃性质稳定,不易被消除,长期使用后,大气中滞留的氟氯烃逐年递增,并随气流上升,在平流层受紫外线照射,发生分解,生成活性较大的氯原子(氯的自由基),破坏臭氧层,使臭氧层变薄或出现臭氧空洞,使更多的紫外线照射到地球表面,危害地球上的人类、动物和植物。所以《保护臭氧层维也纳公约》、《关于消耗臭氧层物质的蒙特利尔议定书》等国际公约决定减少并逐步停止氯氟烃的生产和使用，如近年来氟利昂-12 已逐步被新的不含氯的四氟乙烷等所替代。

目标检测

一、单项选择题

1. 下列卤代烃与硝酸银的乙醇溶液作用,生成沉淀最快的是 （ ）
   A. 溴化苄　　　　　　B. 溴苯
   C. 4-溴环己烯　　　　D. 氯苯

2. 属于叔卤代烷的是( )
   A. 3-甲基-1-氯丁烷　　B. 2-甲基-1-氯丁烷
   C. 2-甲基-2-氯丁烷　　D. 2-甲基-3-氯丁烷

3. 仲卤代烷、叔卤代烷消除 HX 生成烯烃,遵守( )
   A. 马氏规则　　　　　B. 次序规则
   C. 反马氏规则　　　　D. 扎依采夫规则

4. 属于烯丙型卤代烃的是( )
   A. 氯苯　　　　　　　B. 氯乙烯
   C. 氯乙烷　　　　　　D. 3-氯丙烯

5. 格氏试剂的通式是( )
   A. RMg　　B. RMgX　　C. RX　　D. MgX$_2$

6. 卤代烃与强碱醇溶液共热发生( )
   A. 加成反应　　　　　B. 取代反应
   C. 消除反应　　　　　D. 氧化反应

7. 生成格式试剂反应速率最快的是( )
   A. CH$_3$I　　B. CH$_3$Br　　C. CH$_3$Cl　　D. CH$_3$F

8. 叔丁基溴与 KOH 醇溶液共热,主要发生( )
   A. 亲核取代反应　　　B. 亲电取代反应
   C. 加成反应　　　　　D. 消除反应

9. 下列化合物中,属于一元卤代烃的是( )
   A. 1,2-二氯苯　　　　B. 氯仿
   C. 2-氯甲苯　　　　　D. 2,4-二氯甲苯

10. 制备格氏试剂时,可以用作保护气的是( )
    A. 氧气　　　　　　　B. 氮气
    C. 二氧化碳　　　　　D. 氯化氢

二、填空题

1. 在不饱和卤代烃中,根据卤素原子与双键碳原子的相对位置,可以分为:_____卤代烃、_____卤代烃和_____卤代烃。

2. 按卤素连接的饱和碳原子类型,可分为:_____、_____和_____卤代烃。

3. 仲卤代烷和叔卤代烷消除反应遵守_____规则。

4. 乙烯型卤代烃、烯丙基型卤代烃、隔离型卤代烯烃分子中卤原子反应活性由小到大的顺序是_____>_____>_____。

5. 写出①烯丙基溴的结构式:_____②苄基氯的结构式:_____③对氯苄基氯的结构式_____。

三、命名下列化合物

1. CH$_3$CH$_2$CHCH$_2$CHCH$_3$
   　　　　　|　　　|
   　　　　CH$_3$　Br

2. CH$_3$CH$_2$CH=CCH$_2$CHCH$_3$
   　　　　　　　　|　　|
   　　　　　　　Cl　CH$_3$

3. ⌬—CH$_2$Cl

4. CH$_3$CH$_2$CHCH$_2$CHCH$_3$
   　　　　　|　　　|
   　　　　CH$_3$　CH$_2$Cl

四、写出下列化合物的结构简式

1. 1,4-二氯苯

2. 丙烯基溴

3. 4-溴-2-戊烯

4. 2-氯甲苯

五、写出下列反应的主要产物

1. CH$_3$CH$_2$CH$_2$Br + NaOH $\xrightarrow{\ \ H_2O\ \ }{\triangle}$

2. CH$_3$CH$_2$CHCH$_3$ + KOH $\xrightarrow{\ CH_3CH_2OH\ }{\triangle}$
   　　　　　|
   　　　　Cl

3. CH$_3$CH$_2$Br + Mg $\xrightarrow{\ 无水乙醚\ }$ $\xrightarrow{\ H_2O\ }$

4. CH$_3$CH$_2$Cl + AgNO$_3$ $\xrightarrow{\ CH_3CH_2OH\ }$

六、用化学方法区别下列各组化合物

1. 氯苯和氯化苄

2. 2-氯丙烷、2-溴丙烷和 2-碘丙烷

3. 1-氯丙烯、3-氯丙烯和 4-氯-1-丁烯

（商成喜）

第6章 醇、酚、醚

学习目标

1. 掌握:醇、酚的结构、分类、命名和性质。
2. 熟悉:醚的结构、分类、命名和性质。
3. 了解:常见醇、酚、醚的性质和用途。

醇(alcohols)、酚(phenols)、醚(ethers)都属于烃的含氧衍生物,广泛存在于自然界,是具有非常重要作用的有机化合物,可作为溶剂、食品添加剂、香料和药物等。特别是在医学上有着广泛的用途。

醇和酚都含有相同的官能团——羟基(—OH),醇的羟基和脂肪烃、脂环烃或芳香烃侧链的饱和碳原子相连,而酚的羟基是直接与芳环的碳原子相连,醚可看作是醇和酚中羟基上的氢原子被烃基(—R 或—Ar)取代的产物。醇、酚、醚可用下列通式表示:

$$R—OH \qquad Ar—OH \qquad (Ar)R—O—R'(Ar')$$

醇   酚   醚

第 1 节 醇

▶▶ 一、醇的结构、分类和命名

(一) 醇的结构

从结构上看,水分子中去掉一个氢原子剩下的原子团称为羟基(—OH)。脂肪烃、脂环烃分子中的氢原子或芳香烃分子中侧链上的氢原子被羟基取代后生成的化合物,称为醇。也可以看作是水分子中的一个氢原子被烃基取代的衍生物。例如:

$$CH_3CH_2—OH \qquad \text{⬠}—OH \qquad \text{⬡}—CH_2OH$$

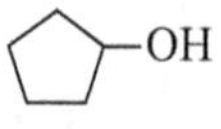

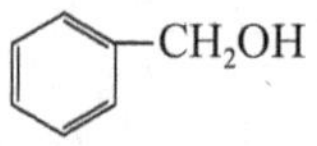

醇分子中的羟基又称为醇羟基,是醇的官能团。醇的通式为 R—OH。

醇羟基中的氧是 sp^3 杂化,两对孤对电子分占两条 sp^3 杂化轨道,另外两条 sp^3 杂化轨道分别与碳和氢形成 σ 键,由于碳和氢的电负性不同,所以碳氧键是极性键,醇是一个极性分子。

(二) 醇的分类

醇一般有下列三种分类方法。

1. 按烃基分类 根据醇分子中羟基所连接烃基的不同,分为脂肪醇、脂环醇和芳香醇。脂肪醇和脂环醇又可分为饱和醇和不饱和醇。

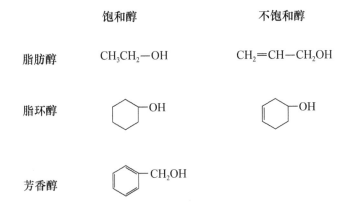

	饱和醇	不饱和醇
脂肪醇	CH_3CH_2-OH	$CH_2=CH-CH_2OH$
脂环醇		
芳香醇		

2. 按碳原子类型分类　根据羟基所连接的碳原子类型的不同将醇分为伯醇(1°醇)、仲醇(2°醇)和叔醇(3°醇)。

CH_3-CH_2-OH　　

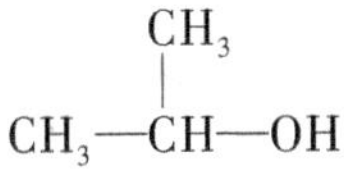

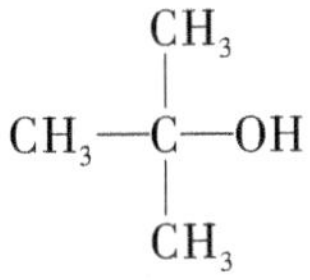

伯醇(1°醇)(乙醇)　仲醇(2°醇)(2-丙醇)　叔醇(3°醇)(2-甲基-2-丙醇)

它们的结构通式分别为：

$R-CH_2-OH$　　

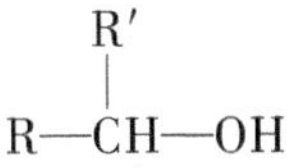

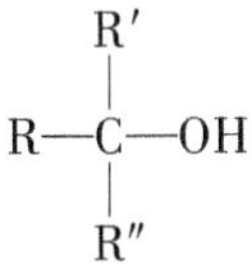

伯醇(1°醇)　仲醇(2°醇)　叔醇(3°醇)

式中 R、R′、R″可以相同，也可以不同。

3. 按羟基数目分类　根据分子中所含羟基数目的不同，将醇分为一元醇和多元醇。分子中只含有一个羟基的醇称为一元醇；含两个或两个以上羟基的醇称为多元醇。

CH_3-CH_2-OH　　

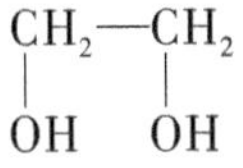

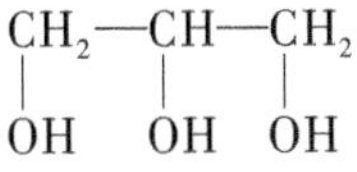

一元醇(乙醇)　二元醇(乙二醇)　三元醇(丙三醇)

(三) 醇的命名

醇的命名有系统命名法、普通命名法和俗名法等。

1. 普通命名法　也称习惯命名法，适用于结构比较简单的醇。命名时可根据羟基所连接烃基的名称来命名，在烃基的后面加上“醇”即可，“基”字可以省略。例如：

$CH_3-CH_2-CH_2-CH_2-OH$　

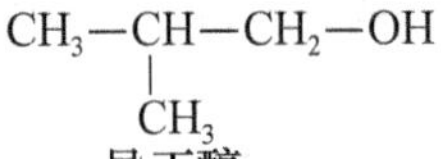

正丁醇　异丁醇

　

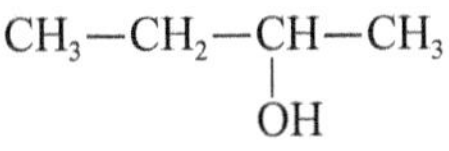

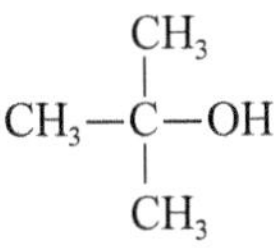

仲丁醇　叔丁醇

环戊醇　　　　　　苯甲醇(苄醇)

2. 系统命名法

（1）饱和醇的命名：对于结构比较复杂的醇则采用系统命名法。其命名原则如下：①选择连有羟基的碳原子在内的最长的碳链为主链，按主链上碳原子数目称为"某醇"；②从靠近羟基的一端开始对主链碳原子依次用阿拉伯数字编号，使羟基所连的碳原子的位次尽可能小；③将取代基的位次、数目、名称及羟基的位次依次写在母体名称"某醇"的前面。例如：

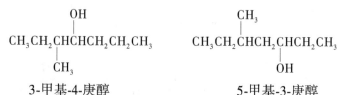

3-甲基-4-庚醇　　　　　　　　　　5-甲基-3-庚醇

（2）不饱和醇的命名：选择包括连有羟基和含不饱和键（双键或三键）在内的最长的碳链做主链，根据主链上所含碳原子的数目称为某烯（或某炔）醇。编号时从靠近羟基的一端开始编号，注明不饱和键与羟基的位次。例如：

$CH_2=CHCH_2CH_2OH$

3-丁烯-1-醇　　　　　　　　　　6-甲基-3-环己烯醇

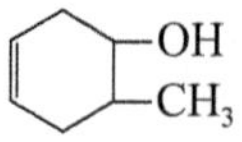

（3）芳香醇的命名：可将芳基作为取代基加以命名。例如：

2-乙基-3-苯基-1-丁醇　　　　　　　　　3-苯基-1-丙醇

（4）脂环醇的命名：在环烃基的名称后加"醇"字，再从连接羟基的碳原子开始，给环上的碳原子编号，并尽量使环上取代基的位次最小。

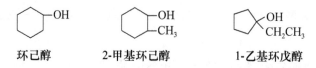

环己醇　　　　　2-甲基环己醇　　　　　1-乙基环戊醇

（5）多元醇的命名：选择包括连有多个羟基的碳链做主链，根据主链上碳原子的数目和羟基的数目命名为"某某醇"，羟基的位次写在名称的前面。当羟基数目与主链的碳原子数目相同时，可不标明羟基的位次。例如：

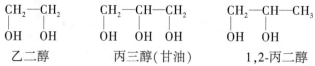

乙二醇　　　　　　丙三醇（甘油）　　　　　1,2-丙二醇

此外，根据醇的来源或性质，也常用俗名。例如，乙醇俗称酒精，丙三醇俗称甘油等。

二、醇的性质

（一）物理性质

在常温常压下，低级（$C_1 \sim C_4$）的醇是易挥发的无色液体，较高级（$C_5 \sim C_{11}$）的醇为油状黏稠液体，高级（C_{12}以上）的醇为无色蜡状固体。

饱和一元醇的沸点随着碳原子数目的增加而上升，碳原子数目相同的醇，支链越多，沸点越低。由于醇分子中羟基之间可以形成氢键，故低级醇的沸点比分子质量相近的烷烃高得多。同时，羟基与水之间也可形成氢键，故低级醇能与水混溶，随分子质量的增加溶解度降低。多元醇分子中含有多个羟基，因此它们的沸点更高，水溶性也会增大。

低级醇还能与某些无机盐像无水氯化钙、无水氯化镁、无水硫酸铜等形成结晶醇配合物，如 $CaCl_2 \cdot 4CH_3OH$、$MgCl_2 \cdot 6CH_3OH$、$CaCl_2 \cdot 4CH_3CH_2OH$ 等，此配合物能溶于水而不溶于有机溶剂。因此，低级醇不能用上述无机盐作为干燥剂。

（二）化学性质

醇的化学性质主要由羟基所决定。由于氧原子的电负性较大，C—O 键和 O—H 键都有较大的极性，容易断裂而发生化学反应，此外，由于 α-H 原子和 β-H 原子有一定的活性，能发生氧化反应、消除反应。表示如下：

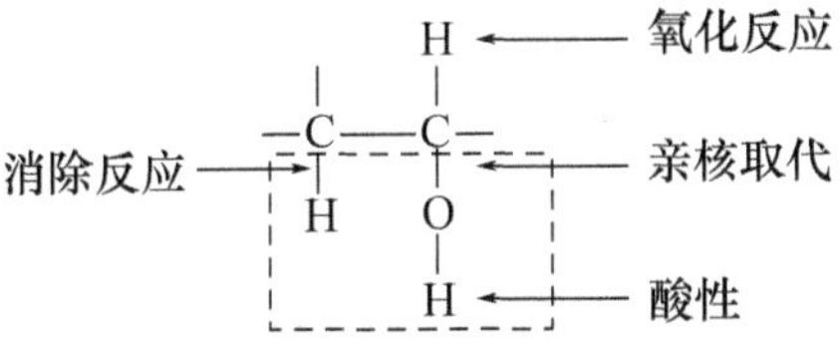

1. 与活泼金属反应 由于氢氧键是极性键，在结构上与水类似，因此能与钾、钠等活泼金属反应，生成金属醇化物（醇淦）并放出氢气。

$$2ROH + 2Na \longrightarrow 2RONa + H_2 \uparrow$$

醇钠

醇羟基中的氢原子不如水分子中的氢原子活泼，当醇与金属钠作用时，比水与金属钠作用缓慢得多，而且所产生的热量不足以使放出的氢气燃烧。

醇的酸性比水弱，因此反应所得到的醇钠可水解得到原来的醇。醇钠是一种白色固体，化学性质活泼，呈强碱性，其碱性比氢氧化钠还强，遇水迅速水解为醇和氢氧化钠，溶液滴入酚酞试液后呈红色。

例如，乙醇和金属钠的反应：

$$2CH_3CH_2OH + 2Na \longrightarrow 2CH_3CH_2ONa + H_2 \uparrow$$

乙醇钠

不同的醇与活泼金属反应的活性顺序为：甲醇>伯醇>仲醇>叔醇。

2. 与无机酸反应 醇分子中的碳氧键是极性键，在亲核试剂的作用下易断裂，发生类似卤代烷的亲核取代反应。

（1）与氢卤酸的反应：醇与氢卤酸反应，生成卤代烷和水，是制备卤代烃的重要方法。

$$ROH + HX \longrightarrow RX + H_2O(X = Cl, Br \ 或 \ I)$$

反应速率取决于氢卤酸的性质和醇的结构。

不同氢卤酸的反应活性次序是：HI>HBr>HCl。

不同结构的醇的反应活性次序是:烯丙醇、苄醇>叔醇>仲醇>伯醇。

因此,可利用不同结构的醇与氢卤酸反应速率的差异来区别伯醇、仲醇、叔醇。所用试剂为浓盐酸与无水氯化锌配制成的混合溶液,称为卢卡斯(Lucas)试剂。

含6个碳原子以下的低级醇可溶于卢卡斯试剂,但反应后生成的卤代烷却不溶解,而以细小的液珠分散在卢卡斯试剂中,使反应液浑浊,所以可根据反应液变浑浊所需时间的长短来判断醇的类型。一般叔醇立即反应使溶液变浑浊;仲醇需10分钟左右后变浑浊;伯醇在室温下放置数小时无浑浊或分层现象发生,在常温下不反应,需在加热下才能反应。此方法可用于鉴别含6个碳原子以下的醇。

$$CH_3-\overset{\overset{\displaystyle CH_3}{|}}{\underset{\underset{\displaystyle CH_3}{|}}{C}}-OH \xrightarrow[\text{室温}]{\text{卢卡斯试剂}} CH_3-\overset{\overset{\displaystyle CH_3}{|}}{\underset{\underset{\displaystyle CH_3}{|}}{C}}-Cl$$

$$CH_3\underset{\underset{\displaystyle OH}{|}}{C}HCH_2CH_3 \xrightarrow[\text{室温}]{\text{卢卡斯试剂}} CH_3\underset{\underset{\displaystyle Cl}{|}}{C}HCH_2CH_3$$

$$CH_3CH_2CH_2CH_2OH \xrightarrow[\triangle]{\text{卢卡斯试剂}} CH_3CH_2CH_2CH_2Cl$$

(2)与亚硫酰氯反应:醇与亚硫酰氯反应可生成氯代烷。

$$ROH + SOCl_2 \longrightarrow RCl + SO_2\uparrow + HCl\uparrow$$

从反应式可以看出,产物除生成氯化烷外其余都是气体,有利于反应的进行,产率较高,而且产物容易纯化,常用于实验室中制备氯化烷。

(3)与含氧无机酸反应:醇与含氧无机酸(如硝酸、亚硝酸、硫酸、磷酸等)反应,分子间脱水生成无机酸酯。酯相当于醇和酸分子间失去一分子水后相互结合成的化合物。这种酸和醇脱水生成酯和水的反应称为酯化反应。例如:

$$CH_3CH_2OH + HNO_3 \longrightarrow CH_3CH_2ONO_2 + H_2O$$
$$\text{硝酸乙酯}$$

$$CH_3-\overset{\overset{\displaystyle CH_3}{|}}{C}H-CH_2-CH_2OH + HNO_2 \longrightarrow CH_3-\overset{\overset{\displaystyle CH_3}{|}}{C}H-CH_2-CH_2-ONO + H_2O$$
异戊醇　　　　　　　　亚硝酸　　　　　　　亚硝酸异戊酯

亚硝酸异戊酯用作血管舒张药,可缓解心绞痛,但副作用大。

$$\begin{matrix} CH_2-OH \\ | \\ CH-OH \\ | \\ CH_2-OH \end{matrix} + 3HNO_3 \xrightarrow{\text{浓 }H_2SO_4} \begin{matrix} CH_2-ONO_2 \\ | \\ CH-ONO_2 \\ | \\ CH_2-ONO_2 \end{matrix} + 3H_2O$$
三硝酸甘油酯(硝酸甘油)

三硝酸甘油酯俗称硝酸甘油,能松弛平滑肌,具有扩张冠状动脉、微血管作用,可用作心脏病的急救药物。

醇与硫酸作用,因硫酸是二元酸,随反应温度、反应物比例和反应条件不同,可生成酸性硫酸酯和中性硫酸酯。

$$CH_3OH + H_2SO_4 \longrightarrow CH_3OSO_3H + H_2O$$

硫酸氢甲酯在减压下蒸馏可得到硫酸二甲酯。

$$2CH_3OSO_3H \longrightarrow CH_3OSO_2OCH_3 + H_2O$$

硫酸二甲酯是无色油状有刺激性的液体,有剧毒,使用时应小心。它和硫酸二乙酯在有机合成中是重要的甲基化和乙基化试剂。

3. 脱水反应 醇在浓硫酸或磷酸催化作用下加热可发生脱水反应。有两种脱水方式,可分子内脱水生成烯烃,也可分子间脱水生成醚。醇的脱水方式取决于醇的结构和反应条件。

(1) 分子内脱水:醇在较高温度下发生分子内脱水生成烯烃,属于β-消除反应。

$$\overset{|}{\underset{H}{C}}-\overset{|}{\underset{OH}{C}} \xrightarrow{H^+} \overset{}{C}=\overset{}{C} + H_2O$$

例如,控制温度在170℃时,乙醇发生分子内脱水生成乙烯。

$$\underset{H\ \ OH}{H_2C-CH_2} \xrightarrow[170℃]{浓H_2SO_4} H_2C=CH_2 + H_2O$$
乙烯

仲醇和叔醇分子内脱水时,遵循扎依采夫(Saytzeff)规律,即主要产物是双键碳原子上连有较多烃基的烯烃。

$$\underset{OH}{RCH_2CHCH_3} \xrightarrow[100℃]{60\%\ H_2SO_4} RCH=CHCH_3 + RCH_2CH=CH_2$$
（主要产物） （次要产物）

不同结构的醇,发生分子内脱水反应的难易程度不同,其反应活性顺序为:烯丙醇、苄醇 >叔醇>仲醇>伯醇。

(2) 分子间脱水:控制温度在140℃时,乙醇发生分子间脱水生成乙醚。

$$CH_3CH_2OH + HOCH_2CH_3 \xrightarrow[140℃]{浓H_2SO_4} CH_3CH_2-O-CH_2CH_3 + H_2O$$
乙醚

由此可见,醇的脱水反应受温度条件影响。较高温度条件下,有利于分子内脱水生成烯烃,较低温度条件下有利于分子间脱水生成醚。

此外醇的脱水方式还与醇的结构有关,叔醇容易发生分子内脱水,主要产物是烯烃;伯醇易发生分子间脱水,主要产物是醚。

4. 氧化反应 由于受羟基影响,醇分子中α-H原子比较活泼,容易被氧化。醇的氧化产物取决于醇的类型,伯醇氧化生成醛,醛可以继续氧化生成羧酸;仲醇氧化生成酮,通常酮不会继续被氧化;由于叔醇没有α-H原子,所以在同样的条件下不易被氧化,但在强烈条件下则发生碳链断裂氧化,生成碳原子数较少的氧化产物。

$$RCH_2OH \xrightarrow{[O]} RCHO \xrightarrow{[O]} RCOOH$$

$$\underset{OH}{R-CH-R'} \xrightarrow{[O]} \underset{O}{R-C-R'}$$

$$\underset{OH}{\overset{R'}{R-C-R''}} \xrightarrow{[O]} 不反应$$

[O]代表氧化剂,醇氧化常用的氧化剂是酸性 $K_2Cr_2O_7$ 溶液,伯醇、仲醇被氧化成羧酸

和酮,而橙红色的 $Cr_2O_7^{2-}$ 离子被还原为绿色的 Cr^{3+} 离子。叔醇在同一条件下不发生反应,利用此反应可以区别伯醇、仲醇和叔醇。

此外,伯醇和仲醇的蒸气在高温和催化剂(铂、银等)存在下,可直接发生脱氢反应,α-H 和羟基均脱去一个氢原子,分别生成醛和酮。叔醇分子中没有 α-H 原子,同样不发生脱氢反应。例如:

$$R-\underset{\underset{H}{|}}{\overset{\overset{H}{|}}{C}}-OH \xrightarrow[-2H]{Pt} R-\underset{\underset{H}{}}{\overset{}{C}}{=}O$$

伯醇   醛

$$R-\underset{\underset{R'}{|}}{\overset{\overset{H}{|}}{C}}-OH \xrightarrow[-2H]{Pt} R-\underset{\underset{R'}{}}{\overset{}{C}}{=}O$$

仲醇   酮

在有机化学反应中,物质得到氧或失去氢的反应称为氧化反应,反之,物质失去氧或得到氢的反应称为还原反应。

链接   **酒精检测**

    司机酒后驾车容易肇事,因此交通法规禁止酒后驾车。 交通警察使用酒精分析仪能快速、准确地测定出驾驶员呼出气体中的乙醇含量,从而判断其是否为酒后驾车。 因为酒精分析仪内装有三氧化铬,是一种橙红色晶体,是强氧化剂,能快速使乙醇氧化,自身被还原为绿色的三价铬离子。 当被测人员对准酒精分析仪呼吸时,如果呼出气体中含有一定比例的乙醇蒸气时,分析仪内的三氧化铬就会迅速与之反应。 分析仪中铬离子颜色变化通过电子传感器元件转换成电信号,并使酒精分析仪蜂鸣发出声响,表示被测人员饮用过含有乙醇的饮料。

5. 多元醇的特性   多元醇具有一元醇的化学性质,但由于羟基数目的增多,羟基之间相互影响,产生了一些特殊性质。

根据多元醇分子中两个羟基的位置不同,如具有邻二醇结构的多元醇,能与氢氧化铜作用生成深蓝色物质,利用此反应可以鉴别具有邻二醇结构的多元醇。

$$\begin{array}{l} CH_2-OH \\ | \\ CH-OH \\ | \\ CH_2-OH \end{array} + 2Cu(OH)_2 \longrightarrow \begin{array}{l} CH_2-O \\ \quad\quad\quad\diagdown \\ CH-O \diagup Cu \\ | \\ CH_2-OH \end{array} + H_2O$$

▶▶ **三、常见的醇**

1. 甲醇   甲醇(CH_3OH)是最简单的饱和一元醇。因最初是从木材干馏得到的,所以又称为木醇或木精。甲醇是无色透明的液体,沸点为 64.5℃,能溶于水、乙醇、乙醚、丙酮、苯和其他有机溶剂中,易燃,有乙醇味,有很强的毒性。当甲醇被误服或从消化道、呼吸道或皮肤摄入都将会对人体产生毒性反应。急性反应表现为头痛、疲倦、恶心、视力减弱甚至失明(误服 10ml 以上即可失明)、循环性虚脱,呼吸困难甚至死亡(30ml 可导致死亡)。

甲醇可作溶剂,也是重要的化工原料,用于制备甲醛、氯仿等。

2. 乙醇 乙醇(CH_3CH_2OH)俗称酒精,是饮用酒(白酒、黄酒、啤酒)的主要成分。纯净的乙醇是无色透明、易挥发、易燃的液体。其具有特殊的气味和辛辣味道(酒味)。沸点78.5℃。能与水及大多数有机溶剂混溶,毒性小。乙醇能使细菌的蛋白质变性,临床上用体积分数为75%的乙醇溶液做外用消毒剂,又称消毒酒精;利用乙醇挥发时能吸收热量的性质,临床上用体积分数为25%~50%的乙醇溶液给高热患者擦浴,可以达到退热、降温的目的;体积分数在99.5%以上的称为无水乙醇,又称绝对酒精,主要用作化学试剂,是重要的有机溶剂和化工原料。体积分数为95%的乙醇又称为药用酒精,在医药中主要用于提取中草药的有效成分,配制液体试剂等。在药剂上将生药与化学药品用不同浓度的乙醇浸出或溶解制成液体称为酊剂。例如,碘酊(俗称碘酒)就是将碘和碘化钾(助溶剂)溶于乙醇制成的。

3. 丙三醇 丙三醇($\underset{\underset{OH}{|}\quad\underset{OH}{|}\quad\underset{OH}{|}}{CH_2-CH-CH_2}$)俗称甘油,是一种无色、无臭、略带甜味的黏稠性液体,沸点290℃,比水重,能与水以任意比例混溶。甘油有润肤作用,但由于它本身吸湿性很强,对皮肤有刺激作用,故使用时需用1:3的适量水稀释。临床上常用甘油栓或50%甘油溶液灌肠,以治疗便秘。丙三醇常用作溶剂、赋形剂和润滑剂,也是化工、合成药物的原料,用途很广泛。

4. 苯甲醇 苯甲醇(⟨苯环⟩—CH_2OH)又名苄醇,是最简单的芳香醇,为无色液体,具有芳香气味,微溶于水,易溶于有机溶剂。苯甲醇具有微弱的麻醉作用,既能镇痛又能防腐。含有苯甲醇的注射用水称为无痛水。目前医疗上使用的青霉素稀释液就是2%苯甲醇的灭菌溶液,可减轻注射该药时的疼痛。10%的苯甲醇软膏或洗剂为局部止痒剂。

5. 戊五醇 戊五醇($\underset{\underset{OH}{|}\;\underset{OH}{|}\;\underset{OH}{|}\;\underset{OH}{|}\;\underset{OH}{|}}{CH_2-CH-CH-CH-CH_2}$)俗名木糖醇,是木糖代谢的正常中间产物,为白色晶体或白色粉末状晶体。在自然界中,广泛存在于果品、蔬菜、谷类、蘑菇之类食物和木材、稻草、玉米芯等植物中。木糖醇是多元醇中最甜的甜味剂,甜度相当于蔗糖,热量相当于葡萄糖,现代常用作蔗糖和葡萄糖的替代品,如以木糖醇为主要甜味剂的口香糖和糖果已经得到广泛的认可。

6. 己六醇 己六醇($\underset{\underset{OH}{|}\;\underset{OH}{|}\;\underset{OH}{|}\;\underset{OH}{|}\;\underset{OH}{|}\;\underset{OH}{|}}{CH_2-CH-CH-CH-CH-CH_2}$)俗名甘露醇,是一种无色无味的晶体粉末,易溶于水,略有甜味。它广泛分布于植物中,许多蔬菜及果实中都含有。临床上常用的200g/L甘露醇溶液是高渗溶液,可用于治疗脑水肿,以降低颅内压。它还是临床上常用的脱水剂。

7. 环己六醇 环己六醇(⟨环己六醇结构式,含HO、OH⟩)又名肌醇,为白色结晶性粉末,无嗅,味甜,易溶于水,水溶液呈中性。肌醇是某些酵母生长所必需的营养素,也与体内蛋白质的合成、二氧化碳的固定和氨基酸的转移过程有关,能促进肝和其他组织中的脂肪代谢,降低血脂,可作为肝炎的辅助治疗药物,常用以治疗脂肪肝,改善肝功能。

> **链接**
>
> ### 硫　醇
>
> 　　硫醇是醇分子中的氧原子被硫原子替代后的化合物,通式为 R—SH。 —SH (巯基)是硫醇的官能团。
>
> 　　硫醇的命名方法和醇相似,在醇的母体名称中加"硫"字即可。 例如:
>
> $$CH_3SH \qquad CH_3CH_2SH \qquad CH_3CH_2CH_2SH$$
>
> 　　　甲硫醇　　　　　乙硫醇　　　　　　1-丙硫醇
>
> 　　低级硫醇易挥发并有特殊的臭味,含量很小时,臭味也很明显。 因此,在燃气中常加入少量低级硫醇以起报警的作用。 硫醇的沸点比同碳数的醇低,难溶于水。
>
> 　　硫醇的化学性质和醇相似,但也有差异。 硫醇具有弱酸性,其酸性比醇强,能与强碱作用生成盐。 还可与某些重金属离子(汞、铜、银、铅等)形成不溶于水的硫醇盐。 临床上常用二巯基丙醇、二巯基丁二酸钠、二巯基磺酸钠等作为重金属中毒的解毒剂。 因为硫醇能与体内的重金属离子形成无毒的、稳定的配合物而排出体外,阻止重金属离子与酶中的巯基结合,夺取已经与酶结合的重金属离子,使酶恢复活性。
>
> 　　硫醇极易被氧化,空气中的氧气就能将硫醇氧化成二硫化物,所以含有巯基的化合物或药物要密闭保存。

第2节　酚

▶ 一、酚的结构、分类和命名

(一)酚的结构

　　从结构上看,芳香烃分子中苯环上的氢原子被羟基取代后生成的化合物称为酚。例如:

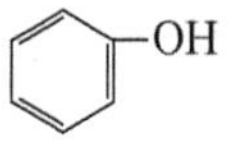

　　　　苯酚 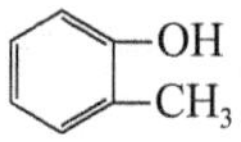　　　　　邻甲酚 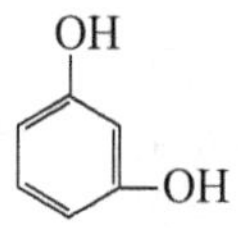　　　　　间苯二酚

　　酚中的羟基又称为酚羟基,是酚的官能团。由此可见,酚是由芳基和酚羟基共同组成的。

(二)酚的分类

　　1. 根据酚羟基所连芳基的不同分类　可分为苯酚(最简单的酚)和萘酚等,其中萘酚因酚羟基位置的不同,又分为 α-萘酚和 β-萘酚。

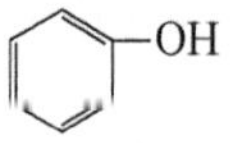

　　　　苯酚　　　　　β-萘酚　　　　　α-萘酚

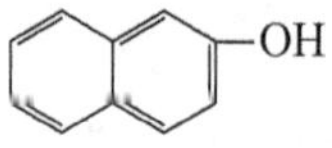

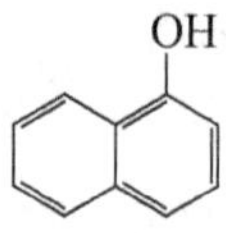

2. 根据分子中所含酚羟基的数目分类 可分为一元酚和多元酚,含有 2 个或 2 个以上羟基的酚为多元酚。

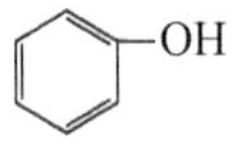

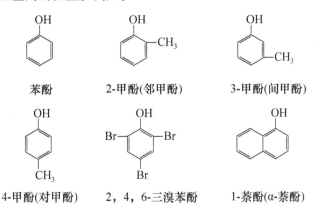

一元酚 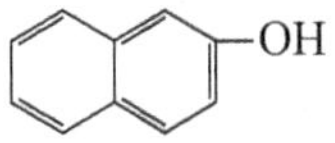　　　　　　　一元酚 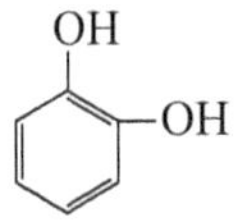　　　　　　　二元酚 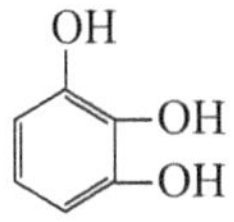　　　　　　　多元酚

（三）酚的命名

酚的命名是以酚为母体,芳环上其他原子、原子团或烃基作为取代基,它们与酚羟基的相对位置可用阿拉伯数字表示,编号从芳环上连有酚羟基的碳原子开始,也可以用邻、间、对表示取代基与酚羟基间的位置。例如:

苯酚　　　　　　2-甲酚(邻甲酚)　　　　　3-甲酚(间甲酚)

4-甲酚(对甲酚)　　　2,4,6-三溴苯酚　　　　1-萘酚(α-萘酚)

二元酚命名时,以二酚为母体,两个酚羟基间的相对位置用阿拉伯数字或邻、间、对表示。例如:

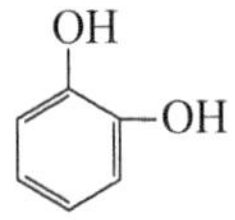

1,2-苯二酚　　1,3-苯二酚　　1,4-苯二酚　　　9,10-蒽二酚
(邻苯二酚)　　(间苯二酚)　　(对苯二酚)

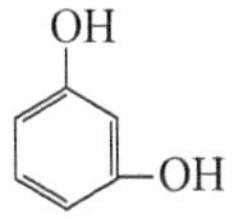

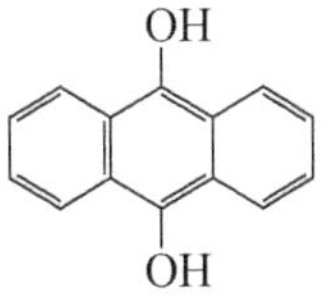

三元酚命名时,以三酚为母体,酚羟基的相对位置用阿拉伯数字或连、偏、对称表示。例如:

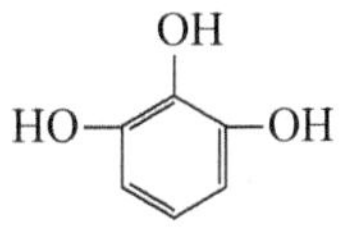

1,2,3-苯三酚　　1,2,4-苯三酚　　1,3,5-苯三酚
(连苯三酚)　　　(偏苯三酚)　　　(对称苯三酚)

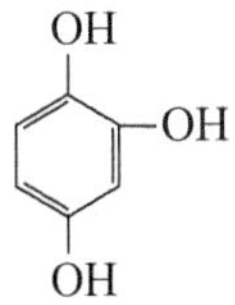

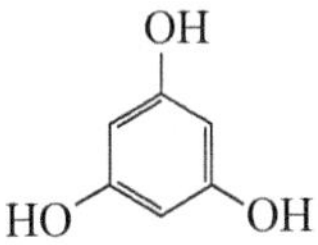

对于结构复杂的酚,可将酚羟基作为取代基加以命名。

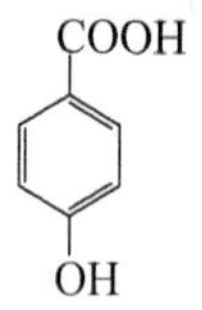

对羟基苯甲酸 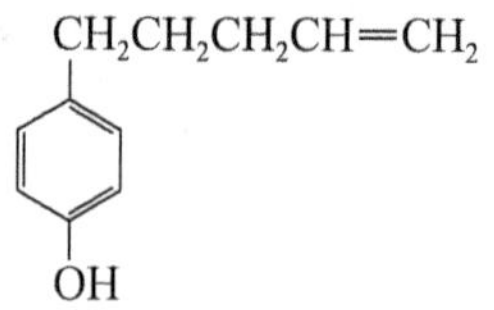　　　　5-(对羟基苯基)-1-戊烯

二、酚的性质

在常温常压下,除少数烷基酚(如甲酚)是高沸点的液体外,多数酚是无色结晶性固体,酚分子中含有羟基,分子间能形成氢键,所以沸点比分子质量相近的芳烃高。酚具有特殊气味,能溶于乙醇、乙醚等有机溶剂。酚能与水形成氢键,因此在水中有一定的溶解度,但由于烃基部分较大,所以溶解度不大,随温度升高溶解度将增大。多元酚易溶于水。酚具有特殊的气味,有一定毒性。

虽然酚和醇都含有羟基,但由于酚羟基和醇羟基所连接的烃基不同,化学性质有着明显的差异。酚羟基与苯环直接相连,氧原子上未共用的孤对电子与苯环上 π 电子云形成 p-π 共轭体系而向苯环方向转移,一方面使碳氧键的强度增强,导致碳氧键强度增加而不易发生碳氧键的断裂反应;另一方面氧氢键强度削弱,极性增大,使酚羟基中氢原子的解离倾向增大,所以酚的酸性比醇强;另外羟基是供电子基团,使芳环的邻、对位活化,易发生亲电取代反应和氧化反应。表示如下:

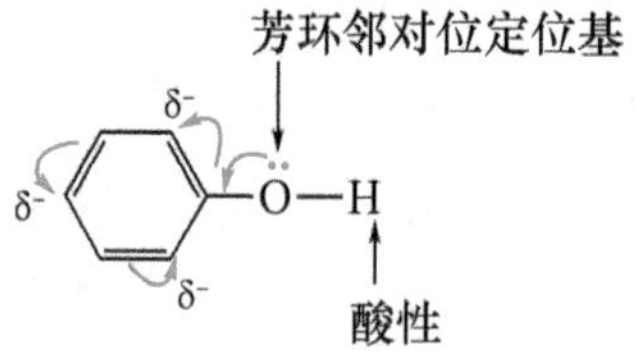

(一) 弱酸性

酚具有酸性,除了能与活泼的金属反应外,还能与氢氧化钠的水溶液作用,生成可溶于水的酚钠。

苯酚的酸性($pK_a = 10$)比水($pK_a = 15.7$)强,但比碳酸($pK_a = 6.37$)和有机酸($pK_a \approx 5$)弱,所以苯酚易溶于氢氧化钠等强碱溶液,不溶于碳酸氢钠溶液。若向苯酚钠的水溶液中通入二氧化碳则会有苯酚析出,而使溶液变浑浊。利用酚的这一特性,可以对其进行分离提纯。

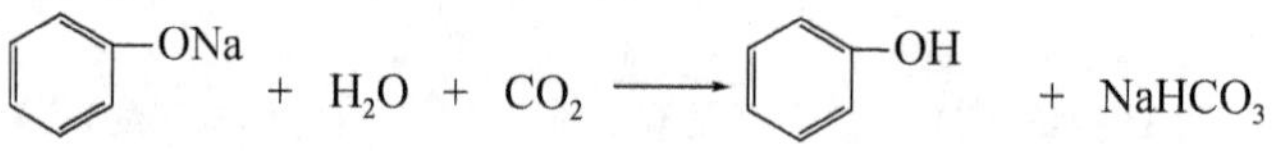

酚类化合物的酸性强弱,与芳环上所连取代基的种类、数目有关。当芳环上有吸电子取代基时,环上电子云密度降低,酚的酸性增强;当芳环上有供电子取代基存在时,环上电子密度增强,酚的酸性减弱。例如,硝基酚的酸性大于苯酚,硝基越多,酸性越强,而 2,4,6-

三硝基苯酚的酸性与盐酸相当。

2,4,6-三硝基苯酚又称苦味酸,是黄色晶体化合物,熔点为 123℃,在 300℃ 高温时会爆炸。它能与多种有机碱形成难溶于水的结晶苦味酸盐,其有一定的熔点,可用于有机碱的鉴定。

(二) 与三氯化铁的显色反应

大多数酚与三氯化铁作用能生成有颜色的配离子,此反应可以作为酚类的定性鉴别。不同的酚所产生的配离子颜色不同。例如,苯酚、间苯二酚及 1,3,5-苯三酚与三氯化铁反应都显蓝紫色;邻苯二酚、对苯二酚显绿色;1,2,3-苯三酚显红棕色;甲酚显蓝色等。显色的机制还不十分明确,一般认为是酚与三价铁生成了有色的金属配合物的缘故。

除酚类化合物外,凡具有烯醇式结构的化合物也有类似的显色反应。所以常用三氯化铁溶液鉴别酚类及烯醇式结构的化合物。

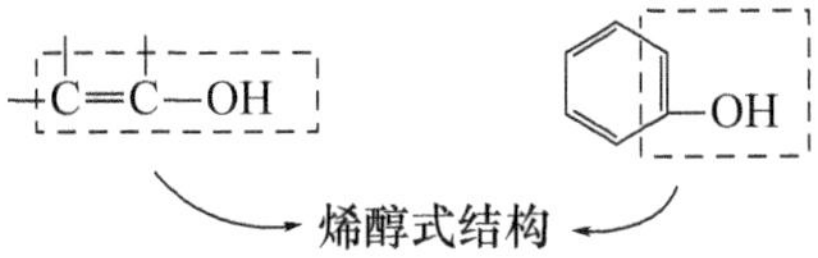

(三) 氧化反应

酚类化合物很容易被氧化,酚氧化物的颜色随着氧化程度的加深而逐渐加深,其产物复杂,如无色的苯酚在空气中氧化呈浅红色、红色至暗红色。用重铬酸钾稀硫酸溶液作氧化剂,可以得到主要产物对苯醌。醌类化合物多数有颜色。

多元酚更容易被氧化,产物为醌类化合物。例如,邻苯二酚、对苯二酚可被氧化为对应的醌。

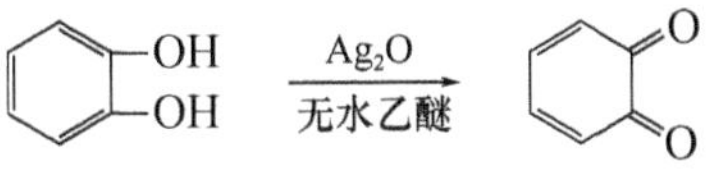

邻苯醌

利用酚类化合物易氧化的特点,在食品、橡胶、塑料等行业,使用酚类化合物作抗氧化剂使用。

(四) 芳环上的取代反应

羟基是强的致活基团,使苯环活化,容易发生卤代、硝化和磺化等亲电取代反应。

1. 卤代反应 苯酚极易发生卤代反应。苯酚与溴在低温非极性溶剂(如 CCl_4、CS_2 等)的条件下反应,可得邻位和对位取代产物,其中以对位产物为主。

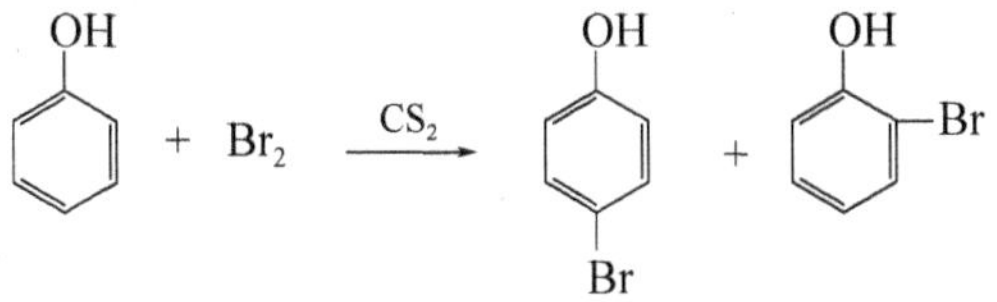

苯酚与溴水作用,立即生成2,4,6-三溴苯酚的白色沉淀。

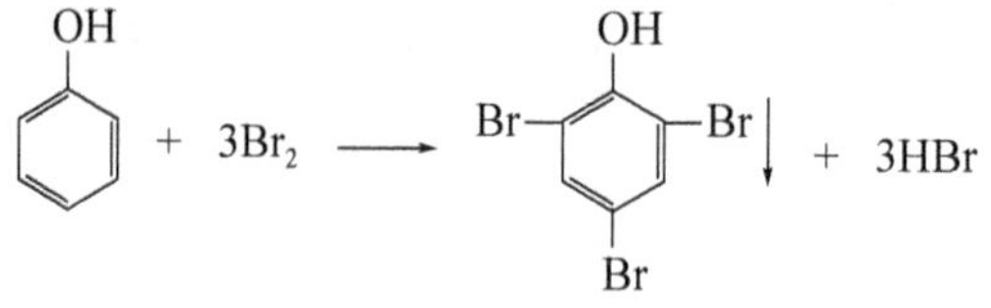

2,4,6-三溴苯酚(白色)

该反应非常灵敏,现象明显且定量进行,因此常用于苯酚的定性和定量分析。

2. 硝化反应 苯酚在室温下即可与稀硝酸反应,生成邻位和对位硝基苯酚。

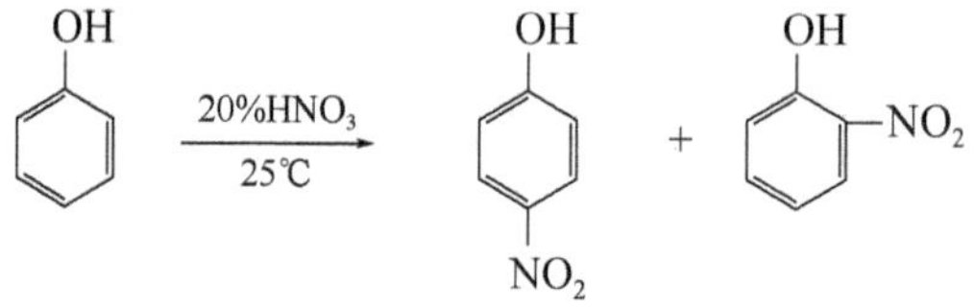

对硝基苯酚　　邻硝基苯酚

由于邻位产物可形成分子内氢键,挥发性大,可随水蒸气蒸出,而对位产物形成分子间氢键,挥发性小,不随水蒸气挥发,因此邻位硝基苯酚和对位硝基苯酚可利用水蒸气蒸馏方法分离,该反应在合成上仍然具有重要意义。

3. 磺化反应 苯酚在较低温度下就容易与浓硫酸作用,在苯环上引入磺酸基,主要是邻位产物;在较高温度下,主要得到对位产物。例如,苯酚在浓硫酸的作用下,25℃时主要生成邻羟基苯磺酸,在100℃时主要生成对羟基苯磺酸。反应式如下:

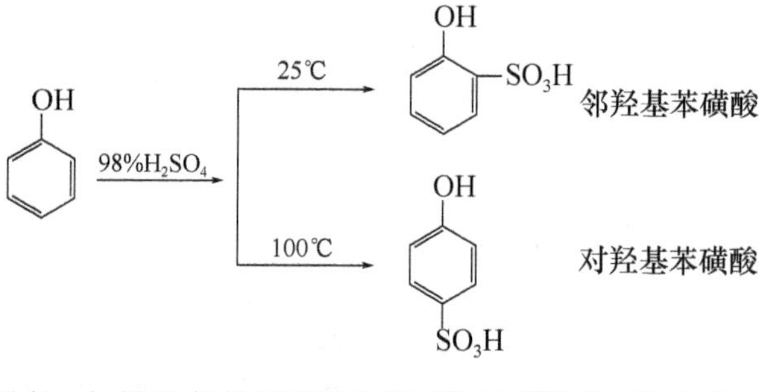

磺化反应是可逆的,在稀酸条件下回流可以脱去磺酸基,故在有机合成中常利用磺酸基对芳环上某位置进行保护,从而将取代基引入到指定位置。

▶▶ 三、常见的酚

1. 苯酚 又简称为酚,俗称石炭酸,因最初是从煤炭中提取的,又具有弱酸性而得名。苯酚为无色针状结晶,熔点为43℃,沸点为182℃。苯酚具有特殊气味,常因易被空气氧化而变为粉红色甚至深红色。常温下微溶于水而使溶液呈现浑浊,但当温度高于65℃时,能与水以任意比例混溶。苯酚可溶于乙醇、乙醚、苯等有机溶剂。

苯酚能凝固蛋白质,使蛋白质变性,故有杀菌作用,在医药上常用作消毒剂和防腐剂。3%~5%的苯酚水溶液用于外科器械的消毒,5%溶液可用作生物制剂的防腐剂,1%的苯酚水溶液可用于皮肤止痒。但苯酚有毒,苯酚及其溶液对皮肤有腐蚀性,使用时要小心。

苯酚易被氧化,应盛放在棕色瓶中避光保存。苯酚是重要的化工原料,用于制造塑料、染料、药物等。

2. 甲酚 有邻、间、对3种异构体,因其来源于煤焦油,故又名煤酚。

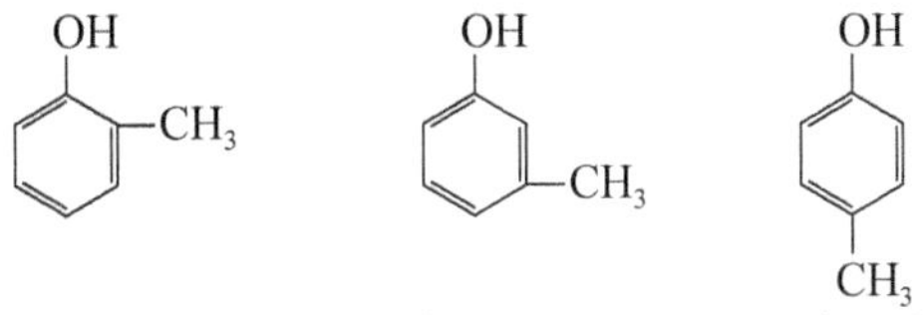

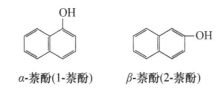

邻甲酚
(沸点192℃)　　　间甲酚
(沸点202℃)　　　对甲酚
(沸点202℃)

由于这3种异构体的沸点相近,一般不易分离,常使用它们的混合物。煤酚的杀菌能力比苯酚强,因为它难溶于水,能溶于肥皂溶液,故常配制成50%的肥皂溶液,称为煤酚皂溶液,俗称"来苏儿",常用于器械和环境消毒。

3. 苯二酚 有3种同分异构体。即:

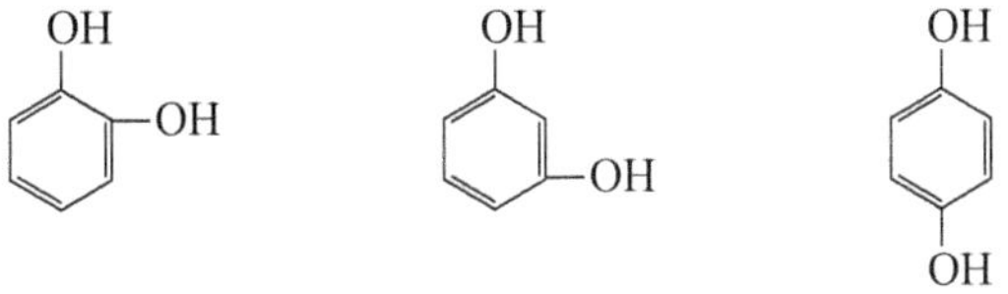

邻-苯二酚
(儿茶酚)　　　间-苯二酚
(雷锁辛)　　　对-苯二酚
(氢醌)

邻-苯二酚俗名为儿茶酚,间-苯二酚俗名为雷锁辛,对-苯二酚俗名为氢醌。这3种异构体均为无色的结晶,邻-苯二酚和间-苯二酚易溶于水,而对-苯二酚由于结构对称,它的熔点最高,在水中的溶解度最小。

间-苯二酚具有抗细菌和真菌的作用,强度仅为苯酚的1/3,刺激性小,其2%～10%的油膏及洗剂用于治疗皮肤病,如湿疹和癣症等。

对-苯二酚和邻-苯二酚易被氧化,可作还原剂。在生物体内,它们则以衍生物存在。例如,人体代谢的中间产物3,4-二羟基苯丙氨酸(又名多巴)和医学上常用的肾上腺素中均含有儿茶酚(邻-苯二酚)的结构,具有升高血压和止喘的作用。

4. 萘酚 萘酚有2种异构体。

α-萘酚(1-萘酚)　　　β-萘酚(2-萘酚)

α-萘酚是黄色结晶,与三氯化铁水溶液作用生成紫色沉淀。β-萘酚是无色结晶,与三氯化铁作用生成绿色沉淀。这两种萘酚都是合成染料的原料。此外,α-萘酚可作为鉴定糖类的试剂,β-萘酚则具有抗细菌、真菌和寄生虫的作用。

5. 维生素E 是一种天然存在的酚,广泛存在于各种食物中,在麦胚油中含量最高,各种油料种子、坚果类、谷类、豆类中含量也很丰富。因它与动物生殖功能有关,故又称为生育酚,生育酚在自然界中有α、β、γ、δ等多种异构体,其中α-生育酚(即维生素E)活性最高。

维生素E是黄色油状物,熔点2.5～3.5℃,临床上常用以治疗先兆流产和习惯流产,近年来还用于治疗痔疮、冻疮、各种类型的肌痉挛、胃及十二指肠溃疡等。维生素E可作为体内自由基的清除剂或抗氧化剂,具有延缓衰老的作用。

第3节 醚

▶▶ 一、醚的结构、分类和命名

(一) 醚的结构

醚可以看成水分子中的两个氢原子被烃基取代生成的化合物,也可看成醇或酚中羟基上的氢原子被烃基取代的产物。

醚的通式为(Ar)R—O—R′(Ar′),醚分子中含有两个碳氧单键,称为醚键,是醚的官能团。醚分子中的氧原子通过不等性 sp^3 杂化方式成键,与水分子相似,有两个未共用电子对在 sp^3 杂化轨道中。

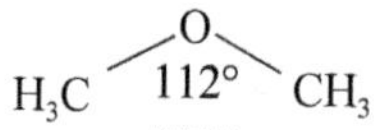

$$H_3C \overset{O}{\underset{112°}{\diagup \diagdown}} CH_3$$
甲醚

(二) 醚的分类

醚结构中与氧相连的两个烃基相同的称为单醚,用 R—O—R 或 Ar—O—Ar 表示,两个烃基不同的称为混醚,用 R—O—R′ 或 Ar—O—Ar′ 表示。两个烃基都是脂肪烃基的称为脂肪醚,两个烃基中有一个或两个为芳香烃基的称为芳香醚。烃基与氧原子形成环状结构的醚称为环醚。分子中含有多个—OCH₂CH₂—结构单元的环状多醚,结构很像皇冠,称为冠醚。

CH₃CH₂OCH₂CH₃   CH₃OC(CH₂)₃

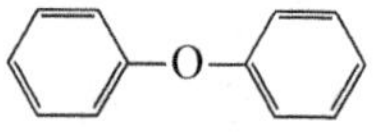

单醚(脂肪醚)   单醚(芳香醚)   混醚(脂肪醚)

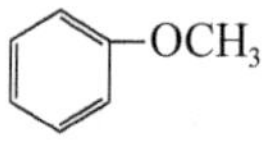

混醚(芳香醚) 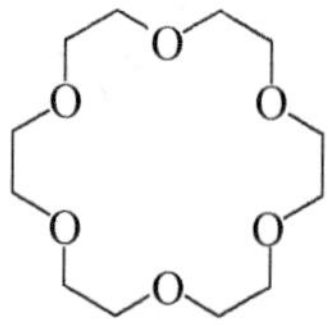   冠醚

(三) 醚的命名

结构简单的醚采用普通命名法。命名单醚时,是在醚字前加上与氧相连的烃基的名称(基字常省略),表示两个相同烃基的"二"字可以省略,命名为某醚。例如:

CH₃OCH₃   CH₃CH₂OCH₂CH₃

甲醚   乙醚   苯醚

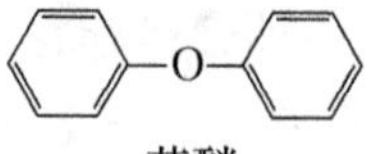

命名脂肪混醚时,一般将较小的烃基名称写在较大烃基名称的前面;命名芳香混醚时,则将芳香烃基的名称放在烷基名称的前面,命名为"某某醚"。例如:

$$CH_3OC(CH_3)_3 \qquad CH_3CH_2OCH=CH_2 \qquad \text{（苯）}OCH_3$$

甲基叔丁基醚   **乙基乙烯基醚**   **苯甲醚**

环醚多用俗名,其中碳氧形成三元环的化合物称为环氧化合物。例如:

$$\text{四氢呋喃} \qquad \underset{O}{H_2C-CH_2} \qquad \underset{O}{CH_3CH-CH_2}$$

四氢呋喃   **环氧乙烷**   **1,2-环氧丙烷**

对于结构复杂的醚,采用系统命名法,将较简单的烷氧基作为取代基,较大的烃基作母体来命名。例如:

$$\underset{OCH_3}{\overset{CH_3}{CH_3CHCHCH_2CH_3}} \qquad CH_3CH_2O-\text{（苯）}-CH_3$$

3-甲基-2-甲氧基戊烷   **对乙氧基甲苯**

二、醚的性质

(一) 物理性质

在常温常压下,除甲醚、甲乙醚和环氧乙烷为气体外,其余都是无色、有特殊气味、易燃的液体。由于醚分子间不能形成氢键而缔合,因此沸点比同分异构体的醇的沸点低很多,而与分子质量相当的烷烃接近。例如,乙醚的沸点为 34.5℃,而正丁醇的沸点为 117.3℃。

醚可与水分子形成氢键,所以低级醚在水中有一定的溶解度,与同碳原子数的醇相近,如乙醚在水中的溶解度与正丁醇相似,约为 8g/100ml。环醚在水中溶解度要大些,这是因为环醚中的氧原子突出在外,更容易与水形成氢键,如四氢呋喃可与水混溶。

醚是优良的有机溶剂,许多有机物能溶于醚,而醚在许多反应中活性很低,所以在有机反应中常用醚作溶剂。

(二) 化学性质

醚(环醚除外)是一类化学性质不活泼的化合物,它对氧化剂、还原剂和碱十分稳定,常作为有机溶剂使用。但是化学稳定性是相对的,由于醚分子中含有醚键(C—O—C),它可以发生一些特有的反应。醚具有以下化学性质。

1. 锌盐的形成 由于醚分子的氧原子有未共用电子对,能接受质子,所以醚能与强酸(H_2SO_4、HCl 等)作用,以配位键的形式结合生成**锌盐**。

$$R-\ddot{O}-R' + HCl \longrightarrow [\ R-\overset{H}{\underset{}{O}}-R'\ ]^+Cl^-$$

锌盐很不稳定,遇水分解,恢复为原来的醚和酸。利用这种性质可将醚从烷烃、卤代烃中分离出来。

2. 醚键的断裂 醚与强无机酸共热,则醚键发生断裂。浓氢碘酸的作用最强,在常温下即可使其断裂,生成醇和碘代烷。若氢碘酸过量,醇将继续转变为碘代烷。

$$R-\ddot{O}-R' + HI \longrightarrow RI + R'OH \overset{HI}{\longrightarrow} R'I$$

含有两个不同烷基的混合醚,与氢碘酸作用时,一般是较小的烷基形成碘代烷。例如:

$$CH_3OCH_2CH_2CH_3 \xrightarrow{HI} CH_3I + CH_3CH_2CH_2OH$$

芳基烷基醚与氢碘酸作用时,总是烷氧键断裂,生成酚和碘代烷,这是因为芳基碳与氧相连时由于存在 p-π 共轭,结合牢固不易断裂的缘故。例如:

$$\text{C}_6\text{H}_5\text{—O}\dotplus\text{CH}_3 + HI \xrightarrow{\triangle} \text{C}_6\text{H}_5\text{—OH} + CH_3I$$

3. 过氧化物的生成 醚在空气中久置,α-碳原子上的氢被氧化,生成醚的过氧化物。例如:

$$CH_3CH_2OCH_2CH_3 \xrightarrow{O_2} \underset{\underset{\text{O—O—H}}{|}}{CH_3CHOCH_2CH_3}$$

醚的过氧化物不稳定,受热容易分解发生爆炸,所以蒸馏醚类化合物时,一般不宜蒸干,避免发生爆炸事故。久置的醚,在使用前应做过氧化物的检查。检查方法是:若被检查的醚能使湿润的碘化钾-淀粉试纸变蓝或使 $FeSO_4$-KSCN 试液变红,表明醚中有过氧化物存在。此时可用硫酸亚铁水溶液或亚硫酸钠溶液等还原剂洗涤醚,可破坏其中的过氧化物。

▶ 三、常见的醚

1. 乙醚 常温下为无色透明有特殊气味的液体,沸点为 34.5℃,挥发性极强,易着火。乙醚微溶于水,易溶于乙醇等有机溶剂,其本身也是优良的有机溶剂,常用作提取天然药物中脂溶性成分的溶剂。

纯净的乙醚性质比较稳定。在空气的作用下能氧化成过氧乙醚,暴露于光线下能促进其氧化。过氧乙醚不挥发,在蒸馏时,过氧乙醚易积存在瓶底,受热或受到震动容易发生爆炸。为确保安全,在使用乙醚前,必须检验是否含有过氧乙醚。乙醚应使用棕色瓶密封、避光,放阴冷处保存。

乙醚具有麻醉作用,早期在医学上用作吸入性全身麻醉药,副作用是会引起头晕、恶心、呕吐等。目前,作为麻醉剂用的乙醚已逐渐被性质更稳定、效果更好的安氟醚(恩氟烷)和异氟醚(异氟烷)所替代。

2. 环氧乙烷 又称氧化乙烯,是最简单的环醚。常温下,是一种无色有毒气体,沸点 11℃,能溶于水,也能溶于乙醇、乙醚等有机溶剂中,通常保存在钢瓶里。

环氧乙烷是三元环,环状结构不稳定,故性质活泼,在酸或碱的催化作用下可与许多含活泼氢的化合物发生开环加成反应。

$$\underset{\text{环氧乙烷}}{\overset{\displaystyle H_2C\text{—}CH_2}{\diagdown\text{O}\diagup}} + H\text{—OH} \xrightarrow{H^+} \underset{\text{乙二醇}}{\overset{\displaystyle H_2C\text{—}CH_2}{\underset{\text{OH OH}}{|\quad\ |}}}$$

环氧乙烷在医学上主要作为气体杀菌剂,属于高效灭菌剂,穿透力强,可杀灭各种微生物。其主要用于消毒医疗器械、内镜及一次性使用的医疗用品。

链接

硫 醚

硫醚在结构上可以看作是醚分子中的氧原子被硫原子所替代后的化合物,其通式为 R—S—R'。命名与醚相似,在"醚"前加"硫"字即可。例如:

CH_3SCH_3 $CH_3CH_2SCH_2CH_3$ $CH_3SCH_2CH_3$

甲硫醚   乙硫醚   甲乙硫醚

硫醚具有刺激性气味,不溶于水,沸点比相应的醚高,易被氧化。氧化产物为亚砜 (R—SO—R'),亚砜进一步氧化为砜 (R—SO$_2$—R')。

二甲基亚砜 (CH_3SOCH_3) 是一种无色液体,既能溶解水溶性物质,又能溶解脂溶性物质,是一种良好的溶剂和有机合成的重要试剂。

目标检测

一、单项选择题

1. 羟基直接与芳环相连的化合物是(　　)
   A. 醇
   B. 酚
   C. 醚
   D. 呋喃

2. 苯酚的俗称是(　　)
   A. 石炭酸
   B. 电石
   C. 福尔马林
   D. 草酸

3. 在钠和乙醇反应后得到的溶液中加入酚酞,溶液显(　　)
   A. 红色
   B. 无色
   C. 蓝色
   D. 黄色

4. 苯甲醚和邻甲苯酚互为(　　)
   A. 官能团异构体
   B. 碳链异构体
   C. 位置异构体
   D. 互变异构体

5. 能与 $FeCl_3$ 溶液发生显色反应,又能与溴水作用产生白色沉淀的是(　　)
   A. 苯乙醚
   B. 2,4-戊二酮
   C. 乙酰乙酸乙酯
   D. 苯酚

6. 含酚羟基的是(　　)
   A. 苯甲醇
   B. 环己醇
   C. 苯甲醚
   D. 邻甲苯酚

7. 沸点最高的是(　　)
   A. 乙烷
   B. 乙炔
   C. 甲醚
   D. 乙醇

8. 属于仲醇的是(　　)
   A. 1-丙醇
   B. 2-丙醇
   C. 2-甲基-2-丙醇
   D. 2-甲基-1-丙醇

9. 能区分正丁醇和叔丁醇的试剂是(　　)
   A. 氢氧化钠
   B. 溴水
   C. 高锰酸钾酸性溶液
   D. $AgNO_3$

10. 能用氢氧化铜区分开的是(　　)
    A. 乙醇和乙醚
    B. 乙醇和乙二醇
    C. 乙二醇和甘油
    D. 甲醇和乙醇

11. 误食工业乙醇会严重危及人的健康甚至生命,这是因为其中含有(　　)
    A. 乙醇
    B. 甲醇
    C. 苯
    D. 苯酚

12. 下列醇与卢卡斯(Lucas)试剂作用,出现浑浊或分层最快的是(　　)
    A. 叔丁醇
    B. 2-苯基乙醇
    C. 仲丁醇
    D. 正丁醇

13. 1-丙醇和2-丙醇的关系是(　　)
    A. 官能团异构体
    B. 碳链异构体
    C. 位置异构体
    D. 以上均不是

14. 2-丁醇分子内脱水,主产物是(　　)
    A. 1-丁烯
    B. 2-丁烯
    C. 1-丁炔
    D. 2-丁炔

15. 下列酸性最强的是(　　)
    A. 苯酚
    B. 3-硝基苯酚
    C. 4-硝基苯酚
    D. 2,4-二硝基苯酚

16. 下列溶液中,通入二氧化碳后,能使溶液变浑浊的是(　　)
    A. 氢氧化钠溶液
    B. 苯酚钠溶液
    C. 碳酸钠溶液
    D. 苯酚溶液

17. 下列物质:①苯酚;②水;③乙醇;④碳酸,其酸性由强到弱的顺序为(　　)
    A.①②③④
    B.④①②③
    C.②③④①
    D.①②④③

18. 下列化合物与卢卡斯试剂作用,最快呈现浑浊的是(　　)

A. 1-戊醇　　　　　　B. 2-戊醇

C. 3-戊醇　　　　　　D. 2-甲基-2-丁醇

19. ①甲醇②伯醇③仲醇④叔醇与金属钠反应的速率顺序为(　　)

A. ①②③④　　　　　B. ②③④①

C. ④③②①　　　　　D. ①②④③

20. 下列何种试剂可用于检验乙醚中的过氧化乙醚(　　)

A. 淀粉　　　　　　　B. 碘化钾

C. 淀粉-碘化钾试纸　 D. 硫酸

二、填空题

1. 醇的_____和脂肪烃、脂环烃或芳香烃侧链的饱和碳原子相连。而酚的_____是直接与芳环的碳原子相连。

2. 根据羟基所连的饱和碳原子的不同类型分为_____醇、_____醇和_____醇。

3. 与氢卤酸的反应不同结构的醇的反应活性次序是：_____醇>_____醇>_____醇>_____醇。

4. 醇与氢卤酸的反应,不同氢卤酸的反应活性次序是：_____>_____>_____。

5. 卢卡斯是浓盐酸与无水氯化锌配制成的混合溶液,使用卢卡斯试剂,根据反应速率不同,可以区别出 6 个碳原子以下的_____、_____、_____醇。与_____醇反应速度最快,立即生成卤代烷,使溶液浑浊;_____醇反应较慢,需放置 3~5 分钟以上才能出现浑浊分层;_____醇在常温下不反应,需在加热下才能反应。

6. 醇可有两种方式脱水,分子内脱水和分子间脱水。脱水方式取决于醇的结构和反应条件。高温有利于_____脱水,低温有利于_____脱水。

7. 具有邻二醇结构的多元醇,能与氢氧化铜作用生成_____物质。

8. 芳基烷基醚与氢碘酸作用时,总是_____键断裂,生成_____和_____。

9. 醚在空气中久置,生成不稳定的醚的过氧化物,受热容易分解发生爆炸,所以蒸馏醚类化合物时,一般不宜_____,避免发生爆炸事故。

10. 久置的醚,在使用前应做过氧化物的检查。检查方法是:若醚能使湿润的碘化钾-淀粉试纸_____或使 $FeSO_4$-KCNS 试液_____,表明醚中有过氧化物存在。

三、写出下列化合物的名称

1. $CH_3CH_2CHCH_2CHCH_3$
　　　　　|　　　　|
　　　　 OH　　 CH_3

2. (结构：苯环上邻位 OH 和 CH_3)

3. (结构：苯环 OCH_3)

4. (结构：HO—苯环—OH)

5. $CH_3CH_2CHCH_2CHCH_3$
　　　　　|　　　　|
　　　　 OCH_3　 CH_3

6. (环氧乙烷结构)

四、写出下列化合物的结构式

1. 酒精　2. 木醇　3. 石炭酸　4. 苄醇　5. 甘油
6. 苯甲醚　7. 乙醚　8. 仲丁醇

五、写出下列反应的主要产物

1. $CH_3CH_2CHCH_3$ $\xrightarrow[100℃]{60\% H_2SO_4}$
　　　　　|
　　　　 OH

2. $CH_3CHCHCH_3$ + HCl $\xrightarrow{\text{无水 } ZnCl_2}$
　　　|　|
　　 OH CH_3

3. $CH_3CH_2CHCH_2CH_3$ $\xrightarrow[\text{稀 } H_2SO_4]{K_2Cr_2O_7}$
　　　　　　|
　　　　　 OH

4. HO—H_2C—苯环—OH　+ NaOH $\longrightarrow$

5. 苯环—OH　+ Br_2 $\longrightarrow$

六、用化学方法区别下列各组化合物

1. 正丁醇、仲丁醇和叔丁醇

2. 1,3-丁二醇和 2,3-丁二醇

3. 苯甲醇、邻甲酚和苯甲醚

七、推测结构式

1. 分子式为 C_3H_8O 的三种有机化合物 A、B、C。A 与金属钠不反应;C 和 B 都能与金属钠反应放出氢气;B 氧化生成醛,C 氧化生成酮。根据上述性质试写出 A、B、C 的结构简式和名称。

2. 化合物 A 的分子式为 C_7H_8O,不溶于水、盐酸和碳酸氢钠溶液,但能溶于氢氧化钠溶液,加入溴水后,能迅速生成化合物 B,分子式为 $C_7H_5OBr_3$,试推断化合物 A 的结构式,并写出相应的反应式。

(商成喜)

第7章 醛、酮、醌

学习目标

1. 掌握:醛、酮的结构特点及主要化学性质。
2. 熟悉:醛、酮的分类和命名。
3. 了解:醌的命名、性质和常见的醌;常见的醛、酮、醌。

碳原子以双键和氧原子相连的基团($-\overset{O}{\overset{\|}{C}}-$)称为羰基(carbonyl group),醛 (aldehydes)、酮(ketones)和醌(quinones)都是含有羰基的化合物,统称为羰基化合物。羰基化合物广泛存在于自然界,它们既是参与生物代谢过程的重要物质,也是细胞代谢的基本成分;其中某些醛、酮还是药物合成的重要原料或反应中间体。

第 1 节 醛 和 酮

▶ 一、醛和酮的结构、分类与命名

(一) 醛和酮的结构

羰基与氢原子结合而成的基团称为醛基($-\overset{O}{\overset{\|}{C}}-H$);也简写成—CHO,含有醛基的化合物称为醛,醛基是醛的官能团;羰基两端都与烃基结合而成的化合物称为酮,酮分子中的羰基也称为酮基,是酮的官能团。

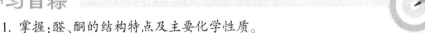

$$(Ar,H)R-\overset{O}{\overset{\|}{C}}-H \qquad (Ar)R-\overset{O}{\overset{\|}{C}}-R'(Ar')$$

醛   酮

(二) 醛和酮的分类

1. 按烃基分类 根据醛基或酮基所连烃基的不同,可以把醛、酮分为脂肪醛(酮)、脂环醛(酮)和芳香醛(酮)。例如:

脂肪醛、酮 $CH_3-\overset{O}{\overset{\|}{C}}-H$ $CH_3-\overset{O}{\overset{\|}{C}}-CH_3$

脂环醛、酮 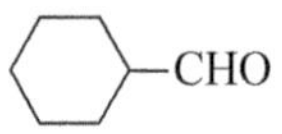 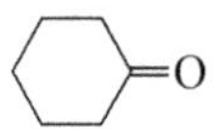

芳香醛、酮 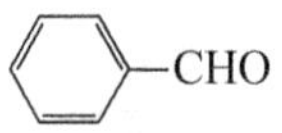 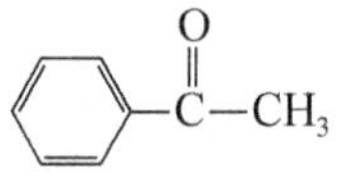

脂肪醛酮又可根据烃基的饱和程度不同，将醛酮分为饱和醛、酮与不饱和醛、酮。例如：

饱和醛、酮　CH_3CH_2CHO　　$CH_3COCH_2CH_3$

不饱和醛、酮　$CH_3CH=CHCHO$　　$CH_3COCH=CHCH_3$

2. 按官能团数目分类　根据分子中醛基或酮基数目不同，将醛、酮分为一元醛、酮和多元醛、酮。例如：

一元醛、酮　CH_3CH_2CHO　　$CH_3CH_2-\overset{\overset{O}{\|}}{C}-CH_3$

多元醛、酮　$OHCCH_2CH_2CH_2CHO$　　$CH_3-\overset{\overset{O}{\|}}{C}-CH_2-\overset{\overset{O}{\|}}{C}-CH_3$

一元酮分子中，根据与羰基相连的两个烃基是否相同，将一元酮分为单酮和混酮。与羰基相连的两个烃基相同的称为单酮，不相同的称为混酮。例如：

单酮　$CH_3-\overset{\overset{O}{\|}}{C}-CH_3$　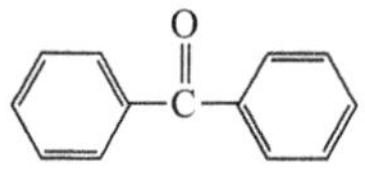

混酮　$CH_3CH_2-\overset{\overset{O}{\|}}{C}-CH_3$　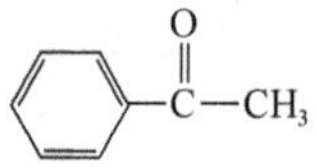

（三）醛和酮的命名

1. 普通命名法　简单的醛和酮一般采用普通命名法。脂肪醛的命名按所含碳原子数称为“某醛”，脂肪酮的命名与醚相似，可按羰基所连的两个烃基命名。例如：

$HCHO$	CH_3CHO	$CH_3-\overset{\overset{O}{\|}}{C}-CH_2CH_3$
甲醛	乙醛	甲乙酮

2. 系统命名法　复杂的醛、酮采用系统命名法。

（1）脂肪醛、酮的命名：选择含有羰基的最长碳链为主链，根据主链碳原子数目称为“某醛”或“某酮”；醛的编号从醛基碳原子开始，由于醛基总是处于碳链的首端，因此省略醛基的位次；酮则从靠近酮基的一端给主链碳原子依次编号，确定酮基的位次，将酮基位次标在“某酮”前面；如有取代基，则将取代基的位次、数目和名称分别标在“某醛”或酮基位次之前。编号时，也可以采用希腊字母标注，与羰基相连的碳原子依次用 α、β、γ、δ……等表示。例如：

$$\overset{5}{C}H_3-\underset{CH_3}{\underset{|}{\overset{4}{C}H}}-\underset{CH_3}{\underset{|}{\overset{3}{C}H}}-\overset{2}{C}H_2-\overset{1}{C}HO \qquad \overset{1}{C}H_3-\overset{\overset{O}{\|}}{\overset{2}{C}}-\overset{3}{C}H_2\overset{4}{C}H_2\overset{5}{C}H_3$$

3，4-二甲基戊醛　　　　2-戊酮

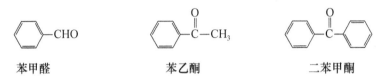

$$\overset{\gamma}{C}H_3-\overset{\beta}{C}H_2-\overset{\alpha}{C}H-CHO$$
$$\underset{CH_3}{|}$$

α-甲基丁醛

$$\overset{\alpha'}{C}H_3-\overset{O}{\underset{\|}{C}}-\overset{\alpha}{C}H-\overset{\beta}{C}H_3$$
$$\underset{CH_3}{|}$$

α-甲基丁酮

（2）芳香醛、酮的命名：以脂肪醛、酮为母体，将芳香烃基作为取代基。例如：

苯甲醛　　　　　　　　　苯乙酮　　　　　　　　　二苯甲酮

（3）脂环醛、酮的命名：脂环醛命名时，以脂肪醛为母体，将环基作为取代基；脂环酮命名时，仅在前面加一个环字，若环上还有其他取代基，则从酮基起给环上碳原子编号，并使其取代基的位次最小。例如：

环己基甲醛　　　　　　　环己酮　　　　　　　　　3-甲基环戊酮

二、醛和酮的性质

（一）醛和酮的物理性质

在室温下除甲醛是气体外，其余含 10 个碳原子以内的脂肪醛、酮均为液体，高级脂肪醛、酮和芳香醛、酮多为固体。醛、酮分子间不能形成氢键，因此其沸点比相应的醇低得多，但羰基是极性基团，使得分子间作用力增大，故其沸点比相应的烷烃要高。

羰基能与水分子之间形成氢键，故低级醛、酮易溶于水，如丙酮可以与水混溶；随着分子质量的增加，醛和酮的溶解性迅速降低，含 6 个碳原子以上的醛和酮几乎不溶于水，而易溶于乙醚、四氯化碳等有机溶剂中。醛和酮的相对密度都小于 1。

低级醛具有强烈的刺激性气味，中级（$C_8 \sim C_{13}$）酮在较低浓度时往往具有香味，可用于化妆品和食品工业。有些天然香料中就含有酮基，如樟脑、麝香等。

（二）醛和酮的化学性质

醛、酮分子中都含有羰基，所以这两类化合物具有许多相似的化学性质，主要表现在羰基的加成反应、α-活泼氢的反应、还原反应及被强氧化剂（$KMnO_4$ 或 HNO_3）氧化的反应等；由于醛基与酮基的结构并不完全相同，在化学性质上存在一定差异，醛基中羰基上连有氢原子，受羰基影响，醛基中 C—H 键极性增强，易发生氧化反应，使醛表现出一些不同于酮的化学性质。

醛、酮的化学性质与结构的关系如下：

$$R-\overset{O}{\underset{|}{\underset{H}{C}}}-C-H(R')$$

————　羰基的加成反应，如加氢、与HCN及氨的衍生物加成等

————　醛的特征反应，如银镜反应、斐林反应等

————　α-活泼氢的反应，如醇醛缩合、碘仿反应等

1. 醛、酮的相似性质

(1) 加成反应:羰基($-\overset{\overset{\displaystyle O}{\|}}{C}-$)的双键是由一个 σ 键与一个 π 键组成,因此容易与一些试剂发生加成反应。

1) 与氢气加成(还原反应):在金属铂、钯或镍的催化下,醛、酮中的羰基与氢气发生加成反应生成相应的醇羟基,在有机化学中,加氢的反应也称为还原反应。醛加氢还原生成伯醇,酮加氢还原生成仲醇。

$$R-\overset{\overset{\displaystyle O}{\|}}{C}-H + H_2 \xrightarrow{\text{Pt、Pd 或 Ni}} R-\overset{\overset{\displaystyle OH}{|}}{C}H-H$$
醛 　　　　　　　　　　　　　　　伯醇

$$R-\overset{\overset{\displaystyle O}{\|}}{C}-R' + H_2 \xrightarrow{\text{Pt、Pd 或 Ni}} R-\overset{\overset{\displaystyle OH}{|}}{C}H-R'$$
酮 　　　　　　　　　　　　　　　仲醇

2) 与氢氰酸加成:醛、脂肪族甲基酮(羰基一端与甲基相结合的脂肪酮)和 8 个碳以下的环酮能与氢氰酸加成,生成 α-羟基腈,又称 α-氰醇。芳香甲基酮则难以反应。

$$R-\overset{\overset{\displaystyle O}{\|}}{C}-H(CH_3) + HCN \rightleftharpoons R-\overset{\overset{\displaystyle OH}{|}}{\underset{\underset{\displaystyle H(CH_3)}{|}}{C}}-CN$$

醛、酮与氢氰酸的加成产物 α-羟基腈是有机合成上的反应中间体,可水解生成 α-羟基酸,反应后的产物比原来增加了一个碳原子,这是有机合成中增长碳链的一种方法。

由于氢氰酸易挥发且有剧毒,所以一般不直接用氢氰酸进行反应。在实验室中,常用醛、酮与氰化钾(钠)水溶液的混合物,再滴入无机强酸(如硫酸)以生成氢氰酸而参与反应。并且操作必须在通风橱中进行。例如:

$$CH_3-\overset{\overset{\displaystyle O}{\|}}{C}-CH_3 + NaCN + H_2SO_4 \longrightarrow CH_3-\overset{\overset{\displaystyle OH}{|}}{\underset{\underset{\displaystyle CH_3}{|}}{C}}-CN + NaHSO_4$$

3) 与醇加成:在干燥氯化氢的催化下,醛能与醇发生加成反应生成不稳定的加成产物——半缩醛,然后继续与另一分子醇作用,脱去一分子水,生成稳定的化合物——缩醛。醛或酮与醇加成生成缩醛的反应称为缩醛反应。

$$R-\overset{\overset{\displaystyle O}{\|}}{C}-H + H-OR \xrightarrow{\text{干燥HCl}} R-\overset{\overset{\displaystyle OH}{|}}{\underset{\underset{\displaystyle H}{|}}{C}}-OR'$$
半缩醛

$$R-\overset{\overset{\displaystyle OR'}{|}}{\underset{\underset{\displaystyle H}{|}}{C}}-OH + H-OR' \xrightarrow{\text{干燥HCl}} R-\overset{\overset{\displaystyle OR'}{|}}{\underset{\underset{\displaystyle H}{\|}}{C}}-OR'$$
缩醛

例如,乙醛和乙醇在干燥氯化氢作用下,生成二乙醇缩乙醛。

$$CH_3-\overset{\overset{O}{\|}}{C}-H + H-OCH_2CH_3 \xrightarrow{\text{干燥 HCl}} CH_3-\overset{\overset{OH}{|}}{\underset{\underset{H}{|}}{C}}-OCH_2CH_3$$

乙醇缩乙醛(半缩醛)

$$CH_3-\overset{\overset{OCH_2CH_3}{|}}{\underset{\underset{H}{|}}{C}}-OH + H-OCH_2CH_3 \xrightarrow{\text{干燥 HCl}} CH_3-\overset{\overset{OCH_2CH_3}{|}}{\underset{\underset{H}{|}}{C}}-OCH_2CH_3$$

二乙醇缩乙醛(缩醛)

缩醛是具有花果香味的液体,性质与醚相似。缩醛在碱性溶液中比较稳定,在稀酸溶液中易水解为原来的醛和醇,因此在药物合成中常利用生成缩醛来保护醛基,使醛基在反应中不受破坏,待反应完毕后,再用稀酸水解释放出原来的醛基。酮也可以发生类似的反应,生成缩酮,但比醛困难。

4)与氨的衍生物加成:醛、酮能与许多氨的衍生物如羟胺、肼、苯肼、2,4-二硝基苯肼、氨基脲等发生加成反应,反应并不停留在第一步,加成产物继续发生脱水形成含有碳氮双键的化合物,反应可用通式表示如下(其中 H_2N-G 代表氨的衍生物)。

$$(R')H-\overset{\overset{R}{|}}{C}=O + H-\overset{\overset{H}{|}}{N}-G \longrightarrow \left[(R')H-\overset{\overset{OH}{|}}{\underset{\underset{R}{|}}{C}}-\overset{\overset{H}{|}}{N}-G\right] \xrightarrow{-H_2O} (R')H-\overset{\overset{R}{|}}{C}=N-G$$

上述反应也可简单表示如下:

$$(R')H-\overset{\overset{R}{|}}{C}=O + H_2N-G \longrightarrow (R')H-\overset{\overset{R}{|}}{C}=N-G + H_2O$$

G 代表不同的取代基,几种常见的氨的衍生物及其与醛、酮反应的产物见表7-1。

表7-1 氨的衍生物及其与醛、酮反应的产物

氨的衍生物	加成缩合产物结构式
H_2N-OH 羟胺	$(R')H-\overset{\overset{R}{\|}}{C}=N-OH$ 肟
H_2N-NH_2 肼	$(R')H-\overset{\overset{R}{\|}}{C}=N-NH_2$ 腙
⬡-NH-NH_2 苯肼	$(R')H-\overset{\overset{R}{\|}}{C}=N-NH-$⬡ 苯腙

有机化学

续表

氨的衍生物	加成缩合产物结构式
2,4-二硝基苯肼	2,4-二硝基苯腙
氨基脲	缩氨脲

氨的衍生物与醛、酮反应的产物大多是晶体,具有固定的熔点,测定其熔点就可以初步推断它是由哪一种醛或酮生成的。特别是 2,4-二硝基苯肼几乎能与所有的醛、酮迅速反应,生成橙黄或橙红色的 2,4-二硝基苯腙沉淀,因此经常用它鉴别醛、酮。此外,肟、腙等在稀酸作用下能够水解为原来的醛或酮,故也可用这一性质来分离和提纯醛、酮。

在药物分析中,常用氨的衍生物作为鉴定具有羰基结构药物的试剂,所以把这些氨的衍生物称为羰基试剂。

(2) α-活泼氢的反应:醛、酮分子中,与羰基直接相连的碳原子,称为 α-碳原子,α-碳原子上的氢原子称为 α-氢原子(α-H)。α-氢原子由于受羰基的影响而变得活泼,可发生缩合反应和卤代反应等。

1)醇醛缩合反应:在稀碱作用下,一分子醛的 α-氢原子加到另一分子醛的羰基氧原子上,α-碳则加到羰基碳原子上,生成既含有醛基又含有醇羟基的化合物 β-羟基醛,该反应称为醇醛缩合反应(羟醛缩合反应)。这也是有机合成上增长碳链的一种方法。例如:

$$CH_3-\overset{H}{\underset{}{C}}=O + H-CH_2CHO \xrightarrow{OH^-} CH_3\overset{\beta}{C}H\overset{\alpha}{C}H_2CHO$$
$$\underset{OH}{}$$

若生成的 β-羟基醛上仍有 α-H,受热或在酸作用下容易发生分子内脱水,生成 α,β-不饱和醛。

$$CH_3CH-CHCHO \xrightarrow{\triangle} CH_3CH=CHCHO + H_2O$$
$$\underset{OH\ H}{}$$

2)卤代反应:在酸或碱的催化下,醛、酮分子中的 α-H 可逐步被卤素原子(Cl、Br 或 I)取代,生成 α-多卤代醛、酮。例如:

$$CH_3-\overset{O}{\overset{\|}{C}}-CH_3 + Br_2 \xrightarrow{CH_3COOH} BrCH_2-\overset{O}{\overset{\|}{C}}-CH_3 + HBr$$

碱性条件下,乙醛、甲基酮中的 3 个 α-H 全部被卤代,生成三卤代物。由于 3 个卤素原子的吸电子作用,增大了羰基碳的正电性,三卤代物在碱性溶液中不稳定,分解为三卤甲烷(卤仿)和羧酸盐,此反应称为卤仿反应。如果反应中使用的是碘,生成的产物为碘仿,故此反应称为碘仿反应。碘仿是不溶于水的黄色固体,并有特殊气味,反应灵敏,现象明显,易

于观察。因此,常用碘和氢氧化钠溶液来鉴别乙醛、甲基酮。另外具有 $\underset{\underset{|}{OH}}{H_3C-CH-}$ 结构的醇由于能被反应过程中生成的次碘酸钠(NaIO)氧化生成乙醛或甲基酮,故也能发生碘仿反应。

$$CH_3\overset{O}{\underset{\|}{-C}}-R(H) + 3I_2 + 4NaOH \rightleftharpoons CHI_3\downarrow + (H)R\overset{O}{\underset{\|}{-C}}-ONa + 3NaI + 3H_2O$$

2. 醛的特性反应

(1) 氧化反应:醛基上的氢原子由于受羰基的影响,变得很活泼,所以醛除了能被强氧化剂氧化外,还能被弱氧化剂所氧化;酮分子中没有这样的活泼氢,不易被弱氧化剂氧化。常用的弱氧化剂主要有托伦(Tollens)试剂和斐林(Fehling)试剂。

1) 银镜反应:托伦试剂是由硝酸银与氨水反应得到的一种无色的银氨配合物,主要成分是$[Ag(NH_3)_2]OH$,当它与醛共热时,醛被氧化为羧酸,Ag^+被还原为单质银附着在试管内壁上,形成明亮的银镜,故称为银镜反应。

所有的醛都能与托伦试剂发生银镜反应,而酮不能,所以利用托伦试剂可以鉴别醛和酮。

$$(Ar)R-CHO + 2[Ag(NH_3)_2]OH \xrightarrow{\triangle} (Ar)R-COONH_4 + 2Ag\downarrow + 3NH_3\uparrow + H_2O$$

2) 斐林反应:斐林试剂甲是硫酸铜溶液,斐林试剂乙是酒石酸钾钠与氢氧化钠的混合溶液,使用时将甲和乙等体积混合,摇匀,即得一种深蓝色溶液,称为斐林试剂(其主要成分是可溶性的Cu^{2+}的配合物)。斐林试剂能将脂肪醛氧化生成相应的酸,自身的Cu^{2+}还原成砖红色的氧化亚铜沉淀。甲醛因还原性强,能将Cu^{2+}还原成单质铜,附着在光滑的玻璃器壁上形成铜镜。

$$RCHO + Cu^{2+}(离子) \xrightarrow[\triangle]{OH^-} RCOO^- Cu_2O\downarrow$$

$$HCHO + Cu^{2+}(配离子) \xrightarrow[\triangle]{OH^-} HCOO^- Cu\downarrow$$

只有脂肪醛能被斐林试剂氧化,芳香醛和酮都不能,因此可用斐林试剂鉴别脂肪醛和芳香醛,也可用来鉴别脂肪醛和酮。

(2) 与希夫(Schiff)试剂的反应:将二氧化硫通入到红色的品红水溶液中,至红色刚好消失为止,所得的无色溶液称为品红亚硫酸试剂,又称为希夫试剂。醛与希夫试剂作用可显紫红色,酮则不显色,这一显色反应相当灵敏,因此可用于鉴别醛和酮。

甲醛与希夫试剂反应所显示的颜色加硫酸后不消失,而其他醛生成的紫红色遇硫酸后褪色,故此方法可用于甲醛和其他醛的鉴别。

使用这种方法时,不能加热,溶液中也不能含有碱性物质及氧化剂,否则会消耗亚硫酸而恢复品红本身的颜色。品红的颜色虽然同希夫试剂与醛反应后出现的颜色稍有不同,但难以区别,容易误认为有醛的存在,出现假阳性。

三、常见的醛和酮

1. 甲醛 甲醛(H-CHO)俗称蚁醛,在常温下是具有强烈刺激性气味的无色气体,沸点$-21℃$,易溶于水,有毒,有凝固蛋白质的作用,因而具有杀菌和防腐功能。40%的甲醛水溶液称为"福尔马林",是常用的外科器械、污染物的消毒剂和保存动物标本的防腐剂。

甲醛在水溶液中以水合甲醛形式存在,不能分离出来。水合甲醛失水缩合即生成链状的多聚甲醛,这就是甲醛水溶液放置时间久了产生浑浊或有白色沉淀的原因。甲醛水溶液中加入甲醇可防止甲醛聚合。

甲醛与浓氨水作用,可生成一种环状结构的白色晶体,称为环六亚甲基四胺($C_6H_{12}N_4$),药名为乌洛托品,易溶于水,有甜味,在医药上用作利尿剂及尿道消毒剂,以治疗肾脏及尿路感染。

2. 乙醛　乙醛(CH_3CHO)为无色、有刺激性气味、易挥发的液体,沸点21℃,易溶于水、乙醇和乙醚中。乙醛是重要的有机合成原料,可用于制造乙酸、乙醇等化合物。

乙醛也容易聚合,在酸的催化下可聚合成三聚乙醛,在医药上又称副醛,具有催眠作用,是比较安全的催眠药,无蓄积作用,不影响心脏与血管运动中枢,缺点在于具有不愉快的臭味,且经肺排出时臭味难闻。其也可用于抗惊厥。

乙醛的衍生物三氯乙醛,易与水反应生成水合三氯乙醛,简称水合氯醛。水合氯醛为无色棱柱状晶体,有刺激性气味,味略苦,易溶于水、乙醇和乙醚。其10%的水溶液在临床上作为催眠药,用于失眠、烦躁不安及惊厥,它使用安全,不易引起蓄积中毒,是一种比较安全的催眠药和镇静药,但对胃有一定刺激性,常用灌肠法给药。

3. 苯甲醛　苯甲醛(C_6H_5CHO)是最简单的芳香醛,常温下为无色液体,沸点179℃,具有苦杏仁味,又称为苦杏仁精或苦杏仁油;微溶于水,易溶于乙醇和乙醚。苯甲醛常以结合态存在于水果中,如桃、杏、梅等许多果实的种子中,尤以苦杏仁中含量最高。

苯甲醛易被氧化,久置空气中即被氧化成白色的苯甲酸晶体,因此保存苯甲醛时常加入少量的对苯二酚作抗氧剂。

苯甲醛是有机合成中重要的原料,用于制备药物、香料和染料。

4. 丙酮　丙酮(CH_3COCH_3)是最简单的脂肪酮。常温下是无色、易挥发、易燃的液体,具有特殊香味。沸点56.5℃,能与水、乙醚等混溶,并能溶解多种有机物,是一种良好的有机溶剂。丙酮是重要的有机合成原料,用来合成有机玻璃、环氧树脂、聚异戊二烯橡胶等产品,在医药工业中常用来制备氯仿和碘仿。

丙酮是人体中脂肪代谢的中间产物之一。正常人体血液中丙酮含量很低,但当人体代谢出现紊乱时,如糖尿病患者,由于体内糖代谢障碍,脂肪代谢加速,常有过量的丙酮产生,随呼吸和尿液排出体外。临床上检查患者尿液中是否含有丙酮,可用下述方法:一种方法是将亚硝酰铁氰化钠[$Na_2Fe(CN)_5NO$]溶液和氢氧化钠溶液加入尿液中,如有丙酮存在,则尿液呈鲜红色;另一种方法是利用碘仿反应,即向尿液中滴加碘液和氢氧化钠溶液,如有丙酮存在,则有黄色的碘仿(CHI_3)析出。

5. 樟脑　是一种脂环族酮类化合物,学名2-莰酮,为无色半透明固体,具有穿透性特异芳香,味略苦而辛,并有清凉感,熔点176~177℃,易升华,在常温下就可以挥发,不溶于水,能溶于醇和油脂中。樟脑是我国特产,产量居世界第一位。通常用水蒸气蒸馏法从樟树中提炼出来。

樟脑在医药上用途广泛,可用作呼吸循环兴奋药,有兴奋运动中枢、呼吸中枢及心肌的功效。100g/L的樟脑乙醇溶液称为樟脑酊,有良好的止咳功效。在清凉油、十滴水、消炎镇痛膏等药物中均含有樟脑,它还可用作驱虫防蛀剂。

> **链 接**
> ### 甲醛的危害
>
> 　　新装修的房子或新购买的车,里面待久了就会有头晕脑胀、眼睛难受甚至流泪等不适症状,这就是"甲醛"在作怪。 研究表明,甲醛具有强烈的致癌和促进癌变的作用。 甲醛对人体健康有着极大的危害,是装修中的游离"杀手"之一。 甲醛对人体健康的影响主要表现在嗅觉异常、刺激、过敏、肝肺功能异常等方面,室内空气中甲醛浓度达到 0.06~0.07mg/m³ 时,儿童就会发生轻微气喘;达到 0.1mg/m³ 时,就有异味和不适感;达到 0.5mg/m³ 时,可刺激眼睛,引起流泪;达到 0.6mg/m³ 时,可引起咽喉不适或疼痛;浓度更高时,引起恶心呕吐、咳嗽、胸闷、气喘,甚至肺水肿;达到 30mg/m³ 时,会立即致人死亡。
>
> 　　长期接触低剂量的甲醛可引起各种慢性呼吸道疾病;引起青少年记忆力和智力下降;引起鼻腔、口腔、咽喉、皮肤和消化道癌症;引起细胞核基因突变、抑制 DNA 损伤修复、女性月经紊乱、妊娠综合征、新生儿染色体异常等,甚至可以引起白血病。 在所有接触者中,儿童、孕妇、老人由于抵抗力较低,对甲醛尤为敏感,危害也更大。

第2节 醌

一、醌的分类和命名

　　醌是一类具有共轭体系的环己二烯二酮类化合物,常见的醌类化合物有苯醌、萘醌和蒽醌及其衍生物。最简单的醌是苯醌,苯醌有对醌式和邻醌式两种结构,没有间位苯醌。

对醌式(对苯醌) 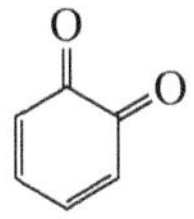　　　　　　邻醌式(邻苯醌)

　　醌类化合物的命名是把苯醌、萘醌或蒽醌作为母体,用较小的数字标明羰基的位次,也可用邻、对及 α、β 等标明。例如:

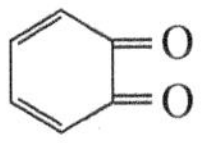

1,2-苯醌(邻苯醌) 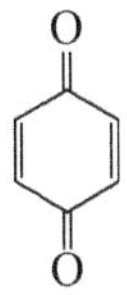　　　　　1,4-苯醌(对苯醌) 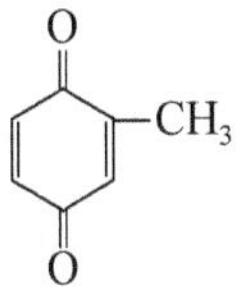　　　　　2-甲基-1,4-苯醌

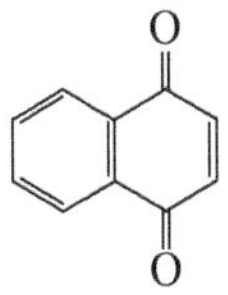

1,4-萘醌(α-萘醌) 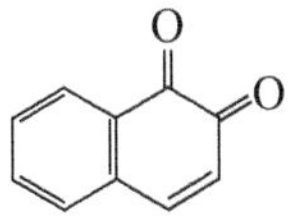　　　　　1,2-萘醌(β-萘醌) 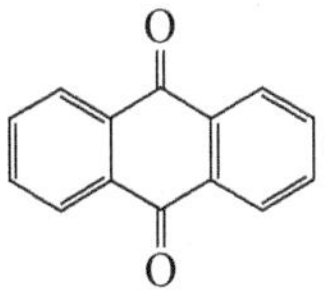　　　　　9,10-蒽醌

二、醌的性质

（一）物理性质

醌类化合物通常是有颜色的晶体。对位醌多为黄色,邻位醌多为红色或橙色。醌类化合物在自然界分布很广,自然界中许多花色素、天然染料和生物体内的部分辅酶都具有醌型结构。例如,中药大黄中的有效成分大黄素、从茜草中分离出来的红色染料茜素等,都含有醌型结构。

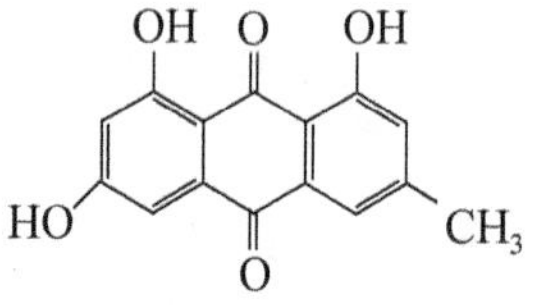

大黄素 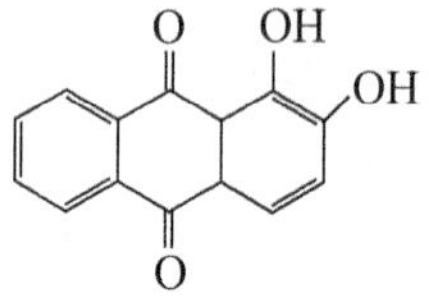　　　　　　　　　茜素

（二）化学性质

1. 加成反应　因为醌类是具有共轭体系的环己二烯二酮类化合物,所以醌能够发生加成反应。例如,醌分子中的碳碳双键可与 1 分子或 2 分子溴加成:

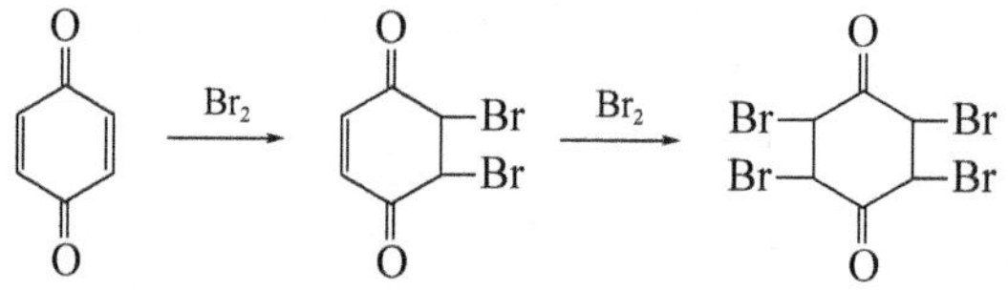

另外,醌还可以与氯化氢、氢氰酸等发生 1,4-加成反应;醌分子中的羰基也可与氨的衍生物加成。

2. 氧化还原反应　对苯醌在亚硫酸水溶液中容易还原成对苯二酚,又称氢醌,这是对苯二酚氧化反应的逆反应。许多含有对苯醌结构的生物分子在体内也容易发生这种还原反应。

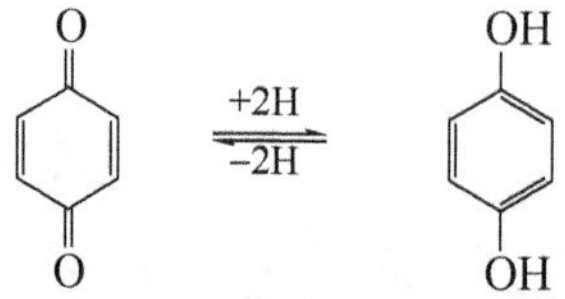

对苯醌　　　　　　对苯二酚(氢醌)

三、常见的醌

1. 苯醌　包括对苯醌和邻苯醌两种异构体。对苯醌为黄色晶体,有刺激性气味,易升华,易溶于热水、乙醇和乙醚中,熔点为 117℃。邻苯醌为红色晶体,无固定熔点,在 60～70℃分解。

对苯醌和对苯二酚能通过氢键形成深绿色的分子化合物,称为醌氢醌。在电化学上,利用对苯二酚和对苯醌之间的氧化还原关系可以制成氢醌电极,用于测定氢离子浓度。

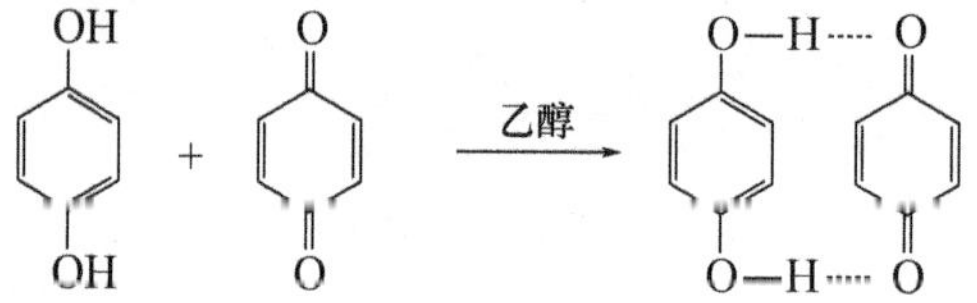

对苯二酚　　对苯醌　　　　　　醌氢醌

2. 1,4-萘醌 也称 α-萘醌,为黄色固体,熔点 126~128℃,萘醌的一些衍生物对生物体有重要的生理作用。例如,可治疗凝血能力降低的药物维生素 K_1、细菌代谢的产物维生素 K_2,是人和动物不可缺少的维生素。它们主要存在于绿色植物与蛋黄中;另外,人们发现,人工合成的维生素 K_3 具有比维生素 K_1 和维生素 K_2 更强的凝血能力,但由于水溶性差,医药上常用其与亚硫酸氢钠的加成产物,该加成物易溶于水。

$$K_1: R 为 \ -CH_2CH=C-(CH_2CH_2CH_2CH)_3-CH_3$$

$$K_2: R 为 \ -(CH_2CH=C-CH_2)_6-H$$

$$K_3: R 为 H(人工合成)$$

维生素K

3. 泛醌(辅酶 Q) 是脂溶性化合物,因广泛存在于动植物体内而得名,是生物体内氧化还原反应过程中极为重要的物质。最常见的辅酶 Q 的侧链上含有 10 个异戊烯结构单元($n=10$),所以通常称为辅酶 Q_{10}。

(其中:$n=6~10$)

目标检测

一、单项选择题

1. 鉴别乙醛和丙酮可选用的试剂是(　　)
   A. 托伦试剂
   B. 斐林试剂
   C. 亚硝酰铁氰化钠+NaOH
   D. 三种都可以

2. 既能与氢发生加成反应又能与希夫试剂反应的是(　　)
   A. 丙烯　　　　　B. 丙醛
   C. 丙酮　　　　　D. 苯

3. 能与斐林试剂反应的是(　　)
   A. 丙酮　　　　　B. 苯甲醇
   C. 2-甲基丙醛　　D. 苯甲醛

4. 检查糖尿病患者尿液中的丙酮,可采用的试剂是(　　)
   A. 斐林试剂　　　　B. 希夫试剂
   C. 托伦试剂　　　　D. 碘液和氢氧化钠溶液

5. 生物标本防腐剂"福尔马林"的成分是(　　)
   A. 40%甲醛水溶液　　B. 40%甲酸水溶液
   C. 40%乙醛水溶液　　D. 40%丙酮水溶液

6. 下列物质不能发生碘仿反应的是(　　)
   A. 乙醛　　　　　B. 丙酮
   C. 乙醇　　　　　D. 3-戊酮

7. 醛与羟胺作用生成(　　)
   A. 肟　　　　　　B. 腙
   C. 苯腙　　　　　D. 肼

8. 用来鉴别醛和酮的羟胺、肼、苯肼等试剂统称为(　　)
   A. 卢卡斯试剂　　　B. 希夫试剂
   C. 羰基试剂　　　　D. 托伦试剂

9. 下列化合物不能与 HCN 发生加成反应的是(　　)
   A. 2-戊酮　　　　　B. 环己酮
   C. 丙酮　　　　　　D. 3-戊酮

10. 丁酮与氢加成生成(　　)
    A. 乙醛　　　　　B. 丙酮
    C. 丁醇　　　　　D. 2-丁醇

二、填空题

1. 在催化剂铂、钯和镍的存在下,醛加氢还原生成_____,酮加氢还原生成_____。

2. 托伦试剂的主要成分是_____,斐林试剂的主要成分是_____。

3. 醛与托伦试剂的反应因有银生成,又称为_____反应;斐林试剂只能跟_____醛反应,不能与_____醛和_____反应。

4. 醛与希夫试剂作用显_____色。

5. _____称为"福尔马林",它在医学上用作_____剂和_____剂。

6. 羰基的碳分别与_____及氢相连接的化合物称为_____;羰基与两个_____相连的化合物称为_____。

三、写出下列化合物的名称

1. 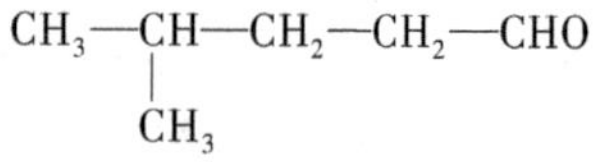 $CH_3-CH-CH_2-CH_2-CHO$
       |
       CH_3

2. $CH_3-CH_2-CH_2-CHO$

3. 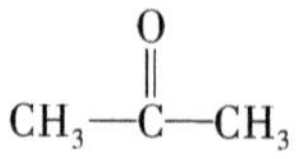 $CH_3-\overset{O}{\overset{\|}{C}}-CH_3$

4. 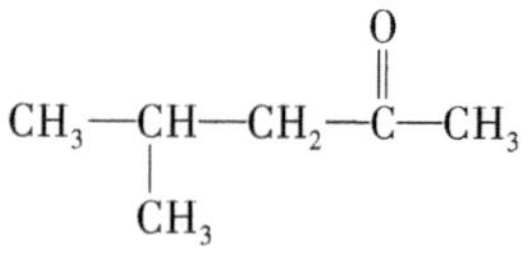 $CH_3-CH-CH_2-\overset{O}{\overset{\|}{C}}-CH_3$
       |
       CH_3

5. 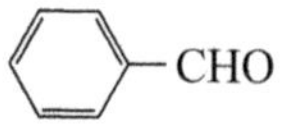 ⬡$-CHO$

6. 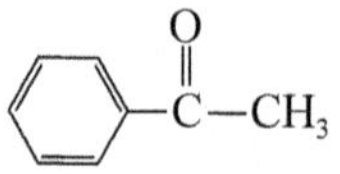 ⬡$-\overset{O}{\overset{\|}{C}}-CH_3$

四、写出下列化合物的结构简式

1. 3-甲基丁醛

2. 3,4-二甲基-2-戊酮

3. 4-甲基-2-己酮

4. 3-苯基丙醛

5. 环己酮

6. 2-甲基-3-乙基戊醛

五、写出下列反应的主要产物

1. $CH_3CH_2CHO + HCN \longrightarrow$

2. $CH_3CHO + H_2 \xrightarrow{Ni}$

3. 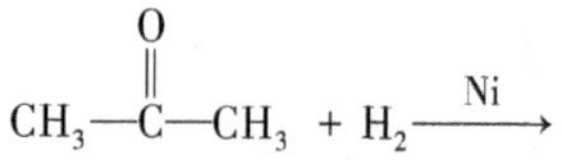 $CH_3-\overset{O}{\overset{\|}{C}}-CH_3 + H_2 \xrightarrow{Ni}$

4. $CH_3CHO + [Ag(NH_3)_2]OH \longrightarrow$

5. 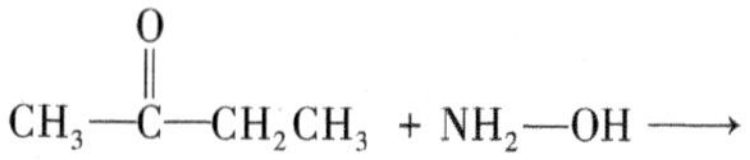 $CH_3-\overset{O}{\overset{\|}{C}}-CH_2CH_3 + NH_2-OH \longrightarrow$

6. 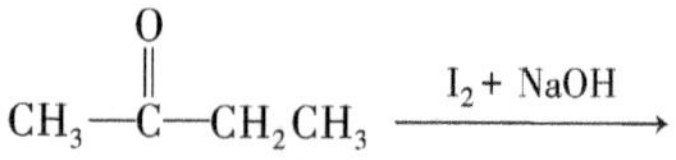 $CH_3-\overset{O}{\overset{\|}{C}}-CH_2CH_3 \xrightarrow{I_2 + NaOH}$

六、用化学方法区别下列各组化合物

1. 丙醇、丙醛、丙酮

2. 甲醛、乙醛、苯甲醛

3. 2-戊酮、3-戊酮、戊醛

4. 苯酚、苯甲醛、苯甲醇   (陈　霞)

第8章 羧酸和取代羧酸

学习目标

1. 掌握:羧酸的结构、分类、命名、化学性质及酮体的组成。
2. 熟悉:羟基酸和酮酸的结构、分类、命名。
3. 了解:常见的羧酸、羟基酸、酮酸及在医学上的用途。

羰基与羟基结合而成的基团称为羧基(—COOH)。羧酸(carboxylic acids)和取代羧酸(substituted carboxylic acids)都是含有羧基的化合物。羧酸及取代羧酸广泛存在于自然界,它们在动植物的生长、繁殖、新陈代谢等各方面都起着重要的作用,许多羧酸及取代羧酸都具有生物活性。其与人们的生活及医学有着密切的联系,许多羧酸及取代羧酸就是临床常用的药物。

第1节 羧 酸

一、羧酸的结构、分类和命名

(一) 羧酸的结构

分子中含有羧基的化合物称为羧酸。除甲酸外,羧酸也可以看成是烃分子中的氢原子被羧基取代而生成的化合物。羧基是羧酸的官能团。羧酸的结构通式为:

$$(Ar, H)R—\overset{\overset{\displaystyle O}{\|}}{C}—OH$$

(二) 羧酸的分类

羧酸(除甲酸外)都是由烃基和羧基两部分组成。根据分子中烃基种类的不同,可以将羧酸分为脂肪酸、脂环酸和芳香酸;脂肪酸又可根据烃基是否饱和分为饱和脂肪酸和不饱和脂肪酸;根据羧酸分子中羧基数目不同,羧酸又可分为一元酸、二元酸和多元酸(图8-1)。

(三) 羧酸的命名

羧酸的系统命名原则与醛相似,命名时将"醛"改为"酸"即可。

1. 饱和脂肪酸的命名 选择含有羧基的最长碳链作主链,根据主链上的碳原子个数命名为"某酸",从羧基碳原子开始,用阿拉伯数字将主链碳原子依次编号,确定取代基的位置;简单的羧酸也可以用希腊字母来表示取代基的位次,即与羧基直接相连的碳原子为 α

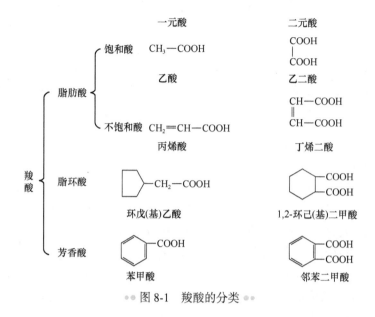

●● 图 8-1 羧酸的分类 ●●

位,依次为 β、γ、δ 等,最末端碳原子位次为 ω。将取代基的位次、数目、名称写于"某酸"之前。例如:

$$\overset{4}{C}H_3\underset{\gamma}{-}\overset{3}{\underset{\beta}{CH}}\underset{|}{-}\overset{2}{\underset{\alpha}{CH_2}}-\overset{1}{COOH}$$
$$\qquad CH_3$$

3-甲基丁酸
(β-甲基丁酸)

$$\overset{5}{\underset{\omega}{CH_3}}-\overset{4}{\underset{\gamma}{CH_2}}-\overset{3}{\underset{\beta}{CH}}-\overset{2}{\underset{\alpha}{CH}}-\overset{1}{COOH}$$
$$\qquad\quad C_2H_5\ \ CH_3$$

2-甲基-3-乙基戊酸
(α-甲基-β-乙基戊酸)

2. 不饱和脂肪酸的命名 选择含有羧基和不饱和键在内的最长碳链作主链,根据主链碳原子个数称为"某烯酸"或"某炔酸",从羧基碳原子开始编号,把双键、三键的位次写在"某烯酸"或"某炔酸"之前。但碳原子数目大于 10 时,需在中文数字后加上一个"碳"字。例如:

$$\overset{5}{C}H_3-\overset{4}{C}\equiv\overset{3}{C}-\overset{2}{C}H_2-\overset{1}{COOH}$$

3-戊炔酸

$$\overset{4}{C}H_3-\overset{3}{\underset{|}{C}}=\overset{2}{C}H-\overset{1}{COOH}$$
$$\qquad\ CH_3$$

3-甲基-2-丁烯酸

$$CH_3(CH_2)_4CH=CHCH_2CH=CH(CH_2)_7COOH$$

9,12-十八碳二烯酸(亚油酸)

3. 二元羧酸命名 选择分子中含有两个羧基的最长碳链作主链,称为"某二酸",若有取代基,从离取代基近的一侧开始编号。例如:

$$HOOC-COOH \qquad\qquad HOOC-CH_2-CH_2-COOH$$

乙二酸 丁二酸

$$HOOC-CH-CH_2-CH_2-COOH$$
$$\qquad\quad CH_3$$

2-甲基戊二酸

4. 脂环族和芳香羧酸的命名 以脂肪羧酸为母体,将脂环和芳环看作取代基进行命名。例如：

苯甲酸　　　　　　　　　环戊基乙酸　　　　　　　　　3-苯基丙酸

许多羧酸最初是从天然产物中得到，故常根据其来源而采用俗称。例如，甲酸最初是从蚂蚁中得到，故俗称蚁酸；乙酸是食醋的主要成分，俗称醋酸；其他如草酸、巴豆酸、肉桂酸、安息香酸等都是根据其来源而采用的俗称。许多高级一元羧酸，因最初是从水解脂肪中得到的，故又被称为脂肪酸，如十六碳酸称为软脂酸，十八碳酸称为硬脂酸。

二、羧酸的性质

（一）羧酸的物理性质

饱和一元羧酸中，$C_1 \sim C_3$ 的羧酸是有刺激性气味的液体，$C_4 \sim C_9$ 的羧酸是具有令人不愉快气味的液体，C_{10} 以上的高级羧酸则是无味无臭的固体；脂肪二元羧酸和芳香羧酸都是结晶性固体。低级羧酸可以与水混溶，随着分子质量的增大，溶解度逐渐减小。羧酸的熔沸点都随着分子质量的增大而升高。

（二）羧酸的化学性质

羧酸的官能团是羧基，羧酸的化学性质主要发生在羧基上。从形式上看，羧基是由羰基和羟基组成，但由于羰基和羟基相互影响，使羧基显示其自身的特性。

1. 酸性　在羧酸分子中，由于受羰基的影响，使羟基上的氢原子比较活泼，在水中能部分电离出氢离子，从而显示一定的弱酸性。因此羧酸是有机弱酸，具有酸的通性，如能与碱反应等。

$$R—COOH \rightleftharpoons R—COO^- + H^+$$
$$R—COOH + NaOH \longrightarrow RCOONa + H_2O$$

羧酸一般为弱酸，它们的酸性比盐酸、硫酸等无机强酸弱得多，但比碳酸强，故能分解碳酸盐和碳酸氢盐放出二氧化碳，而苯酚则没有此反应。利用这个性质，可以分离、鉴别羧酸和酚。

$$2RCOOH + Na_2CO_3 \longrightarrow 2RCOONa + H_2O + CO_2 \uparrow$$
$$RCOOH + NaHCO_3 \longrightarrow RCOONa + H_2O + CO_2 \uparrow$$

羧酸和其他有关化合物的酸性强弱顺序如下：

$$H_2SO_4 、HCl > RCOOH > H_2CO_3 > ArOH > H_2O > ROH$$

不同羧酸的酸性强弱顺序如下：

$$HOOC—COOH > HCOOH > C_6H_5COOH > CH_3COOH > 其他饱和一元羧酸$$

羧酸的钾、钠、铵盐在水中的溶解度很大，医药上常把某些含羧基的药物制成可溶性的盐，以便配制水剂或注射液使用，如常用的青霉素 G（见杂环化合物和生物碱一章）钾或青霉素 G 钠。

2. 羧基上羟基的取代反应　羧基上羟基不易被取代，但在一定条件下，可以被卤素（—X）、酰氧基（RCOO—）、烷氧基（—OR）、氨基（—NH₂）取代，生成酰卤、酸酐、酯和酰胺，酰卤、酸酐、酯和酰胺统称为羧酸衍生物。

羧酸分子去掉羧基上的羟基后余下的基团，称为酰基。酰基命名时，可根据生成酰基的羧酸命名为"某酰基"。例如：

酰基　　　　　　甲酰基(醛基)　　　　　乙酰基　　　　　　苯甲酰基

（1）酰卤的生成：羧酸与三卤化磷、五卤化磷、亚硫酰氯等试剂反应，生成酰卤

（ $R-\overset{O}{\underset{\|}{C}}-X$ ），酰卤可看作羧酸分子中羟基被卤素原子取代。例如：

$$R-\overset{O}{\underset{\|}{C}}-OH + PCl_3 \xrightarrow{50℃} R-\overset{O}{\underset{\|}{C}}-Cl + H_3PO_3$$

$$CH_3-\overset{O}{\underset{\|}{C}}-OH + SOCl_2 \longrightarrow CH_3-\overset{O}{\underset{\|}{C}}-Cl + H_2SO_3$$

（2）酸酐的生成：羧酸与脱水剂(P_2O_5等)共热，两个羧酸的羧基间脱水，生成酸酐，酸酐即羧基中的羟基被酰氧基取代。例如：

$$R-\overset{O}{\underset{\|}{C}}-OH + H-O-\overset{O}{\underset{\|}{C}}-R' \xrightarrow{\triangle} R-\overset{O}{\underset{\|}{C}}-O-\overset{O}{\underset{\|}{C}}-R' + R_2O$$

$$2CH_3-\overset{O}{\underset{\|}{C}}-OH \xrightarrow[\triangle]{P_2O_5} CH_3-\overset{O}{\underset{\|}{C}}-O-\overset{O}{\underset{\|}{C}}-CH_3 + H_2O$$

（3）酯化反应：羧酸与醇反应，生成酯和水的反应，称为酯化反应。酯可看作羧基上的羟基被烷氧基取代，例如：

$$R-\overset{O}{\underset{\|}{C}}-OH + H-O-R' \rightleftharpoons R-\overset{O}{\underset{\|}{C}}-OR' + H_2O$$

在同样条件下，酯和水也可以作用生成羧酸和醇，称为酯的水解反应。因此酯化反应是可逆反应。使用浓硫酸作催化剂可使平衡向生成酯的方向移动。例如，乙酸和乙醇在浓硫酸催化下生成有令人愉快香味的乙酸乙酯。

$$CH_3-\overset{O}{\underset{\|}{C}}-OH + H-O-CH_2CH_3 \xrightarrow[\triangle]{浓H_2SO_4} CH_3-\overset{O}{\underset{\|}{C}}-O\ CH_2CH_3 + H_2O$$

（4）酰胺的生成：羧酸与氨反应生成羧酸铵，羧酸铵受热分解，脱去一分子水生成酰胺，酰胺即羧酸中的羟基被氨基取代。

$$R-\overset{O}{\underset{\|}{C}}-OH + NH_3 \xrightarrow{\triangle} R-\overset{O}{\underset{\|}{C}}-ONH_4 \xrightarrow{\triangle} R-\overset{O}{\underset{\|}{C}}-NH_2 + H_2O$$

3. 脱羧反应　羧酸脱去羧基放出二氧化碳的反应称为脱羧反应。

$$(Ar)R-\overset{O}{\underset{\|}{C}}-OH \longrightarrow (Ar)R-H + CO_2$$

一元羧酸较稳定，一般情况下不容易发生脱羧反应。但在特殊情况下，如羧酸盐与碱石灰(NaOH、CaO)共热，也可以发生脱酸反应，生成少一个碳原子的烃，实验室用于制备低

级烷烃。例如,无水乙酸钠与碱石灰加强热制备甲烷。

$$CH_3COONa + NaOH \xrightarrow[\text{强热}]{CaO} CH_4 \uparrow + Na_2CO_3$$

二元羧酸容易脱羧。例如,乙二酸、丙二酸很容易脱羧,乙二酸加热到其熔点以上即可发生脱羧反应。

$$HOOC—COOH \xrightarrow{\triangle} HCOOH + CO_2 \uparrow$$

在生物体内脱羧反应是在酶的作用下进行的。脱羧反应是人体内产生 CO_2 的主要代谢反应。

三、常见的羧酸

1. 甲酸 甲酸($HCOOH$)最初是从蚂蚁体内得到的,故俗称蚁酸。甲酸是有刺激性气味的无色液体,沸点 100.5℃,能与水混溶。甲酸的腐蚀性很强,使用时避免与皮肤直接接触;被蚂蚁或蜂类蛰咬后会引起皮肤红肿、痛痒就是甲酸的腐蚀性引起的,可用稀碱性溶液涂敷止痛。

甲酸的结构特殊,羧基直接与氢原子相连。从结构上看,甲酸分子中既有羧基,又有醛基,因而甲酸既有酸的性质,又有醛的还原性。

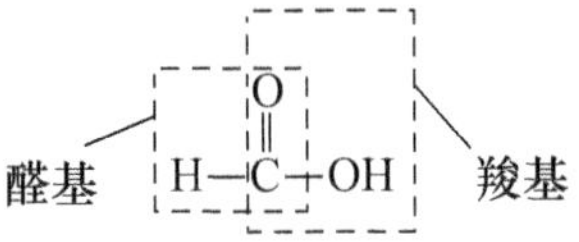

与其他一元羧酸相比,甲酸具有下列特性:

(1) 较强的酸性:甲酸的酸性比其他饱和一元羧酸强。

(2) 还原性:甲酸能发生银镜反应和斐林反应,还能被酸性高锰酸钾氧化而使溶液褪色。这些反应都可用于甲酸的鉴别。

2. 乙酸 乙酸($CH_3—COOH$)俗称醋酸,是食醋的主要成分,食醋中含 3%~5% 的乙酸。纯净的乙酸是有强烈刺激性酸味的无色液体,沸点 118℃,熔点 16.6℃,可与水混溶。纯乙酸在室温低于 16.6℃ 时凝结成冰状固体,又称冰醋酸。

乙酸具有抗细菌和真菌的作用,医药上常用 0.5%~2% 的乙酸溶液作为消毒防腐剂;冬季常用"食醋消毒法"预防流感;使用 30% 的乙酸溶液擦浴治疗甲癣等。此外乙酸是常用的有机试剂,也是染料、香料、塑料和制药工业的重要原料。

3. 苯甲酸 苯甲酸($\bigcirc$— COOH)俗称安息香酸,存在于安息树脂及多种树脂中。苯甲酸是无味的白色晶体,熔点 121.7℃,难溶于冷水,易溶于热水、乙醇、乙醚和氯仿中。苯甲酸易挥发,具有抗菌防腐作用,毒性较低,因而苯甲酸及其钠盐常用作食品、药品和日用品的防腐剂。苯甲酸也是治疗癣病的外用药。

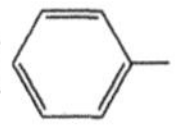

4. 乙二酸 乙二酸($HOOC—COOH$)俗称草酸,是最简单的二元羧酸,常以盐的形式存在于草本植物中。草酸是无色晶体,能溶于水和乙醇中,熔点 101.5℃,加热失去结晶水得到无水草酸。无水草酸熔点 189℃。温度超过熔点则发生脱羧反应。

草酸的酸性比一元羧酸和其他的二元羧酸强。草酸有还原性,容易被高锰酸钾所氧化,因此分析化学中常用草酸钠标定高锰酸钾溶液的浓度。另外高价铁盐可被草酸还原成易溶于水的低价铁盐,所以可用草酸去除铁锈或蓝墨水的污迹。工业上也常用草酸作漂白剂,用于漂白麦草、硬脂酸等。

第2节 取代羧酸

羧酸分子中烃基上的氢原子被其他原子或原子团取代后生成的化合物称为取代羧酸。取代羧酸主要包括卤代酸、羟基酸、酮酸和氨基酸等,本章主要介绍卤代酸、羟基酸和酮酸。

一、卤代酸

卤代酸(halo acids)是羧酸分子中烃基上的氢原子被卤素原子(—X)取代后生成的化合物。

(一)卤代酸的分类和命名

根据卤原子的不同,卤代酸可分为氟代酸、氯代酸、溴代酸和碘代酸。也可以根据卤原子与羧基的相对位置不同分为 α-卤代酸、β-卤代酸、γ-卤代酸等;根据分子中卤原子的数目不同分为一卤代酸、二卤代酸、多卤代酸。

卤代酸的命名以羧酸为母体,把卤素原子看作取代基。从羧基碳原子开始,用阿拉伯数字或希腊字母依次编号,确定取代基或卤原子的位置,将取代基或卤原子的位置和名称依次写在"某酸"名称之前。例如:

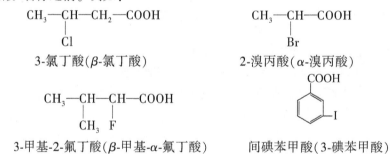

$$CH_3—CH—CH_2—COOH$$
$$\qquad\quad |$$
$$\qquad\quad Cl$$
3-氯丁酸(β-氯丁酸)

$$CH_3—CH—COOH$$
$$\qquad\quad |$$
$$\qquad\quad Br$$
2-溴丙酸(α-溴丙酸)

$$CH_3—CH—CH—COOH$$
$$\qquad\quad | \qquad |$$
$$\qquad\quad CH_3 \quad F$$
3-甲基-2-氟丁酸(β-甲基-α-氟丁酸)

间碘苯甲酸(3-碘苯甲酸)

(二)卤代酸的化学性质

1. 酸性 卤代酸具有羧酸的典型性质,由于卤原子的吸电子诱导效应,使卤代酸的酸性增强。而且,卤原子的电负性越大,数目越多,距离羧基越近,吸电子作用越强,酸性也越强。其酸性比较如下:

$$FCH_2—COOH>ClCH_2—COOH>BrCH_2—COOH>ICH_2—COOH>CH_3—COOH$$

$$Cl_3C—COOH> Cl_2CH—COOH>ClCH_2—COOH>CH_3—COOH$$

$$\alpha\text{-氯代酸}>\beta\text{-氯代酸}>\gamma\text{-氯代酸}$$

2. 水解反应 卤代酸与水共热或与稀碱溶液作用,可水解生成相应的羟基酸。

$$R—CH—COOH + H_2O \xrightarrow{\triangle} R—CH—COOH + HX$$
$$\quad\ |\qquad\qquad\qquad\qquad\qquad\quad |$$
$$\quad\ X\qquad\qquad\qquad\qquad\qquad\quad OH$$
卤代酸 　　　　　　　　　　　　　　羟基酸

二、羟基酸

羟基酸(hydroxy acids)是羧酸分子中烃基上的氢原子被羟基取代生成的化合物。羟基酸广泛存在于动植物体内,在生物体的生命活动中起着重要作用。

（一）羟基酸的分类和命名

羟基酸中的羟基有醇羟基和酚羟基之分,所以羟基酸可分为醇酸和酚酸。羟基连在脂肪碳链上的称为醇酸;羟基连在芳环上的称为酚酸。由于分子中羟基和羧基的相对位置不同,醇酸可分为 α-醇酸、β-醇酸、γ-醇酸等。

羟基酸的系统命名法是以羧酸为母体,羟基作为取代基来命名。取代基的位置可以用阿拉伯数字表示,也可以用希腊字母表示。许多羟基酸都存在于自然界,是天然产物,因此也常根据其来源而采用俗称。例如:

$$CH_3—CH—COOH$$
$$\quad\quad\ |$$
$$\quad\quad OH$$

乳酸

2-羟基丙酸（α-羟基丙酸）

$$CH_3—CH—CH_2—COOH$$
$$\quad\quad\ |$$
$$\quad\quad OH$$

3-羟基丁酸（β-羟基丁酸）

$$HOOC—CH—CH—COOH$$
$$\quad\quad\quad\ |\quad\ |$$
$$\quad\quad\ OH\ OH$$

酒石酸

2,3-二羟基丁二酸（α,β-二羟基丁二酸）

$$HOOC—CH—CH_2—COOH$$
$$\quad\quad\quad\ |$$
$$\quad\quad\ OH$$

苹果酸

2-羟基丁二酸（α-羟基丁二酸）

水杨酸

邻羟基苯甲酸（2-羟基苯甲酸）

没食子酸

（3,4,5-三羟基苯甲酸）

（二）羟基酸的性质

由于羟基酸分子中同时含羟基和羧基,所以羟基酸的沸点较高,一般是黏稠液体或晶体;在水中的溶解度也大于相应的脂肪酸、醇或酚。羟基酸含有羧基和羟基两种官能团,既有酸和醇酚的一般性质,如醇的酯化、氧化,酚与三氯化铁溶液显色,酚酸具有的酸性,可以成盐、成酯等性质,也有由于羟基和羧基相互影响而表现出的特殊性质。

1. 酸性　与卤代酸相似,羟基酸中由于羟基的吸电子诱导效应,使羟基酸的酸性比相应的羧酸强。酸性因诱导效应随距离的增加而减小,所以:α-羟基酸>β-羟基酸>γ-羟基酸。γ-位以后的羟基酸与相应的羧酸的酸性基本相同。

2. 氧化反应　由于羧基和羟基的相互影响,醇酸中的羟基比醇中的羟基更容易被氧化。例如,稀硝酸不能氧化醇,但能氧化羟基酸使之生成酮酸。

$$R—CH—COOH \xrightarrow{\text{稀 HNO}_3} R—C—COOH$$
$$\quad\quad\ |\quad\quad\quad\quad\quad\quad\quad\quad\ \|$$
$$\quad\quad OH\quad\quad\quad\quad\quad\quad\quad\quad O$$

$$CH_3—CH—CH_2—COOH \xrightarrow{\text{稀 HNO}_3} CH_3—C—CH_2—COOH$$
$$\quad\quad\quad\ |\quad\quad\quad\quad\quad\quad\quad\quad\quad\quad\quad\quad\ \|$$
$$\quad\quad\ OH\quad\quad\quad\quad\quad\quad\quad\quad\quad\quad\quad\quad\ O$$

3. 脱水反应　醇酸受热易脱水,但由于羟基与羧基的相对位置不同,脱水方式也不同。

例如,α-羟基酸在两分子间脱水生成交酯,β-羟基酸分子内脱水生成不饱和酸,γ-羟基酸和 δ-羟基酸在室温下发生分子内脱水生成五元环或六元环的内酯。

三、酮酸

分子中既含有羧基,又含有羰基的化合物称为羰基酸。羰基酸根据羰基的位置不同可分为醛酸和酮酸。分子中含有醛基和羧基的化合物称为醛酸(aldehyde acid);分子中含有酮基和羧基的化合物称为酮酸(keto acid)。

(一)酮酸的分类和命名

根据酮基和羧基的相对位置,酮酸可分为 α-酮酸、β-酮酸、γ-酮酸等。其中 α-酮酸和 β-酮酸最为重要,是人体内糖、脂肪和蛋白质代谢的中间产物。

酮酸命名时选择含酮基和羧基在内的最长碳链作主链,根据主链上的碳原子个数命名为"某酮酸",并用阿拉伯数字或希腊字母标明酮基和取代基的位置。例如:

$$CH_3-\overset{O}{\underset{\|}{C}}-COOH$$

丙酮酸

$$CH_3-\overset{O}{\underset{\|}{C}}-CH_2-COOH$$

3-丁酮酸(β-丁酮酸或乙酰乙酸)

$$HOOC-\overset{O}{\underset{\|}{C}}-CH_2-COOH$$

2-丁酮二酸(α-丁酮二酸或草酰乙酸)

$$HOOC-\overset{O}{\underset{\|}{C}}-CH_2-CH_2-COOH$$

2-戊酮二酸(α-戊酮二酸)

(二)酮酸的性质

酮酸分子中含有羧基和酮基,因此它具有羧酸的性质,如成盐、酯化、脱羧等;也有酮基的性质,如加氢还原、与羟胺反应生成肟等;由于酮基和羧基相互影响而表现出来的特殊性质。

1. 酸性 由于酮基的吸电子效应,酮基酸的酸性比羧酸强,其酸性强弱顺序为:α-酮酸 >β-酮酸>γ-酮酸>羧酸。

2. 脱羧反应 α-酮酸、β-酮酸比相应的羧酸容易脱羧,特别是 β-酮酸,在温度略高于室温时就会脱羧。

$$R-\overset{O}{\underset{\|}{C}}-COOH \xrightarrow[\triangle]{稀硫酸} R-\overset{O}{\underset{\|}{C}}-H + CO_2\uparrow$$

$$R-\overset{O}{\underset{\|}{C}}-CH_2-COOH \xrightarrow{\triangle} R-\overset{O}{\underset{\|}{C}}-CH_3 + CO_2\uparrow$$

3. 酮式-烯醇式的互变异构 β-酮酸酯,如乙酰乙酸乙酯,分子内含有酮基和酯键,具有酮和酯的典型性质,如能与 HCN 加成,能与羟胺、苯肼等羰基试剂反应,能发生水解反应等;除此之外,还具有一些特殊的性质,如能与金属钠反应放出 H_2,能使溴水褪色,能与三氯化铁溶液作用显紫色,这些反应是烯醇的典型性质,说明分子中具有烯醇式结构。

研究表明,乙酰乙酸乙酯在溶液中是由酮式和烯醇式两种异构体组成的一个互变体系:

$$H_3C-\overset{O}{\underset{\|}{C}}-CH_2-\overset{O}{\underset{\|}{C}}-OCH_2CH_3 \rightleftharpoons H_3C-\overset{OH}{\underset{\|}{C}}=CH-\overset{O}{\underset{\|}{C}}-OCH_2CH_3$$

酮式(93%)　　　　　　　　　　　烯醇式(7%)

由于两种异构体在室温下彼此能迅速转变,所以在化学反应时,可表现出一个单纯化合物,既可全部以酮式进行反应,也可全部以烯醇式进行反应,其产物由外加试剂和条件决定。

这种能够互相转变的两种异构体之间存在的动态平衡现象称为互变异构现象,其互相转变的两种异构体互称为互变异构体。酮式和烯醇式互变是互变异构现象中最常见的一种,除乙酰乙酸乙酯外,一般具有下列结构的化合物都能发生互变异构。

$$\underset{\text{O}}{\overset{\text{O}}{-\text{C}}}-\text{CH}_2-\overset{\text{O}}{\text{C}}- \Longleftrightarrow -\overset{\text{OH}}{\text{C}}=\text{CH}-\overset{\text{O}}{\text{C}}-$$

在生物体内的代谢过程中,酮式与烯醇式的互变异构现象普遍存在。

四、常见的取代酸

1. 氯乙酸　氯乙酸($ClCH_2-COOH$)也称一氯乙酸(MCA),是无色晶体,有刺激性气味,有毒,可溶于水、乙醇、乙醚等有机溶剂中,易潮解,应储存在阴暗干燥处。氯乙酸有强烈的刺激性和腐蚀性。氯乙酸应用广泛,在医药上用于合成咖啡因、巴比妥、肾上腺素、维生素 B_6 等,也是合成农药、染料的原料。

2. 三氯乙酸　三氯乙酸(TCA,$Cl_3C-COOH$)是无色晶体,有特殊气味,可溶于水、乙醇、乙醚。水溶液呈强酸性,有毒,易潮解,需密闭储存,勿接触皮肤。三氯乙酸可用作测定氟化物、胆色素的试剂,也是蛋白质沉淀剂。临床上有时用于止鼻血。

3. 乳酸　乳酸($\underset{\text{OH}}{\overset{\text{H}_3\text{C}-\text{CH}-\text{COOH}}{|}}$)最初是从牛奶中发现的,因而得名。乳酸是肌肉中糖代谢的中间产物。人在剧烈运动时,肌肉感觉"酸胀",这是因为糖分解生成乳酸而释放大量能量,肌肉中乳酸含量增多,休息后,肌肉中乳酸继续分解成二氧化碳和水或重新转化为糖储存,酸胀感消失。

乳酸为无色或淡黄色黏稠液体,熔点18℃,具有很强的吸湿性,能与水、乙醇和乙醚等混溶。乳酸具有消毒防腐作用,医药上用于治疗阴道滴虫;乳酸钙用于治疗佝偻病等缺钙疾病;乳酸钠用于纠正酸中毒。

4. 酒石酸　酒石酸($\underset{\text{OH OH}}{\overset{\text{HOOC}-\text{HC}-\text{CH}-\text{COOH}}{|\ \ |}}$)存在于各种果汁中,葡萄中含量最多,在葡萄中以酸式盐存在,难溶于水和乙醇,所以在葡萄汁酿酒过程中,以沉淀形式析出,称为酒石,酒石酸因此而得名。

酒石酸是透明的晶体,熔点170℃,易溶于水。它的盐用途广泛,如酒石酸锑钾又称吐酒石,医药上用作催吐剂;酒石酸钾钠用作泻药,实验室里用来配制斐林试剂。

5. 柠檬酸　柠檬酸($\underset{\text{OH}}{\overset{\text{COOH}}{\text{HOOC}-\text{CH}_2-\overset{|}{\text{C}}-\text{CH}_2-\text{COOH}}}$)也称枸橼酸,存在于柑橘等水果中,以柠檬中含量最多而得名。学名为3-羧基-3-羟基戊二酸。柠檬酸通常含一分子结晶水,为无色透明晶体,熔点100℃,易溶于水,有酸味。其内用有清凉解渴作用,是饮料中常用的矫味剂;柠檬酸钠有防止血液凝固的作用,医药上用作抗凝血剂;柠檬酸铁铵常用作补血剂,以治疗缺铁性贫血。

柠檬酸是人体内糖、脂肪和蛋白质代谢的中间产物,它是糖有氧氧化过程中三羧酸循环的起始物。

6. 水杨酸 水杨酸()也称柳酸,存在于水杨树或柳树的树皮中而得名,学名为邻羟基苯甲酸(2-羟基苯甲酸)。水杨酸为白色针状结晶,熔点 159℃,微溶于冷水,易溶于沸水、乙醇和乙醚中。水杨酸分子中含有酚羟基,遇三氯化铁溶液显紫红色。水杨酸具有杀菌、防腐能力,为外用消毒防腐剂,也用作食品防腐剂。

水杨酸有解热镇痛作用,因对胃肠有刺激作用,所以内服时,常用其衍生物——乙酰水杨酸[阿司匹林(Aspirin)]。

$$\text{（阿司匹林结构式）}$$

阿司匹林具有解热镇痛和抗风湿作用,是内服的解热镇痛药。近年来,阿司匹林多用于治疗和预防心脑血管疾病。

乙酰水杨酸分子中不含有酚羟基,所以与三氯化铁溶液不显色。由阿司匹林、非那西丁与咖啡因配伍的制剂称为复方阿司匹林(APC)。

7. 丙酮酸 丙酮酸($CH_3-\overset{O}{\overset{\|}{C}}-COOH$)是最简单的酮酸,为无色有刺激性气味的液体,沸点 165℃,易溶于水、乙醇和乙醚。由于羰基和羧基的相互影响,其酸性比丙酸的酸性强,也比乳酸的酸性强。

丙酮酸是人体内糖、脂肪和蛋白质代谢的中间产物,在体内酶的催化下,易脱羧生成乙酸,或被还原成乳酸,也可转化为氨基酸,具有重要的生理作用。

$$H_3C-\overset{OH}{\overset{|}{CH}}-COOH \underset{+2H}{\overset{-2H}{\rightleftharpoons}} H_3C-\overset{O}{\overset{\|}{C}}-COOH \xrightarrow{[O]} CH_3COOH + CO_2 \uparrow$$

8. β-丁酮酸 β-丁酮酸($H_3C-\overset{O}{\overset{\|}{C}}-CH_2-COOH$)又称乙酰乙酸,是无色黏稠液体,酸性比丁酸和 β-羟基丁酸的酸性强。β-丁酮酸只有在低温下才稳定,受热易发生脱羧反应生成丙酮和二氧化碳,也可被还原生成 β-羟基丁酸。

$$H_3C-\overset{OH}{\overset{|}{CH}}-CH_2COOH \underset{+2H}{\overset{-2H}{\rightleftharpoons}} H_3C-\overset{O}{\overset{\|}{C}}-CH_2COOH \xrightarrow{酶} H_3C-\overset{O}{\overset{\|}{C}}-CH_3 + CO_2 \uparrow$$

$$\quad\quad \beta\text{-羟基丁酸} \quad\quad\quad\quad\quad \beta\text{-丁酮酸} \quad\quad\quad\quad 丙酮$$

β-丁酮酸、β-羟基丁酸和丙酮三者在医学上合称为酮体(ketone bodies)。酮体是脂肪酸在肝脏内代谢的中间产物,正常情况下能进一步氧化,所以血液中酮体含量很少(少于 0.5mmol/L)。但糖尿病患者由于代谢发生障碍,血液中酮体含量增加,就会引起血液的酸性增强,其含量增高超过血液自身的缓冲能力时,就有可能发生酸中毒,严重时能引起患者昏迷或死亡。血液中的酮体会随尿液排出,称为酮尿,对糖尿病患者,除检查尿糖外,还要检查酮体(主要是对酮体中丙酮的测定),进一步帮助诊断疾病。

目标检测

一、单项选择题

1. 鉴别乙酸和甲酸可选用的试剂是(　　)
   A. 托伦试剂　　　　　B. 斐林试剂
   C. 酸性高锰酸钾　　　D. 三种都可以

2. 既能发生酯化反应又能发生银镜反应的是(　　)
   A. 甲酸　　　　　　　B. 乙酸
   C. 苯甲酸　　　　　　D. 苯

3. 俗称为醋酸的是(　　)
   A. 丙酮　　　　　　　B. 苯甲醇
   C. 乙酸　　　　　　　D. 苯甲醛

4. 乙二酸的俗称是(　　)
   A. 醋酸　　　　　　　B. 蚁酸
   C. 草酸　　　　　　　D. 安息香酸

5. 乳酸的化学名称是(　　)
   A. 2-甲基丙酸　　　　B. 2-甲基丁酸
   C. 2-甲基丁二酸　　　D. 2-羟基丙酸

6. 下列物质中酸性最强的是(　　)
   A. 乙酸　　　　　　　B. 甲酸
   C. 乙二酸　　　　　　D. 苯甲酸

7. 下列化合物中不属于酮体的是(　　)
   A. 丙酮　　　　　　　B. 丙酮酸
   C. β-羟基丁酸　　　D. β-丁酮酸

8. 下列反应属于酯化反应的是(　　)
   A. 酒精与浓硫酸共热
   B. 乙酸与浓硫酸共热
   C. 乙酸乙酯与浓硫酸共热
   D. 乙酸和乙醇与浓硫酸共热

9. 下列化合物不能发生斐林反应的是(　　)
   A. 甲酸　　　　　　　B. 丙酸
   C. 丙醛　　　　　　　D. 甲酸丙酯

10. 不能与乙酸发生反应的是(　　)
    A. NaOH　　　　　　B. Na_2CO_3
    C. $KMnO_4$　　　　　D. 乙醇

11. 下列卤代酸中酸性最强的是(　　)
    A. 一氟乙酸　　　　　B. 一氯乙酸
    C. 一溴乙酸　　　　　D. 一碘乙酸

12. 2-氯丙酸水解得到的产物是(　　)
    A. 2-羟基丙酸　　　　B. 3-羟基丙酸

    C. 丙醛　　　　　　　D. 甲酸乙酯

二、填空题

1. 乙酸俗称_____,乙二酸俗称_____,甲酸俗称_____。

2. 酮体是_____、_____、_____三者的合称,其结构分别为_____、_____、_____。

3. 乳酸的结构式为_____;乙酰水杨酸俗称_____,是常用的_____药。

4. 甲酸分子中既有_____基,又有_____基,所以甲酸既有_____性,又有_____性。

5. 羟基酸分子中既有_____基,又有_____基。

三、写出下列化合物的名称

1. CH₃—CH—CH₂—CH₂—COOH
           |
           CH₃

2. CH₃CH₂CH₂COOH

3. CH₃—CH—CH₂—COOH
         |
         OH

4. CH₃—C—CH₂COOH
        ‖
        O

5. ⬡—COOH

6. HOOCCH₂CH₂COOH

四、写出下列化合物的结构

1. 3-甲基丁酸　　2. 3,4-二甲基戊酸　　3. 柠檬酸
4. 乙二酸　　5. 环己甲酸　　6. 阿司匹林

五、完成反应方程式

1. $CH_3COOH + NaOH \longrightarrow$

2. $CH_3COOH + Na_2CO_3 \longrightarrow$

3. $CH_3COOH + CH_3CH_2OH \underset{}{\overset{浓 H_2SO_4}{\rightleftharpoons}}$

4. $HOOC-COOH \overset{\triangle}{\longrightarrow}$

5. $2CH_3COOH \underset{\triangle}{\overset{P_2O_5}{\longrightarrow}}$

六、用化学方法区别下列各组化合物

1. 甲酸、甲醛、甲醇

2. 甲酸、乙酸、乙二酸

3. 苯酚、苯甲醛、苯甲酸

(陈　霞)

第9章 羧酸衍生物

学习目标

1. 掌握：羧酸衍生物的分类、命名和性质；油脂的组成和性质。
2. 熟悉：油脂的基本结构和性质；皂化值、碘值和酸值的概念。
3. 了解：磷脂的基本结构和性质。

羧酸分子中的羟基被其他原子或基团取代后所生成的化合物称为羧酸衍生物（carboxylic acid derivatives）。常见的羧酸衍生物有酰卤（acyl halide）、酸酐（anhydride）、酰胺（amide）、羧酸酯（carboxylic ester）等。

酯类中由甘油与高级脂肪酸及其他物质所生成的化合物称为脂类。脂类广泛存在于生物体内，主要有油脂、磷脂等。

第 1 节 羧酸衍生物

▶▶ 一、羧酸衍生物的分类和命名

（一）酰卤

羧酸分子中羧基上的羟基被卤原子所取代的化合物称为酰卤。酰卤的命名是将酰基的名称加上卤素的名称，去掉"基"字，称为"某酰某"。如：

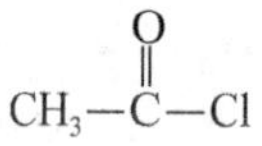

$$CH_3-\overset{\overset{\displaystyle O}{\|}}{C}-Cl \qquad\qquad \overset{\overset{\displaystyle O}{\|}}{C}-Br \qquad\qquad CH_3CH_2-\overset{\overset{\displaystyle O}{\|}}{C}-Cl$$

乙酰氯 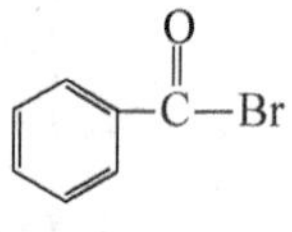   苯甲酰溴 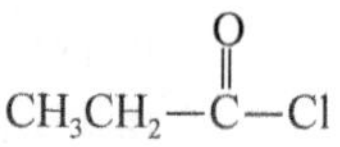   丙酰氯

（二）酸酐

两个羧酸分子脱水得到的产物称为酸酐。结构上可以看成是一个氧原子连接了两个酰基所形成的化合物，根据两个脱水的羧酸分子是否相同，可分为单酸酐和混酸酐。酸酐的命名根据相应的羧酸的名称命名为"某酸酐"，单酐直接在羧酸的后面加"酐"字；混酐的命名，将小分子的羧酸在前，大分子的羧酸在后；如有芳香酸时，则芳香酸在前，脂肪酸在后，称为"某某酸酐"。例如：

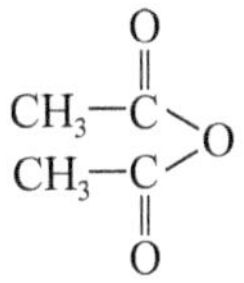

乙酸酐 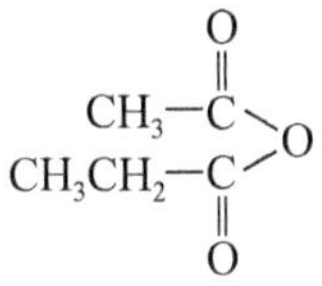　　　　　　　　乙丙酸酐 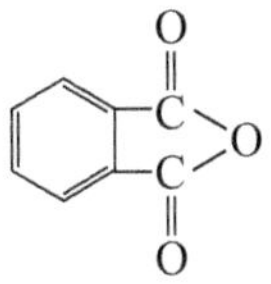　　　　　　邻苯二甲酸酐

（三）酯

羧酸和醇脱水的产物称为酯。从结构上看,酯是由酰基和烃氧基连接而成的。酯的命名可根据由形成它相应的羧酸和醇的名称加以命名,羧酸的名称在前,醇的名称在后,将"醇"字改为"酯"字,命名为"某酸某酯"。如:

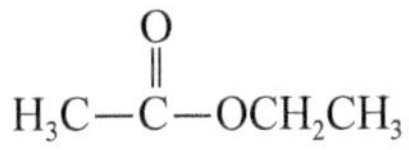

乙酸乙酯 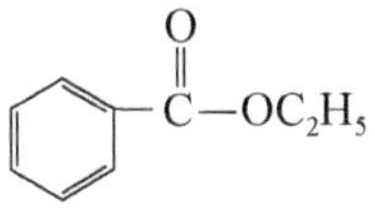　　　　　　　苯甲酸乙酯 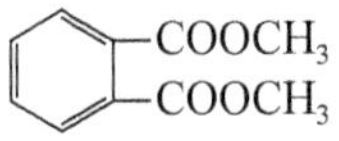　　　　　邻苯二甲酸二甲酯

（四）酰胺

酰胺是酰基和氨基或取代氨基相连所形成的羧酸衍生物。从结构上可以看作是羧酸中的羟基被氨基（—NH_2）或烃氨基（—NHR、—NR_2）取代后的化合物。也可以认为是氨（NH_3）或胺（RNH_2、R_2NH）分子中氮原子上的氢原子被酰基取代后的产物。通式为:

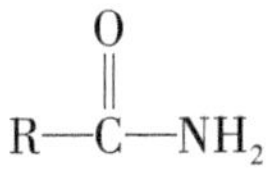

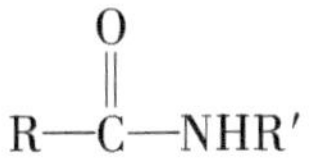

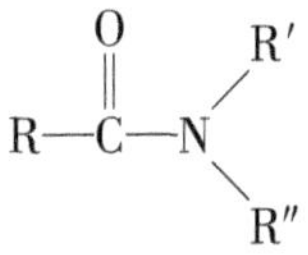

式中的 R、R′、R″可以相同,也可以不同。

酰胺的命名方法和酰卤相似,也是根据所含酰基的不同而称为"某酰胺"。当氨基的氮原子上的氢原子被烃基取代时,可用"N-"表示取代酰胺中烃基的位置。如:

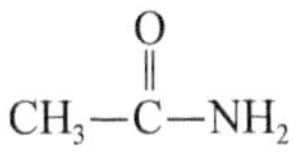

乙酰胺 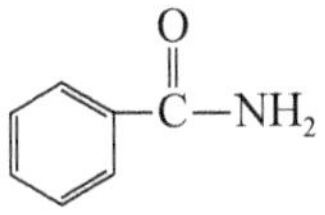　　　　　　　　苯甲酰胺 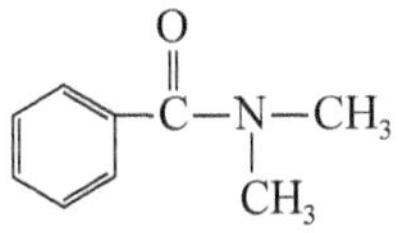　　　　　　N,N-二甲基苯甲酰胺

▶ 二、羧酸衍生物的性质

低级的酰卤和酸酐是具有强烈刺激性气味的无色液体,高级的为固体;低级的酯是易挥发并带有果香或花香气味的无色液体,高级酯为蜡状固体;酰胺除甲酰胺是液体外,其他多数为固体。

酰卤和酸酐不溶于水,但低级酰卤和酸酐遇水会分解。

酯一般比水轻,难溶于水,易溶于有机溶剂。低级酯能溶解很多有机化合物,是良好的有机溶剂。低级酯多存在于各种水果和花草中,具有芳香气味。例如,乙酸乙酯、正戊酸异戊酯、戊酸乙酯有苹果香味;丁酸丁酯、丁酸甲酯、丁酸乙酯有菠萝香味;苯甲酸甲酯有茉莉花香味;乙酸异戊酯有香蕉味;乙酸戊酯有梨的香味。酯可作为食品或日用品的香料。

所有羧酸衍生物均易溶于有机溶剂,如乙醚、氯仿、丙酮和苯等。

羧酸衍生物的化学性质主要表现为带部分正电性的羰基碳原子易受亲核试剂的进攻,而发生水解、醇解、氨解等反应。

（一）水解反应

酰卤、酸酐、酯和酰胺都能发生水解反应,生成相应的羧酸。但由于与酰基相连的原子或原子团不同,因此,发生水解的难易程度不一样。羧酸衍生物水解反应的活性由强到弱的次序为:酰卤>酸酐>酯>酰胺。

$$
\begin{array}{l}
R-\overset{\overset{O}{\|}}{C}+X \\[4pt]
R-\overset{\overset{O}{\|}}{C}-O-\overset{\overset{O}{\|}}{C}-R_1 \\[4pt]
R-\overset{\overset{O}{\|}}{C}+OR_1 \\[4pt]
R-\overset{\overset{O}{\|}}{C}+NH_2
\end{array}
\;+\; H{+}OH \;\longrightarrow\; R-\overset{\overset{O}{\|}}{C}-OH \;+\;
\begin{array}{l}
HX \\[4pt]
R_1-\overset{\overset{O}{\|}}{C}-OH \\[4pt]
R_1-OH \\[4pt]
NH_3
\end{array}
$$

酰卤与水发生剧烈的放热反应;酸酐易与热水反应,在室温下与水反应速率很慢。

$$CH_3-\overset{\overset{O}{\|}}{C}-Cl + H_2O \longrightarrow CH_3-\overset{\overset{O}{\|}}{C}-OH + HCl\uparrow$$

$$CH_3-\overset{\overset{O}{\|}}{C}-O-\overset{\overset{O}{\|}}{C}-CH_3 + H_2O \longrightarrow 2CH_3-\overset{\overset{O}{\|}}{C}-OH$$

酯和酰胺的水解反应比较困难,酯在酸或碱催化下加热才能进行,酰胺的水解要在酸或碱的催化下,经长时间的回流才能完成。

$$CH_3-\overset{\overset{O}{\|}}{C}-OCH_2CH_3 + H_2O \xrightarrow[\triangle]{NaOH} CH_3-\overset{\overset{O}{\|}}{C}-ONa + CH_3CH_2OH$$

$$CH_3-\overset{\overset{O}{\|}}{C}-NH_2 + H_2O
\begin{cases}
\xrightarrow[\text{回流}]{NaOH} CH_3-\overset{\overset{O}{\|}}{C}-ONa + NH_3\uparrow \\[10pt]
\xrightarrow[\text{回流}]{HCl} CH_3-\overset{\overset{O}{\|}}{C}-OH + NH_4Cl
\end{cases}$$

（二）醇解反应

酰卤、酸酐和酯能发生醇解反应,主要产物是酯。其反应活性顺序和水解相同。

$$
\begin{array}{l}
R-\overset{\overset{O}{\|}}{C}+X \\[4pt]
R-\overset{\overset{O}{\|}}{C}-O-\overset{\overset{O}{\|}}{C}-R_1 \\[4pt]
R-\overset{\overset{O}{\|}}{C}+OR_1
\end{array}
\;+\; H{+}OR_2 \;\longrightarrow\; R-\overset{\overset{O}{\|}}{C}-OR_2 \;+\;
\begin{array}{l}
HX \\[4pt]
R_1-\overset{\overset{O}{\|}}{C}-OH \\[4pt]
R_1-OH
\end{array}
$$

酰卤和酸酐可直接与醇反应,生成相应的酯,是制备酯的重要方法之一,尤其适用于其他方法难以合成的酯。

$$\text{环己基—COCl} + \text{HO—CH(CH}_3)_2 \longrightarrow \text{环己基—} \overset{\displaystyle O}{\underset{\displaystyle }{C}}\text{—OCH(CH}_3)_2 + \text{HCl}$$

$$CH_3\overset{O}{\underset{}{C}}\text{—O—}\overset{O}{\underset{}{C}}CH_3 + \text{HO—苯环—COOH} \xrightarrow{\text{浓H}_2\text{SO}_4} \text{苯环—COOH—OCOCH}_3 + CH_3COOH$$

乙酰水杨酸(阿司匹林)

酯的醇解反应又称为酯交换反应,利用酯交换反应可以制备一些高级的酯或难以直接用酯化反应合成的酯。

$$CH_3COOC_2H_5 + CH_3(CH_2)_6CH_2OH \xrightarrow[\triangle]{H^+} CH_3COOCH_2(CH_2)_6CH_3 + CH_3CH_2OH$$

(三) 氨解反应

酰卤、酸酐和酯都能与氨或胺(氮原子上至少有一个氢原子)作用,生成酰胺,称为氨解反应。氨解反应也可以看作氨分子中的氢原子被酰基取代,因此,又称为酰化反应。

$$\left.\begin{array}{l} R-\overset{O}{\underset{}{C}}-X \\[2mm] R-\overset{O}{\underset{}{C}}-O-\overset{O}{\underset{}{C}}-R_1 \\[2mm] R-\overset{O}{\underset{}{C}}-OR_1 \end{array}\right\} + H-NH_2 \longrightarrow R-\overset{O}{\underset{}{C}}-NH_2 + \begin{array}{l} HX \\[2mm] R_1-\overset{O}{\underset{}{C}}-OH \\[2mm] R_1-OH \end{array}$$

许多氨的衍生物如胺(R—NH$_2$)和肼(H$_2$N—NH$_2$)等,只要氮原子上连有氢原子,都可以发生氨解反应。如异羟肟酸铁盐反应,就是酯直接与羟胺(NH$_2$—OH)作用生成异羟肟酸,再与三氯化铁反应生成异羟肟酸铁,显红色或红紫色。

$$R-\overset{O}{\underset{}{C}}-OR' + NH_2OH \longrightarrow R-\overset{O}{\underset{}{C}}-NHOH + R'OH$$
$$\text{羟胺}\text{异羟肟酸}$$

$$3R-\overset{O}{\underset{}{C}}-NHOH + FeCl_3 \longrightarrow 3(R-\overset{O}{\underset{}{C}}-NHO)_3Fe + 3HCl$$
$$\text{异羟肟酸铁(红紫色)}$$

酰卤、N-或 N,N-取代酰胺不发生该显色反应,酰卤必须转变为酯才能进行反应,异羟肟酸铁反应可用于羧酸衍生物的鉴定。

羧酸衍生物的水解、醇解和氨解反应一般在酸或碱性催化剂作用下完成,这些反应在有机合成中很重要,同时也是生物转化中的重要反应类型。例如,生物体内蛋白质的代谢就是酰胺的水解,与体外反应不同的是,反应不是酸或碱催化,而是生物酶参与的催化反应。

(四) 酰胺的特性

1. 酸碱性 酰胺一般为中性物质,但当氮原子与两个酰基相连,形成酰亚胺时,表现为弱酸性,能与强碱的水溶液作用生成相应的酰亚胺盐。例如:

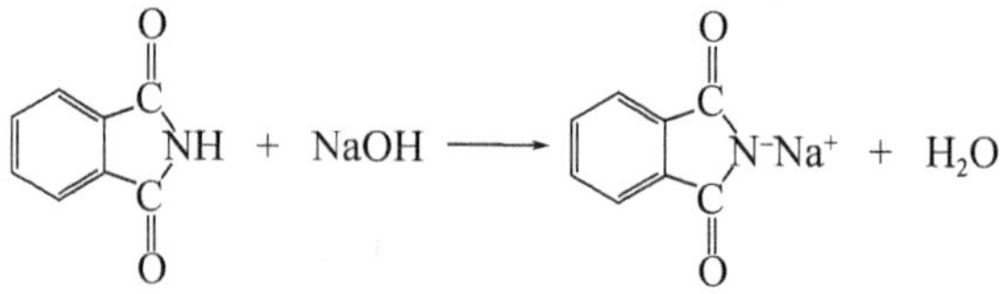

邻苯二甲酰胺　　　　　　　邻苯二甲酰亚胺钠盐

2. 与亚硝酸反应　酰胺与亚硝酸反应,氨基被羟基取代,生成相应的羧酸、氮气和水。

$$R-\overset{O}{\overset{\|}{C}}-NH_2 + HONO \longrightarrow R-\overset{O}{\overset{\|}{C}}-OH + N_2\uparrow + H_2O$$

3. 霍夫曼(Hofmann)**降解反应**　酰伯胺与次溴酸钠在碱性溶液中反应,脱去羰基,生成少一个碳原子的伯胺,此反应称为霍夫曼降解反应。

$$R-\overset{O}{\overset{\|}{C}}-NH_2 + NaBrO + 2NaOH \longrightarrow R-NH_2 + Na_2CO_3 + NaBr + H_2O$$

可以利用此反应制备伯胺。

第 2 节　油脂和磷脂

油脂和磷脂属脂类(lipids)化合物,脂类是指不溶于水而溶于弱极性或非极性有机溶剂的一类有机化合物。生物体内的脂类化合物具有重要的生理活性,是维持生物体正常生命活动不可缺少的物质,主要包括油脂和磷脂等。

一、油脂

油脂是油(oil)和脂肪(fat)的总称,属于具有特殊结构的酯类化合物。油脂广泛存在于动植物体内,也是人类生命活动重要的物质基础。人们习惯上把来源于植物体内在常温下呈液态的油脂称为油,如大豆油、花生油、芝麻油、蓖麻油等;把来源于动物体内在常温下呈固态的油脂称为脂肪,如猪脂、牛脂、羊脂等。

油脂是人类重要的营养物质之一。油脂在人体内氧化时能够产生大量热能,1g 油脂在人体内完全氧化时可产生 38.91kJ 的热能。油脂是脂溶性维生素 A、维生素 D、维生素 E、维生素 K 等许多生物活性物质的良好溶剂。

(一) 油脂的组成与结构

油脂是由 1 分子甘油和 3 分子高级脂肪酸生成的甘油酯。由于甘油分子中含有 3 个羟基,因此,它可以和 3 分子的高级脂肪酸结合生成酯,医学上常称为三酰甘油,其结构通式和示意图如下:

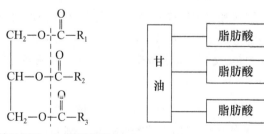

甘油部分　　脂肪酸部分

其中 R_1、R_2、R_3 分别代表高级脂肪酸的烃基。在脂肪酸甘油酯分子中,3 个脂肪酸的烃基可以相同,也可以不相同。如果 3 个脂肪酸的烃基是相同的,这种甘油酯称为单甘油酯。如果 3 个脂肪酸的烃基不相同,这种甘油酯称为混甘油酯。在自然界存在的油脂中,构成甘油酯的 3 个脂肪酸在多数情况下是不同的。天然油脂实际上是各种混甘油酯的混合物。此外,油脂中还含有少量的游离脂肪酸、维生素和色素等其他成分。

组成油脂的脂肪酸种类较多,但大多数是含有偶数碳原子的直链的高级脂肪酸,其中以含 16 个和 18 个碳原子的高级脂肪酸最为常见。脂肪酸可以是饱和的高级脂肪酸,也可以是不饱和的高级脂肪酸。油脂中的脂肪酸常根据来源和性质而用俗名。表 9-1 列出了油脂中常见的高级脂肪酸。

表 9-1 油脂中常见的高级脂肪酸

俗名	系统名称	结构简式
软脂酸	十六碳酸	$CH_3(CH_2)_{14}COOH$
硬脂酸	十八碳酸	$CH_3(CH_2)_{16}COOH$
花生酸	二十碳酸	$CH_3(CH_2)_{18}COOH$
油酸	9-十八碳烯酸	$CH_3(CH_2)_7CH=CH(CH_2)_7COOH$
亚油酸	9,12-十八碳二烯酸	$CH_3(CH_2)_3(CH_2CH=CH)_2(CH_2)_7COOH$
亚麻酸	9,12,15-十八碳三烯酸	$CH_3(CH_2CH=CH)_3(CH_2)_7COOH$
花生四烯酸	5,8,11,14-二十碳四烯酸	$CH_3(CH_2)_3(CH_2CH=CH)_4(CH_2)_3COOH$

在油脂分子中,如含有较多的低级脂肪酸和不饱和高级脂肪酸成分,常温下一般为液态;如含有较多的饱和高级脂肪酸,常温下一般为固态。

多数脂肪酸在人体内都能够自身合成,只有亚油酸、亚麻酸人体不能自身合成,只能从食物中获取,花生四烯酸虽然人体能自身合成,但量太少,仍需从食物中获取。我们把这些人体不能合成,但又是维持正常生命活动不可缺少的,必须从食物中摄取的脂肪酸称为必需脂肪酸。例如,花生四烯酸是合成体内重要活性物质前列腺素的原料,人体必须从食物中摄取。食物中的必需脂肪酸含量越高,其营养价值也越高。食物中必需脂肪酸最好的来源是植物油和海产鱼类。

链接

脑 黄 金

脑黄金的有效成分为多不饱和脂肪酸,即二十二碳六烯酸(DHA),DHA 很容易通过血脑屏障进入脑细胞,存在于脑细胞及细胞突起中,人脑细胞脂质中有 10% 是 DHA。因此,DHA 对脑细胞的形成、生长发育及脑细胞突起的延伸、生长都起着重要作用,是人类大脑形成和智商开发的必需物质,对提高儿童智力有一定好处。研究表明,DHA 是大脑皮质和视网膜的重要组成成分,DHA 可通过胎盘进入胎儿的肝脏和大脑,胎儿从怀孕后期到出生后 6 个月,脑和视网膜发育最快,需要充足的 DHA。如果 DHA 摄入偏低,婴儿出生体重可能偏低,并且容易早产。但摄入过量会造成神经过度兴奋。由于 DHA 是一种多不饱和脂肪酸,极易氧化,氧化后对人体产生有害的过氧化物,应密封、隔氧、避光、低温保存。食用者最好同时食用维生素 E。维生素 E 有抗氧化作用。

(二) 油脂的性质

油脂不溶于水,易溶于乙醚、氯仿、四氯化碳和石油醚等有机溶剂中。油脂的密度一般都在 $0.9 \sim 0.95 \text{g/cm}^3$,比水轻。纯净的油脂是无色、无臭、无味的。但一般油脂(尤其是植物油脂)中由于溶有维生素和色素等物质,所以多有颜色。由于天然油脂是混合物,所以没有固定的熔点和沸点。

油脂是脂肪酸的甘油酯,具有酯的典型反应,此外,由于油脂中的脂肪酸不同程度的含有碳碳双键,具有不饱和性,所以油脂还可以发生加成、氧化等反应。

油脂的化学性质主要表现在酯键和双键结构上。

1. 水解反应 油脂和酯一样,在酸、碱或酶等催化剂的作用下,可发生水解反应。1 分子油脂完全水解后可生成 1 分子甘油和 3 分子高级脂肪酸。

$$
\begin{array}{c}
\text{CH}_2\text{—O—C—R}_1 \\
\text{CH—O—C—R}_2 \quad + \quad 3\text{H}_2\text{O} \xrightarrow{\text{酸或酶}} \quad \begin{array}{c}\text{CH}_2\text{—OH} \\ \text{CH—OH} \\ \text{CH}_2\text{—OH}\end{array} + \begin{array}{c}\text{R}_1\text{COOH} \\ \text{R}_2\text{COOH} \\ \text{R}_3\text{COOH}\end{array} \\
\text{CH}_2\text{—O—C—R}_3
\end{array}
$$

油脂(三酰甘油)　　　　　　　甘油　　脂肪酸

油脂在碱性(NaOH 或 KOH)溶液中水解时,生成甘油和高级脂肪酸盐。这种高级脂肪酸盐通常称作肥皂。所以油脂在碱性溶液中的水解反应又称为皂化反应(saponification)。

$$
\begin{array}{c}
\text{CH}_2\text{—O—C—R}_1 \\
\text{CH—O—C—R}_2 \quad + \quad \text{NaOH} \xrightarrow{\triangle} \quad \begin{array}{c}\text{CH}_2\text{—OH} \\ \text{CH—OH} \\ \text{CH}_2\text{—OH}\end{array} + \begin{array}{c}\text{R}_1\text{COONa} \\ \text{R}_2\text{COONa} \\ \text{R}_3\text{COONa}\end{array} \\
\text{CH}_2\text{—O—C—R}_3
\end{array}
$$

油脂(三酰甘油)　　　　　　　甘油　　高级脂肪酸钠(肥皂)

由高级脂肪酸钠盐组成的肥皂,称为钠肥皂,是常用的普遍肥皂。由高级脂肪酸钾盐组成的肥皂,称为钾肥皂,是医药上常用的软皂。由于软皂对人体皮肤、黏膜刺激性小,医药上常用作灌肠剂或乳化剂。

1g 油脂完全皂化所需氢氧化钾的毫克数称为皂化值。根据皂化值的大小,可以判断油脂的平均相对分子质量。皂化值越大,说明油脂的平均相对分子质量越小。皂化值是衡量油脂质量的指标之一,并可反映油脂皂化时所需碱的用量。常见油脂的皂化值见表 9-2。

表 9-2　常见油脂中脂肪酸的含量(%)和皂化值、碘值

油脂名称	软脂酸	硬脂酸	油酸	亚油酸	皂化值	碘值
牛油	24~32	14~32	35~48	2~4	190~200	30~48
猪油	28~30	12~18	41~48	3~8	195~208	46~70

续表

油脂名称	软脂酸	硬脂酸	油酸	亚油酸	皂化值	碘值
花生油	6~9	2~6	50~57	13~26	185~195	83~105
大豆油	6~10	2~4	21~29	50~59	189~194	127~138
棉子油	19~24	1~2	23~32	40~48	191~196	103~115

油脂在不完全水解时,可分别生成脂肪酸、甘油二酯和甘油一酯。

$$CH_2-O-\overset{\overset{O}{\|}}{C}-R_1$$
$$CH-O-\overset{\overset{O}{\|}}{C}-R_2$$
$$CH_2-OH$$
甘油二酯

$$CH_2-O-\overset{\overset{O}{\|}}{C}-R_1$$
$$CH-OH$$
$$CH_2-OH$$
甘油一酯

油脂经水解后生成的甘油、脂肪酸、甘油一酯和甘油二酯在体内均可被吸收利用。

链 接

肥皂的去污原理

　　日常生活中人们用肥皂等来洗涤物品,达到去污的目的。 肥皂的主要成分是高级脂肪酸盐。 肥皂能够去污是因为肥皂分子具有特殊的结构,高级脂肪酸盐从结构上看可以分成两部分,一部分是极性的羧基,它易溶于水而不溶于油,叫亲水基;另一部分是非极性的烃基,它不溶于水而易溶于油,叫憎水基。 在洗涤时,污垢中的油脂被分散成细小的油滴,与肥皂接触后,高级脂肪酸盐分子的憎水基(烃基)部分就插入油滴内,与油脂分子结合在一起。 而易溶于水的亲水基(羧基)部分伸在油滴外面,插入水中。 这样肥皂分子就把油滴包围起来,分散并悬浮于水中形成乳浊液,再经摩擦作用,随水漂洗而去,这就是肥皂去污作用的原理,见图9-1所示。制取肥皂时根据需要还可以加入各种辅助原料和填料,如松香、硅酸钠、荧光增白剂、杀菌剂、着色剂、香料等。

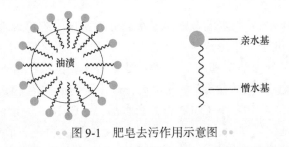

油渍 　　—— 亲水基

　　　—— 憎水基

图 9-1　肥皂去污作用示意图

　　2. 加成反应　油脂分子中不饱和脂肪酸的碳碳双键,可以与氢、卤素等发生加成反应。

　　(1) 加氢:在催化剂作用下,含不饱和脂肪酸的油脂可与氢作用生成饱和脂肪酸含量较高的油脂。

$$
\begin{array}{l}
CH_2-O-\overset{\overset{O}{\|}}{C}-C_{17}H_{33} \\
CH-O-\overset{\overset{O}{\|}}{C}-C_{17}H_{33} \quad + \quad 3H_2 \quad \xrightarrow[\text{Ni 粉}]{200℃左右} \\
CH_2-O-\overset{\overset{O}{\|}}{C}-C_{17}H_{33}
\end{array}
\qquad
\begin{array}{l}
CH_2-O-\overset{\overset{O}{\|}}{C}-C_{17}H_{35} \\
CH-O-\overset{\overset{O}{\|}}{C}-C_{17}H_{35} \\
CH_2-O-\overset{\overset{O}{\|}}{C}-C_{17}H_{35}
\end{array}
$$

甘油三油酸酯   甘油三硬脂酸酯

通过加氢反应,液体油脂变成固体脂肪。因此,把含不饱和脂肪酸较多的油脂通过完全或部分加氢变成饱和或比较饱和的油脂的过程,称为油脂的氢化,也称为油脂的硬化。由加氢而得到的固体油脂,称为硬化油。硬化油不饱和性较小,不易被空气氧化而变质,便于贮藏和运输。硬化油可作为制作肥皂的原料,是一种重要的工业原料。

(2)加碘:油脂中的不饱和脂肪酸可与碘加成。利用油脂与碘的加成,可判断油脂的不饱和程度。把100g油脂所能吸收的碘的克数称为碘值。碘值与油脂的不饱和程度成正比,碘值越大,表示油脂的不饱和程度越大;碘值越小,表示油脂的不饱和程度越小。一些常见油脂的碘值见表9-2。

医学研究证实,长期食用低碘值的油脂,易引起动脉血管硬化。因此老年人应多食用碘值较高的豆油等食用油。

3. 油脂的酸败 油脂在空气中长期放置,受空气中氧气、光、热、水及微生物的作用,发生氧化、水解等反应,生成低级的醛、酮、羧酸等物质的混合物,逐渐变质,产生难闻的气味,这种变化称为油脂的酸败(rancidity)。油脂的酸败是复杂的化学变化过程,一方面油脂中不饱和脂肪酸的双键被氧化生成过氧化物,这些过氧化物再经分解生成有臭味的小分子醛、酮和羧酸等化合物。另一方面油脂被水解成甘油和游离的高级脂肪酸。

油脂的酸败程度可用酸值来表示。中和1g油脂中的游离脂肪酸所需氢氧化钾的毫克数称为油脂的酸值。酸值越大说明油脂中游离脂肪酸的含量越高,即酸败程度越严重。酸败的油脂有毒性和刺激性,通常酸值大于6.0的油脂不宜食用。为防止油脂的酸败,油脂应储存在低温、避光的密闭容器中。

(三) 油脂的乳化

油脂难溶于水,比水轻,与水混合则浮于水面分成两层。若将混合的水和油用力振荡,油脂以小油滴形态分散于水中形成一种不稳定的乳浊液,放置后,小油滴经过互相碰撞又合并成大油滴,很快又分为油层和水层。如果要使油分散在水中得到较稳定的乳浊液,必须加入乳化剂(如肥皂、胆汁酸盐等)。乳化剂分子中含有亲水基和亲油基两部分。例如,肥皂($C_{17}H_{35}COONa$)分子中的"—COONa"为亲水基,"—$C_{17}H_{35}$"为亲油基,当乳化剂与油滴和水接触时,其亲油基伸向油中,亲水基伸向水中,使油脂液滴表面形成了一层乳化剂分子的保护膜,防止小油滴互相碰撞而合并,从而形成比较稳定的乳浊液。这种利用乳化剂使油脂形成比较稳定的乳浊液的作用,称为油脂的乳化。油脂在小肠内,经胆汁酸盐的乳化,分散成小油滴,从而增大了与脂肪酶的接触面积,便于油脂的水解、消化与吸收,因此油脂的乳化具有重要的生理意义。

油脂的生理意义

1. 供给和储存热能　油脂是动物体内能源储存和供给的重要物质。人体所需总热量的 20% ~30% 来自脂肪,1g 脂肪氧化产生 38.91kJ 热能,是糖类物质的 2 倍。在饥饿或禁食时,脂肪成为机体所需能量的主要来源。

2. 构成生物膜　脂蛋白是构成生物细胞膜的一部分。细胞膜的完整性是维持细胞正常功能的重要保证。

3. 保护身体组织　脂肪是器官、关节和神经组织的隔离层,并可作为填充衬垫和固定,避免各组织间的摩擦和撞击,对重要器官起保护作用。

4. 供给必需脂肪酸　必需脂肪酸是细胞的重要构成物质,在体内具有多种生理功能。其可促进人体发育,维持皮肤和毛细血管的健康,与精子的形成和前列腺素的合成都有密切关系,与胆固醇的代谢也有密切相关。

5. 促进脂溶性维生素的吸收　油脂与人体脂溶性维生素（A、D、E、K）的吸收、代谢和多种激素的生成及神经介质的传递等都密切相关。

6. 维持体温　脂肪是热的不良导体,可阻止身体表面散热,起到保温作用。

7. 提高膳食的饱腹感和美味　脂肪在胃中停留的时间较长,产生饱腹感。此外油脂用于烹调,可增加食物的美味。

▶ **二、磷脂**

磷脂(phospholipid)是含磷酸酯结构的类脂,广泛存在于动植物体内,如动物的脑、蛋黄及大豆等植物的种子中,磷脂是构成细胞的重要成分。磷脂是一类含有磷酸基团的高级脂肪酸酯。磷脂与油脂的结构相似,是由甘油与 2 分子高级脂肪酸和 1 分子磷酸通过酯键结合而成的酯类化合物,又称磷脂酸(phosphatidic acid)。其结构和性质与油脂相似。

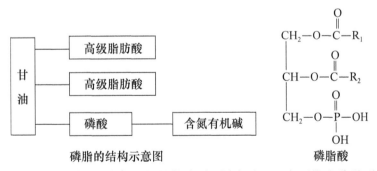

磷脂的结构示意图　　　　　　　　磷脂酸

通常 R_1 为饱和脂肪酰基,最常见的是软脂酸、硬脂酸;R_2 为不饱和脂肪酰基,常见的有油酸、亚油酸、亚麻酸和花生四烯酸等。

磷脂酸中的磷酸与其他物质结合,可得到各种不同的甘油磷脂,比较常见的有卵磷脂(lecithin)和脑磷脂(cephalin)。

(一) 卵磷脂

卵磷脂又称磷脂酰胆碱,其结构特点是磷脂分子中磷酸的羟基与胆碱通过酯键结合而成。

卵磷脂完全水解可得到甘油、脂肪酸、磷酸和胆碱。

$$\begin{array}{c}
\quad\quad\quad O \\
\quad\quad\quad \| \\
CH_2O-C-R_1 \\
\quad\quad\quad O \\
\quad\quad\quad \| \\
CHO-C-R_2 \\
\quad\quad\quad O \\
\quad\quad\quad \| \\
CH_2O-P-OCH_2CH_2N^+(CH_3)_3OH^- \\
\quad\quad | \\
\quad\quad OH \quad\underbrace{\qquad\qquad\qquad}_{胆碱部分}
\end{array}$$

卵磷脂是白色蜡状固体,吸水性强。不溶于水,易溶于乙醚、乙醇和氯仿。卵磷脂不稳定,在空气中放置,分子中的不饱和脂肪酸易被氧化,生成黄色或棕色的过氧化物。

卵磷脂存在于脑和神经组织及植物的种子中,在卵黄中含量丰富。卵磷脂中胆碱部分能促进脂肪在人体内的代谢,防止脂肪在肝脏中的大量积存,因此,卵磷脂常用作抗脂肪肝的药物,从大豆提取制得的卵磷脂也有保肝护肝的作用。

（二）脑磷脂

脑磷脂也称为磷脂酰胆胺,因在脑组织中含量最多而得名。其结构特点是磷脂分子中磷酸的羟基与胆胺(乙醇胺)通过酯键结合而成。

$$\begin{array}{c}
\quad\quad\quad O \\
\quad\quad\quad \| \\
CH_2O-C-R_1 \\
\quad\quad\quad O \\
\quad\quad\quad \| \\
CHO-C-R_2 \\
\quad\quad\quad O \\
\quad\quad\quad \| \\
CH_2O-P-OCH_2CH_2NH_2 \\
\quad\quad | \\
\quad\quad OH \quad\underbrace{\qquad\qquad}_{胆胺部分}
\end{array}$$

脑磷脂完全水解时,可得到甘油、脂肪酸、磷酸和胆胺。

脑磷脂是无色固体,不溶于水、丙酮,微溶于乙醇,易溶于乙醚。脑磷脂很不稳定,在空气中易氧化成棕黑色,可用作抗氧剂。

脑磷脂通常与卵磷脂共存于脑、神经组织和许多组织器官中,在蛋黄和大豆中含量丰富。脑磷脂与凝血有关,血小板内能促使血液凝固的凝血激酶就是脑磷脂和蛋白质组成的。

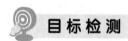 目标检测

一、单项选择题

1. 一元羧酸酯的结构通式是（　　）
   A. RCOR′   B. ROR
   C. R—COOH   D. RCOOR′

2. 1mol 油脂完全水解后能生成（　　）
   A. 1mol 甘油和 1mol 甘油二酯
   B. 1mol 甘油和 1mol 脂肪酸
   C. 3mol 甘油和 1mol 脂肪酸
   D. 1mol 甘油和 3mol 脂肪酸

3. 加热油脂与氢氧化钾溶液的混合物,可生成甘油和高级脂肪酸钾,这个反应称为油脂的（　　）
   A. 酯化   B. 乳化
   C. 氢化   D. 皂化

4. 医药上常用软皂的成分是（　　）
   A. 高级脂肪酸盐   B. 高级脂肪酸钠盐
   C. 高级脂肪酸   D. 高级脂肪酸钾盐

5. 既能发生皂化反应,又能发生氢化反应的物质是（　　）
   A. 乙酸乙酯   B. 甘油三软脂酸酯
   C. 硬脂酸   D. 甘油三油酸酯

6. 油脂碘值的大小可以用来判断油脂的( )
 A. 相对分子质量 B. 酸败程度
 C. 不饱和程度 D. 溶解度

7. 制肥皂的副产物是( )
 A. 硬化物 B. 硬脂酸
 C. 甘油 D. 乙二醇

8. 既能发生皂化反应,又能发生氧化反应的物质是
 ( )
 A. 乙酸乙酯 B. 甘油三软脂酸酯
 C. 硬脂酸 D. 甘油三油酸酯

9. 下列物质能跟乙醇发生酯化反应的是( )
 A. 乙醚 B. 乙酸
 C. 丙酮 D. 苯酚

10. 油脂皂化值的大小可以用来判断油脂的( )
 A. 平均相对分子质量 B. 酸败程度
 C. 不饱和程度 D. 在水中的溶解度

二、填空题

1. 油脂是_____和_____的总称,常温下呈液态的称为_____,呈固态的称为_____。

2. 必需脂肪酸包括_____、_____、_____。

3. 肥皂分子中含有_____基和_____基。

4. 加热油脂与氢氧化钠溶液的混合物,生产甘油和脂肪酸钠,此反应称为油脂的_____。

5. 比较常见的磷脂有_____和_____。

6. 从结构上可看,酯是由_____基和_____基连接而成的化合物。

7. 油脂的乳化是指利用_____使油脂形成_____的作用,它对于油脂在体内的_____有重要生理意义。

8. 酯在酸性条件发生水解反应,生成_____和_____,所以该反应是_____反应的逆反应。

9. 完全皂化 1g 油脂所需氢氧化钾的毫克数称为_____。

10. _____g 油脂所能吸收碘的克数称为碘值。碘值与油脂的不饱和程度成_____。

11. 中和_____油脂中游离脂肪酸所需要氢氧化钾的毫克数称为酸值。酸值越大,说明油脂_____越严重。

12. 乳化剂必须具备的条件是分子中含有_____基和_____基。

三、写出下列化合物的系统名称

1. $CH_3CH_2\overset{\displaystyle O}{\overset{\|}{C}}-OC_2H_5$ 2. $CH_3CH_2\overset{\displaystyle O}{\overset{\|}{C}}-Cl$

3. 苯甲酰-N-甲基胺（苯甲酸-N-甲基酰胺结构）

4. 邻苯二甲酸酐结构

5. 邻苯二甲酸二甲酯（COOCH₃ COOCH₃）

6. 乙酸丙酸酐结构

四、写出下列化合物的结构式

1. 苯甲酸乙酯 2. 丙酰溴
3. N-乙基乙酰胺 4. 亚油酸甘油酯
5. 乙酸酐 6. 乙酸甲酯

五、写出下列反应的主要产物

1. $CH_3CH_2\overset{\displaystyle O}{\overset{\|}{C}}-Cl + H_2O \longrightarrow$

2. $CH_3-\overset{\displaystyle O}{\overset{\|}{C}}-O-CH_3 + NH_3 \longrightarrow$

3. 甘油三酯 + 3NaOH $\xrightarrow{\triangle}$

4. 苯甲酸乙酯 + $CH_3NH_2 \longrightarrow$

5. 乙酸酐 + $CH_3CH_2OH \longrightarrow$

六、用化学方法区别下列各组化合物

1. 甲酸乙酯与乙酸甲酯 2. 乙酸与乙酸甲酯
3. 乙酸乙酯与丙醇 4. 丙烯酸乙酯与丙酸乙酯

七、推断结构式

1. 某烃的含氧衍生物 A,分子式为 $C_4H_8O_2$,经水解可得到 B 和 C,C 在一定条件下氧化可得到 B。写出 A、B、C 的结构式和名称。

2. 某具有香味的有机物分子式为 $C_3H_6O_2$,它与 Na 不发生反应,不能使蓝或紫色石蕊试纸变红色;但它可发生水解反应和银镜反应。写出该有机物的结构式和名称。

（于 辉）

第10章 对映异构

1. 掌握：分子结构与分子旋光性的关系；对映异构体、外消旋体等概念。
2. 熟悉：偏振光、旋光性、比旋光度、手性碳原子、手性分子等基本概念；对映异构体构型的表示方法和命名。
3. 了解：无手性碳原子的旋光异构现象；手性分子的形成和外消旋体的拆分。

对映异构（enantiomers）又称旋光异构或光学异构（optical isomerism），是由旋光性的不同而产生的立体异构现象。而物质的旋光性与生理、病理、药理现象密切相关，自然界中的很多物质都存在着对映异构现象，尤其是生物体内有重要生理活性的物质。例如，组成人体蛋白质的氨基酸及人体所需的糖类物质等，都存在着对映异构现象。

第1节 偏振光和旋光性

一、偏振光和物质的旋光性

光（自然光）是一种电磁波，并且是一种横波，其振动方向垂直于光波前进的方向。自然光是含有各种波长的光线而组成的光束，可在与前进方向垂直的各个平面上任意方向振动，如图10-1所示。

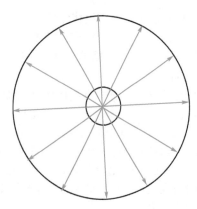

图 10-1 光振动平面示意图

当自然光通过一种由冰晶石制成的尼科尔（Nicol）棱镜时，只有振动方向与棱镜晶轴方向相一致的光线才能透过，透过棱镜的光就只在某一个平面方向上振动，这种光称为平面偏振光，简称偏振光（polarized light）。偏振光振动的平面称为偏振面。凡能使偏振光的偏振面旋转的性质称为旋光性（optical rotation）。具有旋光性的物质称为旋光性物质；不能使偏振光振动平面旋转，无旋光性的物质，称为非旋光性物质。

自然界中有许多物质具有使偏振光的偏振面发生改变的这种旋光现象，这样的物质具有旋光性或光学活性。例如，在2个晶轴相互平行的尼科尔棱镜之间放入乙醇、丙酮等物质时，通过第2个尼科尔棱镜观察仍能见到最大强度的光，视场光强不变，说明它们不具有旋光性;但在 2 个尼科尔棱镜之间放入葡萄糖、果糖或乳酸等物质的溶液时,通过第 2 个尼科尔棱镜观察,视场光强减弱,只有将第二个尼科尔棱镜向左或向右旋转一定角度后,又能恢复原来最大强度的光,即葡萄糖、果糖或乳酸将偏振光的偏振面旋转了一定的角度,说明它们具有旋光性。

▶ 二、旋光仪

偏振光的偏振面被旋光性物质所旋转的角度称为旋光度(optical rotation),用 α 表示。测定物质旋光度的仪器称为旋光仪,旋光仪的结构和组成如图 10-2 所示。旋光仪主要由 1 个单色光源、2 个尼科尔棱镜、1 个盛放样品的盛液管和 1 个能旋转的刻度盘组成。其中第 1 个棱镜是固定的,称为起偏镜,第 2 个棱镜可以旋转,称为检偏镜。

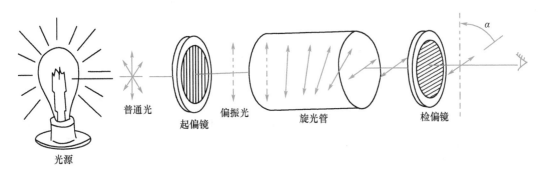

普通光　起偏镜　偏振光　旋光管　检偏镜

光源

●∘● 图 10-2　旋光仪结构示意图 ●∘●

图中 α 表示旋光度;虚线表示旋转前偏振光的振动方向;实线表示旋转后偏振光的振动方向

测定旋光度时可将被测物质装在盛液管里测定。若被测物质无旋光性,则偏振光通过盛液管后偏振面不被旋转,可以直接通过检偏镜,视场光亮强度不会改变;如果被测物质具有旋光性,则偏振光通过盛液管后,偏振面会被旋转一定的角度(如图 10-2 所示的 α 角),此时偏振光就不能直接通过检偏镜,视场会变暗;只有检偏镜也旋转相同的角度,才能让旋转了的偏振光全部通过,视场恢复原来的亮度。如果从面对光线射入的方向观察,能使偏振光的偏振面按顺时针方向旋转的旋光性物质称为右旋体,用符号"+"或"d"表示;反之,则称为左旋体,用符号"-"或"l"表示。

▶ 三、旋光度和比旋光度

物质的旋光性除了与物质本身的特性有关外,还与测定时所用溶液的浓度、盛液管的长度、测定时的温度、光的波长及所用溶剂等因素有关。对于某一物质来说,用旋光仪测得的旋光度并不是固定不变的,所以说旋光度不是物质固有的物理常数。因此,为了能比较物质的旋光性能的大小,消除上述因素的影响,通常采用比旋光度 $[\alpha]_\lambda^t$ 来描述物质的旋光性。比旋光度 $[\alpha]_\lambda^t$ 是物质固有的物理常数,可以作为鉴定旋光性物质的重要依据。比旋光度定义为:在一定的温度下,盛液管长度为 1dm,待测物质的浓度为 1g/ml,光源波长为 589nm(即钠光灯的黄线)时所测的旋光度。旋光度与比旋光度之间的关系可用下式表示:

$$[\alpha]_\lambda^t = \frac{\alpha}{c \cdot l}$$

式中,t 为测定时的温度(℃),一般是室温;λ 为光源波长,常用钠光(D)作为光源,波长为 589nm；α 为实验所测得的旋光度 (°)；c 为待测溶液的浓度 (g/ml)，液体化合物可用密度；l 为盛液管长度 (dm)。

比旋光度和物质的熔点、沸点、密度等一样，是重要的物理常数，有关数据可在手册或文献中查到。通过旋光度的测定，可以计算出物质的比旋光度。利用比旋光度可以进行旋光性物质的定性鉴定及含量和纯度的分析。

第 2 节 对映异构

一、手性分子和旋光性

众所周知，人的左手和右手外形相似，但不能完全重合。如果把左手放到镜子前面，其镜像恰好与右手相同，左右手的关系实际上是实物与镜像的关系，互为对映但不能重合。我们将这种实物与其镜像不能重合的特征称为物质的手性 (chiral)。

1. 手性分子　自然界中的一些有机化合物的分子存在着实物与镜像不能重合的特性，即手性。我们把这种有手性的分子称为手性分子 (chiral molecular)，没有手性的分子称为非手性分子。例如，乳酸分子、苹果酸分子就是手性分子，而乙醇分子、丙酸分子等是非手性分子。以乳酸手性分子为例，图 10-3 为两种乳酸分子模型，乳酸分子有两种构型，如同人的左右手一样，相似而又不能重合。

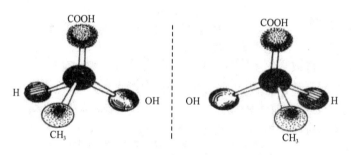

◦◦ 图 10-3　两种乳酸分子的模型 ◦◦

自然界中一部分化合物具有旋光性，而大多数化合物则不具有旋光性，研究结果表明，物质是否具有旋光性与物质分子的结构有关，具有旋光性的物质分子都是手性分子。

判断一个化合物分子是否具有手性，除看其分子是否包含有 1 个手性碳原子外，关键要看该分子中是否存在对称 (symmetric) 因素，如看其分子中是否存在对称面或对称中心等，如果在一个分子中找不到任何对称因素，则该分子就是手性分子，具有旋光性。若存在对称因素，该分子都能与自己的镜像相重合，就不具有手性，无旋光性。

对称因素包括对称面、对称中心和对称轴，其中应用较多的是对称面和对称中心。对称面是指把分子分成实物与镜像关系的假想平面；对称中心是设想分子中有一个点，从分子的任何一原子或基团向该点引一直线并延长出去，在距该点等距离处总会遇到相同的原子或基团，则这个点称为分子的对称中心，如图 10-4 所示。

2. 手性碳原子　在很多手性分子中至少含有这样 1 个碳原子，它与 4 个不同原子或原子团相连接，我们把这种连接 4 个不同原子或原子团的碳原子称为手性碳原子或不对称碳原子，用 C^* 表示。例如，乳酸、丙氨酸和甘油醛等分子中都含有手性碳原子。

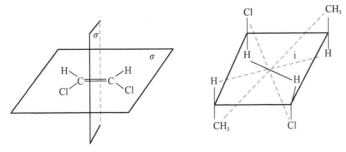

» 图 10-4　对称面和对称中心 »

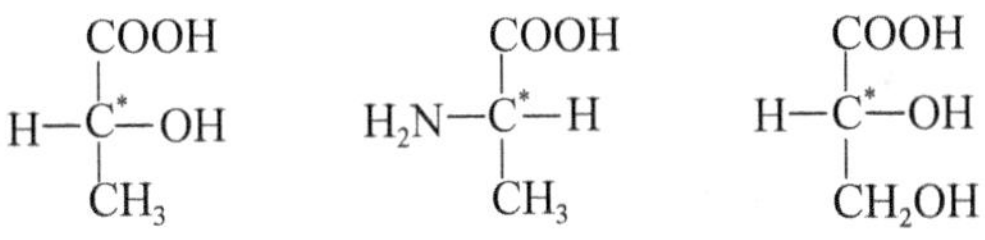

$$\underset{乳酸}{\overset{COOH}{\underset{CH_3}{H—C^*—OH}}} \qquad \underset{丙氨酸}{\overset{COOH}{\underset{CH_3}{H_2N—C^*—H}}} \qquad \underset{甘油醛}{\overset{COOH}{\underset{CH_2OH}{H—C^*—OH}}}$$

3. 对映体　乳酸是具有旋光性的化合物,与手性碳原子相连的 4 个不同原子或原子团有两种不同的空间排列方式,即有两种不同的构型(图 10-3)。将两种模型分子中的手性碳原子相互重合,再将连在该碳原子上的任何 2 个原子团,如甲基和羧基重合,而剩下的氢原子和羟基则不能重合。正如人的左右手关系一样,相似但又不能重合,互为实物和镜像。我们将这种彼此成实物和镜像关系,不能重合的一对立体异构体,称为对映异构体,简称对映体(enantiomers)。产生对映体的现象称为对映异构现象。由于每个对映异构体都有旋光性,所以又称旋光异构体或光学异构体。一对对映体分为右旋体和左旋体,如(+)-乳酸和(−)-乳酸。

4. 外消旋体　通过实验我们知道,乳酸的来源不同,其旋光度也不同,其中一种来源于人体肌肉剧烈运动之后而产生,它能使偏振光向右旋转,称为右旋乳酸;另一种来源于葡萄糖的发酵而产生,它能使偏振光向左旋转,称为左旋乳酸;从酸奶中分离出的乳酸,不具有旋光性,比旋光度为零。

为什么从酸奶中分离出来的乳酸,没有旋光性,其比旋光度为零呢?这是因为从牛奶发酵得到的乳酸是右旋乳酸和左旋乳酸的等量混合物,它们的旋光度大小相等,方向相反,互相抵消,使旋光性消失。一对对映体在等量混合后,得到的没有旋光性的混合物称为外消旋体(racemic),用(±)或 DL 表示。例如,外消旋乳酸,可表示为:(±)-乳酸或 DL-乳酸。

▶ 二、含 1 个手性碳原子的化合物

(一) 对映异构体构型的表示方法

对映异构体在结构上的区别仅在于原子或原子团的空间排布方式的不同,用平面结构式无法表示,为了更直观、更简便地表示分子的立体空间结构,一般用费歇尔(Fischer)投影式表示。该方法是将球棍模型按一定的方式放置,然后将其投影到平面上,即得到 1 个平面的式子,这种式子称为费歇尔投影式。投影的具体方法是:将立体模型所代表的主链位于竖线上,将编号小的碳原子写在竖线的上方,指向后方,其余 2 个与手性碳原子连接的横键指向前方,手性碳原子置于纸面中心,用十字交叉线的交叉点表示。按此法进行投影,即可写出费歇尔投影式。例如,乳酸对映异构的模型及投影式如图 10-5 所示。

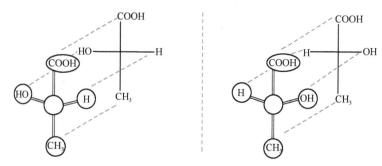

•• 图 10-5　乳酸对映异构体的模型及投影式 ••

依费歇尔投影法的规定,可归纳为:①横线和竖线的十字交叉点代表手性碳原子;②横线上连接的原子或原子团代表的是透视式中位于纸面前方的两个原子或原子团;③竖线上连接的原子或原子团代表的是透视式中位于纸面后方的两个原子或原子团。

(二) 对映异构体构型的命名

当 1 个分子中手性碳原子增多时,对映异构体的数目也会增多。1 对对映体中的 2 个异构体之间的差别就在于构型不同,因此,对映体的名称之前应注明其构型。对映体构型的命名有以下两种方法。

1. D、L 构型命名法　D 是拉丁语 Dextro 的字首,意为"右";L 是拉丁语 Laevo 的字首,意为"左"。在有机化学发展早期,科学家们还没有通过实验手段可以测定分子中的原子或原子团在空间的排列状况,为了避免混淆,费歇尔选择了以甘油醛作为标准,对对映异构体的构型作了一种人为的规定。指定(+)-甘油醛的构型用羟基位于右侧的投影式表示,并将这种构型命名为 D-构型;(−)-甘油醛的构型用羟基位于左侧的投影式来表示,并将这种构型命名为 L-构型。例如:

CHO　　　　　　　　CHO
H —— OH　　　　HO —— H
CH₂OH　　　　　　　CH₂OH

D-(+)-甘油醛　　　　L-(−)-甘油醛

D-和 L-表示构型,而(+)和(−)则表示旋光方向。构型是人为指定的,而旋光方向通过旋光仪才能测出。旋光性物质的构型与旋光方向是两个概念,两者之间没有必然的联系和对应关系。所以不能根据旋光方向去判断构型,反之亦然。

在人为规定了甘油醛的构型基础上,就能将其他含手性碳原子的旋光化合物与甘油醛联系起来,以确定这些旋光化合物的构型。例如,将右旋甘油醛的醛基氧化为羧基,再将羟甲基还原为甲基得到乳酸。在上述氧化及还原步骤中,与手性碳原子相连的任何一根化学键都没有断裂,所以与手性碳原子相连的原子团在空间的排列顺序不会改变,因此,这种乳酸也属于 D 型。实验测定,右旋乳酸为 L 型,而左旋乳酸为 D 型。例如:

COOH　　　　　　　COOH
HO —— H　　　　　H —— OH
CH₃　　　　　　　　CH₃

L-(+)-乳酸　　　　　D-(−)-乳酸

由于这种确定构型的方法是人为规定的,并不是实际测定的,所以称为相对构型。

1951 年魏欧德用 X 射线衍射法,成功地测定了一些对映异构体的真实构型(绝对构型),发现人为规定的甘油醛的相对构型,恰好与真实情况完全相符,所以相对构型就成为它的绝对构型。

现在 D、L 构型命名法主要用于糖类和氨基酸等构型的命名。

由于 D、L 构型命名法只适用于表示 1 个手性碳原子的化合物,对于含有多个手性碳原子的化合物,该方法具有局限性,使用不方便。所以国际纯粹与应用化学联合会(IUPAC)建议采用 R、S 构型命名法。

2. R、S 构型命名法 R、S 构型命名法是目前广泛使用的一种命名方法。该方法不需要与其他化合物联系比较,而是对分子中每个手性碳原子的构型直接命名。其命名规则和步骤如下:

(1)根据次序规则,将手性碳原子所连接的 4 个原子或原子团排列成序;a>b>c>d。

(2)将最小的原子或原子团 d 摆在离观察者最远的位置,视线与手性碳原子和原子团 d 保持在一条直线上,其他原子或原子团朝着观察者。

(3)最后按 a→b→c 画圆,并观察 a→b→c 的排列顺序,如果为顺时针方向,则该化合物的构型为 R 构型,如果为逆时针方向,则该化合物的构型为 S 构型,如图 10-6 所示。

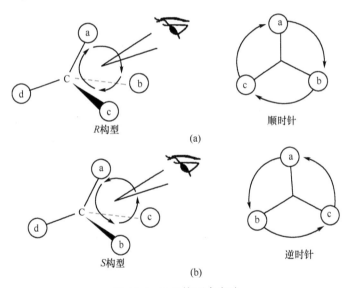

◦●◦ 图 10-6 *R、S* 构型命名法 ◦●◦

例如,用 R、S 构型命名法分别命名 D-(+)-甘油醛和 L-(-)-甘油醛的构型。

在 D-(+)-甘油醛分子中,与手性碳原子相连的 4 个基团由大到小的顺序为:—OH>—CHO>—CH$_2$OH>—H,则以氢原子为四面体的顶端,底部的 3 个角是—OH、—CHO、—CH$_2$OH,它们是按顺时针方向依次排列,所以是 R 构型。

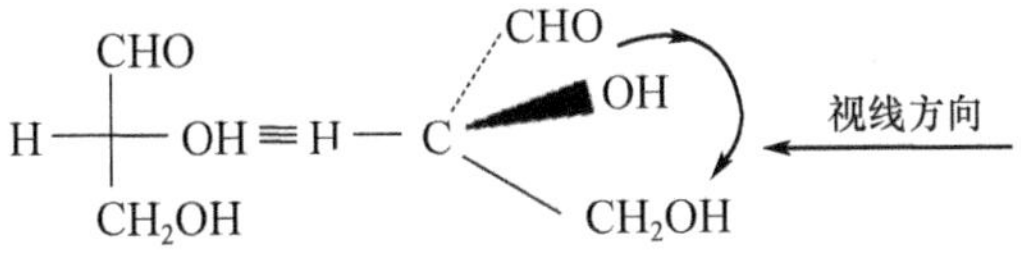

L-(−)-甘油醛分子中,底部的 3 个角—OH、—CHO、—CH₂OH,按逆时针方向依次排列,所以是 S 构型。

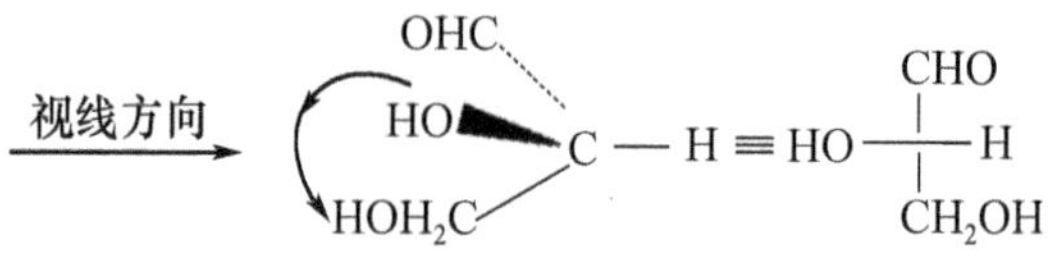

S构型   L-(-)-甘油醛

对费歇尔投影式可直接确定其 R、S 构型,规则为:

(1)当最小基团 d 处于横键的左、右端时,a→b→c 顺时针方向排列的为 S 构型,逆时针方向排列的为 R 构型。

(2)当最小基团 d 处于竖键的上、下端时,a→b→c 顺时针方向排列的为 R 构型,逆时针方向排列的为 S 构型。

例如,乳酸

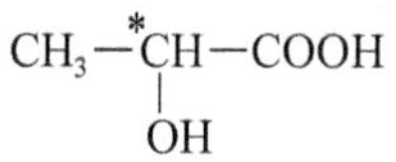

$$CH_3 - \overset{*}{C}H - COOH$$
$$OH$$

乳酸分子只含有 1 个手性碳原子,所连接的 4 个原子或原子团按次序规则排列成序:—OH>—COOH>—CH₃>—H,其对映体为:

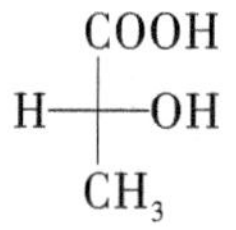

R-乳酸 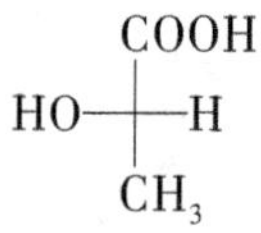 S-乳酸

直接根据投影式确定构型时,应该注意投影式中竖直方向的原子或原子团是伸向纸面后方,而水平方向的原子或原子团伸向纸面前方。此外,D、L 构型和 R、S 构型是两种不同的构型命名法,它们之间不存在固定的对应关系,化合物的构型和旋光方向之间也不存在固定的对应关系。

▶▶ 三、无手性碳原子的旋光异构现象

大多数具有旋光性的化合物分子内都存在手性碳原子,但还有一些化合物虽不含手性碳原子,就整个分子而言却包含了手性因素,使其与它的镜像不能重合,导致产生一对对映体。也就是说,有些旋光物质的分子中不含手性碳原子。下面列举两类实例。

1. 丙二烯型化合物 结构特点是与中心碳原子相连的两个 π 键所处的平面彼此相互垂直。当丙二烯双键两端碳原子上各连有不同的取代基时,分子没有对称面和对称中心,就产生了手性因素,存在着对映体,如 2,3-戊二烯已分离出对映体。

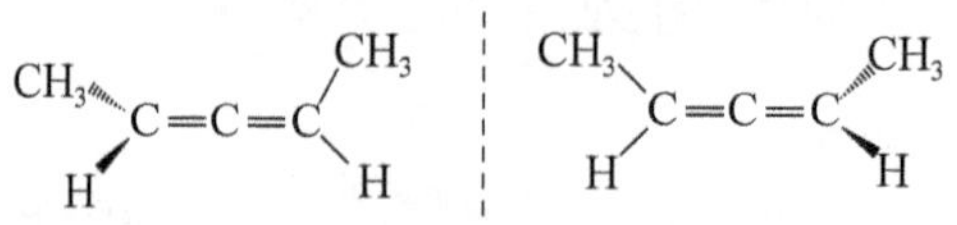

如果任一端碳原子上连有两个相同的取代基,化合物具有对称面,不具有旋光性。

2. 联苯型化合物 分子中两个苯环是在同一平面上,为非手性分子。但当每个苯环的邻位两个氢原子被两个不同的较大基团(如—COOH、—NO₂ 等)取代时,两个苯环若继续处

于同一个平面上,取代基空间位阻就太大,只有两个苯环处于互相垂直的位置,才能排除这种空间位阻形成一种稳定的分子构象。这种稳定的构象包含了手性因素,产生互不重合的镜像异构体,即对映体,所以联苯邻位连接的两个体积较大的取代基不相同时,分子没有对称面与对称中心,有手性,如6,6′-二硝基-2,2′-联苯二甲酸有两个对映体。

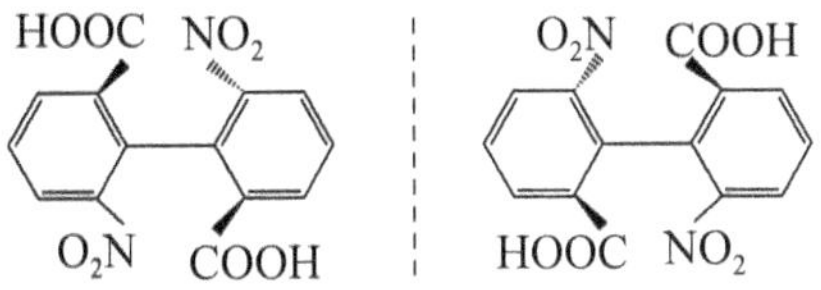

如果同一苯环上所连两个基团相同,分子无旋光性。

再如:β-连二萘酚有一对对映异构体。

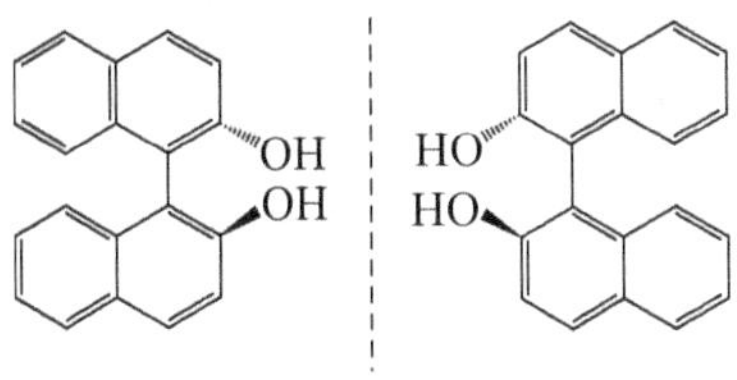

▶ 四、手性分子的形成和外消旋体的拆分

1. 手性分子的形成

（1）生物体中的手性分子:在生物体内存在着许多手性化合物,而且几乎都是以单一的对映体存在。其中为人们熟知的是由活细胞产生的生物催化剂——酶。生物体内所有的酶分子都具有许多手性中心,如糜蛋白酶含有251个手性中心,理论上应有 2^{251} 个立体异构体,但实际上,只有其中的一种对映异构体存在于给定的机体中。生命细胞中几乎每种反应都需要酶催化,被酶催化而反应的化合物称为底物,大多数底物也都是手性化合物,并且也是以单一的对映体形式存在。

（2）非手性分子转化成手性分子:手性分子可以由非手性分子通过化学反应转化而成。例如,正丁烷在控制反应条件下发生氯化反应,可以得到一种主要的取代产物——2-氯丁烷,其分子中包含1个手性碳原子,为手性化合物。

$$CH_3CH_2CH_2CH_3 \xrightarrow[Cl_2]{光照} CH_3CH_2CHCH_3$$
$$\underset{Cl}{|}$$

正丁烷   2-氯丁烷

（非手性化合物）   （手性化合物）

2-氯丁烷是手性化合物,但实际上却不具有旋光性。这是由于这种氯化取代产物包含着两个等量的对映体,每一个单一的对映体具有旋光性,但整体产物是没有旋光性的。因为它是外消旋体。

2. **外消旋体的拆分** 对映异构体之间的化学性质几乎没有差别,其不同点主要表现在物理性质及生物活性、毒性等方面。一对对映体之间的主要物理性质,如熔点、沸点、溶解度等都相同,旋光度也相同,只是旋光方向相反。但非对映体之间主要的物理性质不同,外消旋体虽然是混合物,但它不同于任意两种物质的混合物,它有固定的熔点。

人们从自然界的生物体内分离而获得的大多数光学活性物质是单一的左旋体或右旋

体。例如,右旋酒石酸是从葡萄酒酿制过程中产生的沉淀物中发现的;右旋葡萄糖是从各种不同的糖类物质中得到的,甜菜、甘蔗和蜂蜜等物质中都含有右旋葡萄糖。而以非手性化合物为原料经人工合成的手性化合物,一般为外消旋体,如以邻苯二酚为原料合成肾上腺素时,得到的是不显旋光性的外消旋体。

因为一对对映体往往具有不同的生理活性,所以我们需要通过采用适当的方法将外消旋体中的左旋体和右旋体进行分离,以得到单一的左旋体或右旋体,称为外消旋体的拆分。由于对映体之间的理化性质基本上是相同的,用一般的物理分离法不能达到拆分的目的,拆分外消旋体常用的方法有化学拆分法和诱导结晶拆分法等。

(1)化学拆分法:是先将外消旋体与某种具有旋光性的物质反应,转化为非对映体,由于非对映体之间具有不同的理化性质,可以用重结晶、蒸馏等物理方法,将非对映体分离开,最后再将分离开的非对映体分别恢复成单一的左旋体或右旋体,从而达到拆分目的的过程。用来拆分对映体的旋光性物质称为拆分剂,可以用碱性拆分剂来拆分酸性外消旋体。

$$(\pm)\text{酸}\begin{cases}(+)\text{-酸}\\(-)\text{-酸}\end{cases} +(+)\text{-碱} \longrightarrow \begin{matrix}(+)\text{-酸}(+)\text{-碱盐}\\(-)\text{-酸}(+)\text{-碱盐}\end{matrix}$$

例如,一对有机酸外消旋体与一单纯的左旋体或右旋体胺进行反应,得到非对映的有机酸铵盐。

$$\begin{cases}(+)\text{-RCOOH}\\(-)\text{-RCOOH}\end{cases} + 2(+)\text{-R}_1\text{-NH}_2 \longrightarrow \begin{matrix}(+)\text{-RCOO}^-(+)\text{-R}_1\text{-NH}_3^+\\(-)\text{-RCOO}^-(+)\text{-R}_1\text{-NH}_3^+\end{matrix}$$

　　　　　　　　对映体　　　　　　　　　　　　　　　　　非对映体

(2)诱导结晶拆分法:是先将需要拆分的外消旋体制成过饱和溶液,再加入一定量的纯左旋体或右旋体的晶种,与晶种构型相同的异构体便立即析出结晶而拆分。这种拆分方法的优点是成本比较低,效果比较好;缺点是应用范围有限,要求外消旋体的溶解度要比纯对映体要大。目前生产(-)-氯霉素的中间体(-)-氨基醇就是采用诱导结晶拆分法进行拆分的。

链接　　　　　　　　　　　　　手性药物的药理作用

　　药物的分子结构中存在手性因素并具有药理活性的手性化合物组成的药物称为手性药物。 手性药物只含有效对映体或者以有效对映体为主。

　　药物的药理作用是通过与体内的大分子之间严格的手性识别和匹配实现的。 在很多情况下,化合物的一对对映体在生物体内的药理活性、代谢过程、代谢速度及毒性等方面都存在显著的差异。 另外在吸收、分布和排泄等方面也存在着差异。 一般来说,药物与受体的手性匹配度越高,其药理活性就越强。

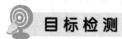

目标检测

一、单项选择题

1. 在有机化合物分子中与4个不相同的原子或原子团相连接的碳原子称为(　　)

　　A. 手性碳原子　　　B. 非手性碳原子

　　C. 叔碳原子　　　　D. 仲碳原子

2. 在化合物 $CH_3CHClCH_2OH$ 分子中第2个碳原子属于(　　)

　　A. 伯碳原子　　　　B. 季碳原子

　　C. 叔碳原子　　　　D. 手性碳原子

3. 下列化合物中具有对映异构体的是(　　)

A. $CH_3CH(OH)CH_2CH_3$

B. $HOCH_2CH_2CH_2OH$

C. $CH_3CH_2CH_2CH_2OH$

D. $CH_3CH_2CH_2CH_2CH_3$

4. (±)-乳酸为(　　)

A. 内消旋体　　　　B. 外消旋体

C. 顺反异构体　　　D. 对映异构体

5. 下列叙述中不正确的是(　　)

A. 分子与其镜像不能重合的特性叫手性

B. 没有手性碳原子的分子一定是非手性分子, 必无旋光性

C. 无任何对称因素的分子必定是手性分子

D. 具有对称面的分子都是非手性分子

6. 对映异构是一种重要的异构现象,它与物质的下列性质有关的是(　　)

A. 化学性质　　　　B. 物理性质

C. 旋光性　　　　　D. 可燃性

7. 甘油醛的投影式为 $\begin{array}{c}CHO\\ H\!-\!\!\!-\!\!\!-OH\\ CH_2OH\end{array}$,其构型是(　　)

A. R-型　　　　　　B. S-型

C. Z-型　　　　　　D. E-型

8. 2-氯丁烷的投影式为 $\begin{array}{c}CH_3\\ H\!-\!\!\!-\!\!\!-Cl\\ C_2H_5\end{array}$,其构型是(　　)

A. R-型　　　　　　B. S-型

C. Z-型　　　　　　D. E-型

9. 下列化合物具有旋光性的是(　　)

A. 2-戊醇　　　　　B. 丙醛

C. 丁酸　　　　　　D. 丁二酸

10. 下列费歇尔投影式中符合(R)-2-甲基-1-氯丁烷构型的是(　　)

A. $\begin{array}{c}CH_2CH_3\\ H\!-\!\!\!-\!\!\!-CH_3\\ CH_2Cl\end{array}$ B. $\begin{array}{c}CH_2Cl\\ H\!-\!\!\!-\!\!\!-CH_3\\ CH_2CH_3\end{array}$

C. $\begin{array}{c}CH_3\\ H\!-\!\!\!-\!\!\!-CH_2Cl\\ CH_2CH_3\end{array}$ D. $\begin{array}{c}CH_2Cl\\ H_3C\!-\!\!\!-\!\!\!-H\\ CH_2CH_3\end{array}$

11. 下列分子中构型为 S-型的是(　　)

A. $\begin{array}{c}COOH\\ H\!-\!\!\!-\!\!\!-OH\\ CH_3\end{array}$ B. $\begin{array}{c}COOH\\ HO\!-\!\!\!-\!\!\!-H\\ CH_3\end{array}$

C. $\begin{array}{c}CHO\\ H\!-\!\!\!-\!\!\!-OH\\ CH_2OH\end{array}$ D. $\begin{array}{c}CHO\\ H\!-\!\!\!-\!\!\!-Cl\\ CH_2OH\end{array}$

12. 下列哪种分子的构型为 L-型(　　)

A. $\begin{array}{c}CHO\\ H\!-\!\!\!-\!\!\!-OH\\ CH_2OH\end{array}$ B. $\begin{array}{c}CHO\\ H\!-\!\!\!-\!\!\!-Cl\\ CH_2OH\end{array}$

C. $\begin{array}{c}COOH\\ H\!-\!\!\!-\!\!\!-OH\\ CH_3\end{array}$ D. $\begin{array}{c}COOH\\ HO\!-\!\!\!-\!\!\!-H\\ CH_3\end{array}$

二、填空题

1. 偏振光通过旋光性物质时,偏振光的振动面就被旋转一个角度,这个角度称为旋光物质的＿＿＿＿,用＿＿＿＿表示。

2. 分子中连有 4 个不同基团的碳原子,称为＿＿＿＿碳原子。

3. 能使平面偏振光向顺时针方向转动,这类旋光性物质称为＿＿＿＿物质,用＿＿＿＿号表示。

4. 在一定条件下,不同的旋光性物质的旋光度是一个特有的常数,称为＿＿＿＿,通常用＿＿＿＿表示。

5. 凡是不能同＿＿＿＿重叠的分子称为＿＿＿＿。

6. 等量对映体的混合物为＿＿＿＿,通常用＿＿＿＿号表示。

7. 彼此成＿＿＿＿和＿＿＿＿关系,不能重合的一对立体异构体,称为对映异构体,简称对映体。

三、是非题

1. 有旋光性的分子必定有手性,必定有对映异构现象存在。(　　)

2. 不含有对称因素的分子都是手性分子。(　　)

3. 手性分子中必定含有手性碳原子。(　　)

4. 手性分子与其镜像互为对映异构体。(　　)

5. 没有手性碳原子的分子一定是非手性分子,无旋光性。(　　)

6. 含有 1 个手性碳原子的分子一定是手性分子。(　　)

(商成喜)

第11章 含氮有机化合物

含氮有机化合物通常指氮原子和碳原子直接相连而成的有机化合物，常见的含氮有机化合物有：硝基化合物、胺及其衍生物、酰胺、腈、偶氮化合物、重氮化合物、含氮杂环化合物、生物碱、氨基酸和蛋白质等。本章主要介绍胺、偶氮化合物和重氮化合物。

第 1 节 胺

▶▶ 一、胺的结构、分类和命名

（一）胺的结构

胺（amines）可以看作是氨的衍生物，即氨分子中的氢原子被烃基取代后的衍生物。可用通式表示如下：

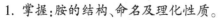

胺的官能团分别为：氨基（—NH_2）、亚氨基（  NH）和次氨基（ —N— ）。

胺的空间结构与氨类似，呈三角锥形，氮上有一对孤对电子。氨和三甲胺的结构如图11-1 所示。

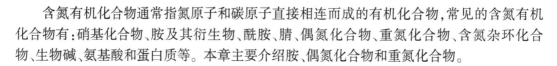

•● 图 11-1 氨和三甲胺的分子结构 ●•

（二）胺的分类

1. 按烃基分类 根据胺分子中与氮原子直接相连的烃基种类不同，可分为脂肪胺 R—NH_2 和芳香胺 Ar—NH_2。例如：

$CH_3CH_2—NH_2$

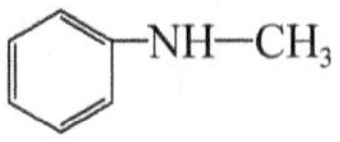

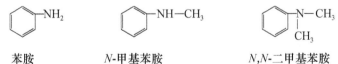

脂肪胺   **芳香胺**

2. 按烃基数目分类 根据与氮原子相连的烃基数目不同,胺可分为伯胺(1°胺)、仲胺(2°胺)和叔胺(3°胺)。

CH_3NH_2 $H_3C—NH—CH_3$ $H_3C—\overset{\displaystyle CH_3}{\underset{\displaystyle}{N}}—CH_3$

      伯胺   **仲胺**   **叔胺**

注意伯、仲、叔胺与伯、仲、叔醇的区别。叔醇是指醇羟基与叔碳原子相连,而叔胺是指氮原子上连有 3 个烃基。

$$H_3C—\overset{\displaystyle CH_3}{\underset{\displaystyle CH_3}{C}}—OH \qquad\qquad H_3C—\overset{\displaystyle CH_3}{\underset{\displaystyle CH_3}{C}}—NH_2$$

     叔丁醇(叔醇)   **叔丁胺(伯胺)**

3. 按氨基数目分类 根据分子中氨基数目的不同,分为一元胺、二元胺和多元胺。

$CH_3CH_2CH_2NH_2$ $H_2N—CH_2CH_2—NH_2$ $NH_2CH_2\overset{\displaystyle}{\underset{\displaystyle NH_2}{CH}}CH_2NH_2$

     一元胺   **二元胺**   **多元胺**

(三) 胺的命名

1. 简单胺的命名 以胺为母体,烃基当作取代基,把与氮原子相连的相同烃基的数目和名称写在"胺"的前面。与氮原子相连的不同烃基,则按由小到大的顺序写出。例如:

$CH_3CH_2—NH_2$ $CH_3CH_2—NH—CH_2CH_3$ $CH_3CH_2—\overset{\displaystyle}{\underset{\displaystyle CH_3}{N}}—CH_2CH_2CH_3$

     乙胺   **二乙胺**   **甲乙丙胺**

当脂肪烃基连在芳香胺的氮原子上,命名时常以芳香胺作为母体,脂肪烃基为取代基,在脂肪烃基的前面标上"N-"或"N,N-",以表示脂肪烃基连在氮原子上。例如:

     苯胺   **N-甲基苯胺**   **N,N-二甲基苯胺**

2. 复杂胺的命名 比较复杂胺的命名时,以烃为母体,把氨基作为取代基来命名。例如:

$$CH_3CH_2CH_2\overset{\displaystyle}{\underset{\displaystyle NH_2}{CH}}CH_2\overset{\displaystyle}{\underset{\displaystyle CH_3}{CH}}CH_3 \qquad\qquad CH_3CH_2CH_2\overset{\displaystyle}{\underset{\displaystyle NHCH_3}{CH}}CH_3$$

     2-甲基-4-氨基庚烷   **2-甲氨基戊烷**

▶ **二、胺的性质**

(一) 物理性质

常温下,脂肪胺中甲胺、二甲胺、三甲胺和乙胺为气体,其他的低级胺为液体,能与水形成氢键而溶于水,高级胺为固体,不溶于水。

低级脂肪胺与氨相似,有刺激性气味,有的有恶臭味。例如,三甲胺有鱼腥味,动物尸体腐烂后产生的1,4-丁二胺(腐胺)和1,5-戊二胺(尸胺)有恶臭和毒性。

芳香胺通常为无色液体或低熔点固体,有特殊臭味,有毒,很容易透过皮肤被吸收或吸入其蒸气而引起中毒。

(二) 化学性质

1. 碱性　胺和氨相似,在水溶液中呈碱性。是因为胺分子中氮原子的孤对电子易与质子相结合。

$$CH_3NH_2 + H_2O \rightleftharpoons CH_3-NH_3^+ + OH^-$$

胺的碱性大小受电子效应和空间效应两方面因素的影响。氮原子上电子云密度越大,接受质子的能力越强,胺的碱性就越强;氮原子周围空间位阻越大,氮原子结合质子越难,胺的碱性就越小。

脂肪胺的碱性比氨强。脂肪烃基是供电子基,使脂肪胺氮原子的电子云密度增大,接受质子的能力增强,碱性增强。氮原子上所连的脂肪烃基越多,电子云密度就越大,所以脂肪族仲胺的碱性大于伯胺,这时电子效应起主导作用。而当叔胺氮原子上连3个脂肪烃基时,氮原子上电子云密度增大,同时其空间位阻也相应增大,而且此时空间效应比电子效应更加显著,使质子难于与氮原子结合。因此在水溶液中叔胺的碱性比仲胺、伯胺弱。

胺的碱性强弱可用K_b(或pK_b)来表示。胺的K_b值越大(或pK_b越小),则碱性越强。例如:

二甲胺>甲胺>三甲胺>氨

pK_b:　　3.27　3.36　4.24　4.75

芳香胺的碱性比氨弱。由于苯胺氮原子上的未共用电子对与苯环形成p-π共轭体系,电子云向苯环偏移,使氮原子上的电子云密度降低,同时苯环使空间效应增大,阻碍了氮原子接收质子,因此芳香胺的碱性比氨弱。例如:

N,N-二甲基苯胺>N-甲基苯胺>苯胺>二苯胺

pK_b:　　8.93　　　　9.15　9.40　　13

各类胺的碱性强弱顺序大致如下:脂肪仲胺>脂肪伯胺>脂肪叔胺>氨>芳香胺。

由于胺的碱性不强,一般只能与强酸形成稳定的盐。胺盐遇强碱又能游离出胺来。

$$CH_2NH_2 + HCl \longrightarrow CH_3NH_3^+Cl^- \text{或} CH_3NH_2 \cdot HCl$$

氯化甲铵(或甲胺盐酸盐)

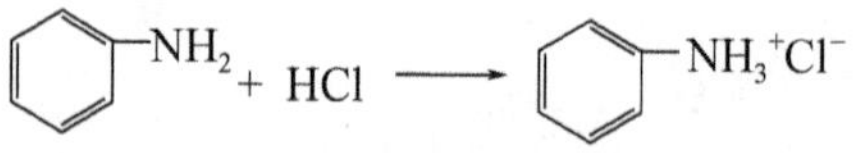

氯化苯铵

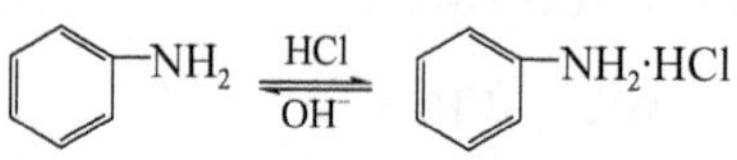

由于大多数胺的水溶性较小,而铵盐的水溶性较大,医药上常将难溶于水的胺类药物制成盐,以增加其水溶性和稳定性。例如,将局部麻醉药普鲁卡因制成盐酸普鲁卡因:

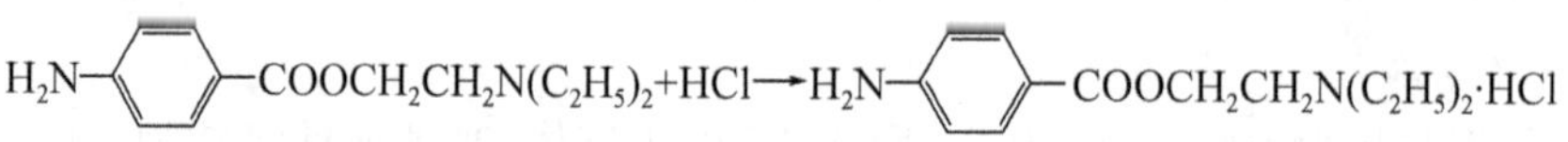

$$H_2N-\underset{}{\bigcirc}-COOCH_2CH_2N(C_2H_5)_2 + HCl \longrightarrow H_2N-\underset{}{\bigcirc}-COOCH_2CH_2N(C_2H_5)_2 \cdot HCl$$

2. 酰化反应　伯胺和仲胺都能与酰氯、酸酐等酰化剂发生酰化反应,反应时胺分子中氮原子上的氢原子被酰基取代而生成酰胺。叔胺氮原子上没有氢原子,所以不发生酰化反应。例如:

$$CH_3CH_2NH_2 + CH_3-\overset{O}{\overset{\|}{C}}-Cl \longrightarrow CH_3-\overset{O}{\overset{\|}{C}}-NHCH_2CH_3 + HCl$$

乙胺　　　乙酰氯　　　　　　N-乙基乙酰胺

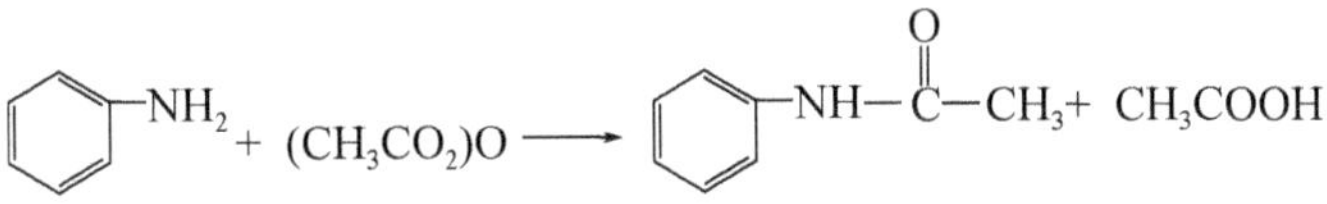

$$\text{苯胺} + (CH_3CO_2)O \longrightarrow \text{苯胺-}NH-\overset{O}{\overset{\|}{C}}-CH_3 + CH_3COOH$$

苯胺　　　乙酐　　　　　乙酰苯胺

常见的酰化剂有酰卤和酸酐。酰化反应生成的酰胺大多数是结晶固体,比较稳定,有一定的熔点。酰胺在酸或碱催化下水解,可以除去酰基恢复氨基,因此常用酰化反应来保护氨基以避免芳胺在进行某些反应时氨基被氧化而破坏。例如:

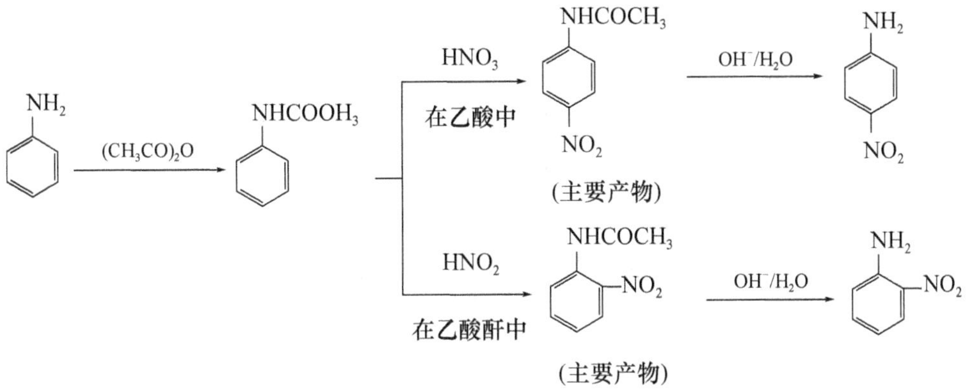

3. 磺酰化反应　在碱性条件下,伯、仲胺与苯磺酰氯反应生成相应的磺酰胺,叔胺上无氢原子不发生反应,此反应称为磺酰化反应。

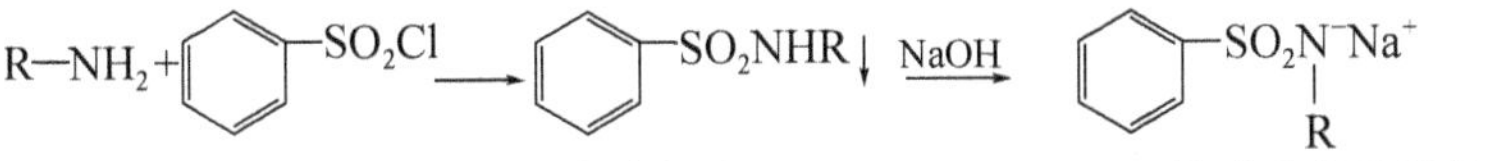

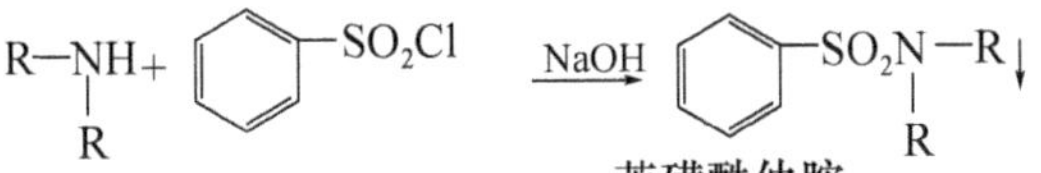

由伯胺生成的磺酰胺,氮原子留下的氢因受磺酰基影响,具有弱酸性,与氢氧化钠作用可形成盐而溶于水;仲胺形成的磺酰胺因氮上无氢原子,不能溶于碱;叔胺则不能被酰化。

利用上述性质可以鉴别或分离伯、仲、叔胺。此反应称为兴斯堡(Hinsberg)反应。

4. 与亚硝酸的反应　不同类型的胺与亚硝酸反应产物和现象不同。亚硝酸(HNO₂)不稳定,反应时由亚硝酸钠与盐酸或硫酸作用而得。

(1)伯胺:脂肪族伯胺与亚硝酸反应放出氮气,此反应可用于氨基的定量测定。

$$RNH_2 + HNO_2 \longrightarrow ROH + N_2\uparrow + H_2O$$

芳香族伯胺与亚硝酸在低温(0~5℃)和强酸性溶液中反应生成芳香重氮盐,此反应称为重氮化反应。例如:

$$\text{〇—NH}_2 + \text{NaNO}_2 + 2\text{HCl} \xrightarrow{0\sim5℃} \text{〇—N}_2^+\text{Cl}^- + \text{NaCl} + 2\text{H}_2\text{O}$$

氯化重氮苯

氯化重氮苯不稳定,在室温下即分解为氮气和苯酚。

(2)仲胺:与HNO$_2$反应生成黄色油状或固体的 *N*-亚硝基化合物。

$$\underset{R}{\overset{R}{>}}\text{N—}\boxed{\text{H} + \text{HO}}\text{—NO} \longrightarrow \underset{R}{\overset{R}{>}}\text{N—NO} + \text{H}_2\text{O}$$

$$\text{〇—N—}\boxed{\text{H} + \text{HO}}\text{—NO} \longrightarrow \text{〇—N—NO} + \text{H}_2\text{O}$$

N-亚硝基化合物有强烈的致癌作用。

(3)叔胺:脂肪族叔胺的氮原子上没有氢原子,不能亚硝基化,只能形成不稳定的亚硝酸盐。若以强碱处理此亚硝酸盐,可得到游离的脂肪族叔胺。

芳香族叔胺与亚硝酸反应,亚硝基取代苯环上的氢原子,生成对亚硝基胺。

$$\text{〇—N(CH}_3\text{)}_2 + \text{HNO}_2 \longrightarrow \text{ON—〇—N(CH}_3\text{)}_2 + \text{H}_2\text{O}$$

对亚硝基-*N*,*N*-二甲基苯胺

对亚硝基-*N*,*N*-二甲基苯胺在碱性溶液中呈翠绿色,在酸性溶液中互变成醌式盐而呈橘黄色。例如:

$$(\text{H}_3\text{C})_2\text{N—〇—NO} \underset{\text{OH}^-}{\overset{\text{H}^+}{\rightleftharpoons}} (\text{H}_3\text{C})_2\text{N}^+ \text{=〇=NOH}$$

翠绿色　　　　　　　　　　橘黄色

根据脂肪族和芳香族伯、仲、叔胺与亚硝酸反应的不同产物和不同现象,可用来鉴别伯、仲、叔胺。

▶▶ 三、苯胺

苯胺是最简单、最重要的芳香胺,为无色油状液体,有刺激性气味,沸点184℃。微溶于水,易溶于乙醇、乙醚等有机溶剂。苯胺有毒,能透过皮肤或吸入蒸气而使人中毒。苯胺是重要的化学试剂和化工原料,广泛应用于制药工业。

在苯胺的水溶液中滴加溴水,立即生成2,4,6-三溴苯胺白色沉淀,反应现象灵敏,故可用作苯胺的定性和定量分析。

$$\text{〇—NH}_2 + 3\text{Br}_2 \longrightarrow \text{Br—〇(NH}_2\text{)—Br}\downarrow + 3\text{HBr}$$

2,4,6-三溴苯胺(白色)

四、季铵盐和季铵碱

铵盐或氢氧化铵中的 4 个氢原子被 4 个烃基取代而生成的化合物称为季铵盐或季铵碱。

$$\left[\begin{array}{c} R \\ | \\ R\!-\!\overset{\displaystyle +}{N}\!-\!R \\ | \\ R \end{array}\right] X^- \qquad \left[\begin{array}{c} R \\ | \\ R\!-\!\overset{\displaystyle +}{N}\!-\!R \\ | \\ R \end{array}\right] OH^-$$

$$\quad\quad 季铵盐 \quad\quad\quad\quad\quad 季铵碱$$

季铵盐、季铵碱可看作是"铵"的衍生物,称为卤化四某铵和氢氧化四某铵,若烃基不同时,烃基名称由简单到复杂依次列出。

$[(CH_3CH_2)_4N]^+OH^-$ 　　　　$[(CH_3)_3NCH_2CH_3]^+Cl^-$ 　　　　$[(CH_3)_3NCH_2CH_2OH]^+OH^-$

氢氧化四乙铵　　　　　　　　　氯化三甲基乙基铵　　　　　　　　氢氧化三甲基-2-羟乙基铵

链接

氨、胺和铵的用法

氨、胺和铵字的用法不同。"氨"字用来表示气态氨（NH_3）或氨基（—NH_2）、亚氨基（—NH—）等;"胺"字用来表示氨的烃基衍生物,如甲胺（CH_3NH_2）;"铵"字则是用来表示胺的盐类及季铵盐或季铵碱,如氯化甲铵（$CH_3NH_3^+Cl^-$）。

(一) 季铵盐

叔胺和卤代烃作用,生成季铵盐。例如:

$$R_3N + RX \longrightarrow R_4N^+X^-$$

季铵盐呈白色固体,为离子化合物,具有铵盐的性质,易溶于水,不溶于有机溶剂。季铵盐对热不稳定,加热后易分解为叔胺和卤代烃。

季铵盐的用途广泛,常用于阳离子表面活性剂,具有去污、杀菌和抗静电能力。

新洁尔灭化学名为溴化二甲基十二烷基苄铵,又名苯扎溴铵,属于季铵盐类化合物。常温下为黄色胶状体,吸湿性强,易溶于水和乙醇,芳香,味极苦。医药上常以 0.1% 的溶液用于皮肤和外科器械消毒。溴化二甲基十二烷基苄铵的结构如下:

$$\left[\begin{array}{c} CH_3 \\ | \\ \text{〔苯环〕}\!-\!CH_2\!-\!\overset{\displaystyle +}{N}\!-\!C_{12}H_{25} \\ | \\ CH_3 \end{array}\right] Br^-$$

(二) 季铵碱

季铵碱可由卤化季铵盐与氢氧化钠的醇溶液混合反应制得。例如:

$$R_4N^+X^- + NaOH \xrightarrow{\text{醇}} R_4N^+OH^- + NaX$$

季铵碱具有强碱性,其碱性与氢氧化钠相当。

胆碱是广泛分布于生物体内的一种季铵碱,因最初从胆汁中发现,且具有碱性故称胆碱。胆碱是卵磷脂的组成部分,在脑组织和蛋黄中含量较高。胆碱在体内与脂肪代谢密切相关,能促进油脂生成磷脂,防止脂肪在肝内沉积,有抗脂肪肝作用。

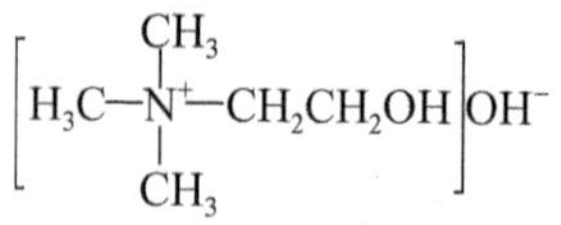

$$\left[\begin{array}{c} CH_3 \\ | \\ H_3C-N^+-CH_2CH_2OH \\ | \\ CH_3 \end{array}\right]OH^-$$

胆碱

在神经细胞中,乙酰胆碱是由胆碱和乙酰辅酶 A 在胆碱乙酰化酶的催化作用下合成的。乙酰胆碱是一种神经递质,能特异性地作用于各类胆碱受体,兴奋受体而引起多种生理效应,如心脏抑制,血管扩张,胃肠、支气管平滑肌及骨骼肌收缩等,然后迅速被胆碱酯酶催化水解生成胆碱和乙酸而失活。

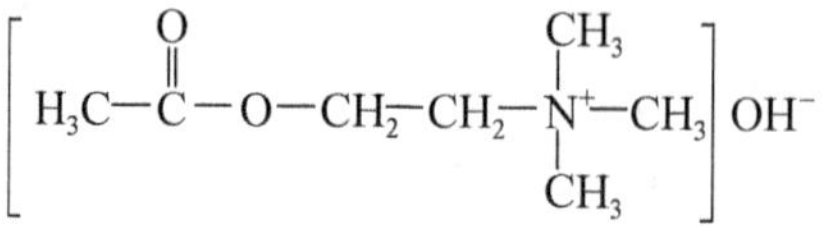

$$\left[\begin{array}{c} O \\ \| \\ H_3C-C-O-CH_2-CH_2-N^+-CH_3 \\ | \\ CH_3 \\ | \\ CH_3 \end{array}\right]OH^-$$

乙酰胆碱

▶▶ 五、尿素

尿素从结构上可看作是碳酸中的 2 个羟基被 2 个氨基取代而成的碳酰二胺。结构式如下:

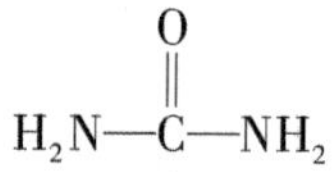

$$\begin{array}{c} O \\ \| \\ H_2N-C-NH_2 \end{array}$$

尿素简称脲,最初在 1773 年从尿中提取而得,它是哺乳动物体内蛋白质代谢的最终产物,成人每天可随尿排出约 30g 脲。脲是白色结晶,熔点为 133℃,易溶于水和乙醇。

脲的主要化学性质有:

1. 弱碱性　脲具有弱碱性,只能与强酸作用生成盐。例如,脲与硝酸或草酸反应生成不溶性的盐,利用这个性质,可以从尿液中提取脲。

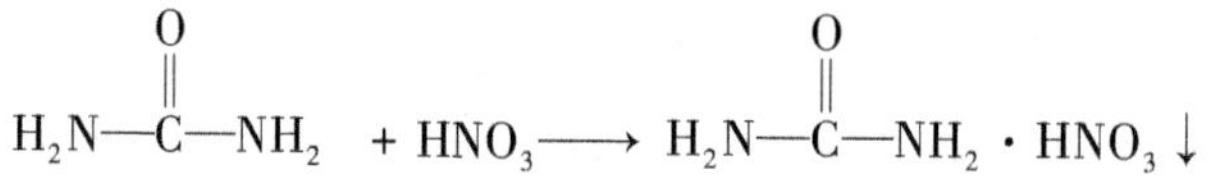

$$\begin{array}{c} O \\ \| \\ H_2N-C-NH_2 \end{array} + HNO_3 \longrightarrow \begin{array}{c} O \\ \| \\ H_2N-C-NH_2 \end{array} \cdot HNO_3 \downarrow$$

硝酸脲

2. 水解反应　脲在酸或碱的催化下,加热时发生水解;在脲酶作用下,水解反应在常温下就能进行。

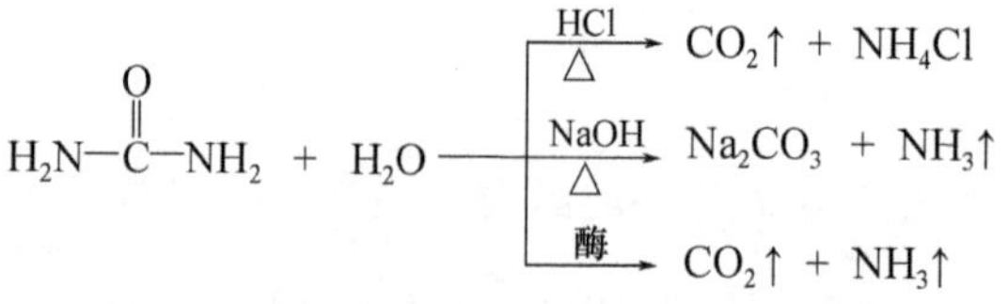

$$\begin{array}{c} O \\ \| \\ H_2N-C-NH_2 \end{array} + H_2O \xrightarrow{\begin{array}{c} HCl \\ \triangle \end{array}} CO_2\uparrow + NH_4Cl$$

$$\xrightarrow{\begin{array}{c} NaOH \\ \triangle \end{array}} Na_2CO_3 + NH_3\uparrow$$

$$\xrightarrow{\text{酶}} CO_2\uparrow + NH_3\uparrow$$

3. 与亚硝酸反应　脲能与亚硝酸反应,生成氮气、二氧化碳和水。

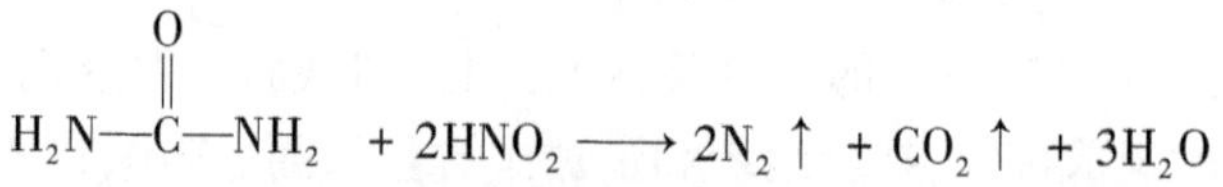

$$\begin{array}{c} O \\ \| \\ H_2N-C-NH_2 \end{array} + 2HNO_2 \longrightarrow 2N_2\uparrow + CO_2\uparrow + 3H_2O$$

通过测定氮气的体积,便可测定脲的含量。此反应也用于除去反应中的过量亚硝酸。

4. 缩二脲的生成及缩二脲反应　将固体脲缓慢加热至 150～160℃,2 分子脲间脱去 1 分子氨,生成缩二脲。

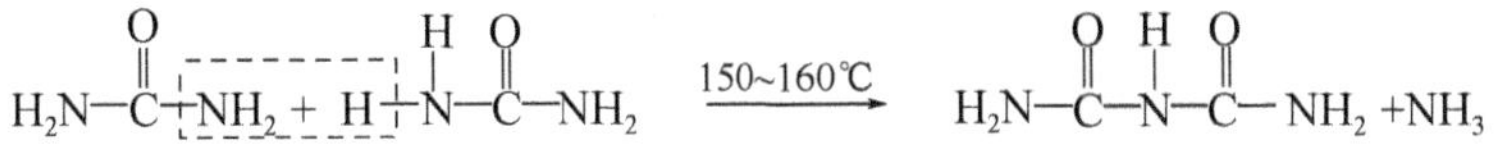

$$H_2N-\overset{O}{\overset{\|}{C}}-NH_2 + H-\overset{H}{\overset{|}{N}}-\overset{O}{\overset{\|}{C}}-NH_2 \xrightarrow{150\sim160℃} H_2N-\overset{O}{\overset{\|}{C}}-\overset{H}{\overset{|}{N}}-\overset{O}{\overset{\|}{C}}-NH_2 + NH_3$$

缩二脲

　　缩二脲难溶于水,能溶于碱溶液中。在缩二脲的碱性溶液中,滴入少量稀的硫酸铜溶液,溶液呈现出紫红色,这个反应称为缩二脲反应。凡是分子中含有两个或两个以上酰胺

键($-\overset{O}{\overset{\|}{C}}-\overset{H}{\overset{|}{N}}-$,又称肽键)的化合物(如多肽、蛋白质等)都能发生缩二脲反应。

链接　　　　　　　　　　　**尿素氮的临床意义**

　　血中尿素氮 (BUN)是人体蛋白质代谢的终末产物。 肝脏是生成尿素的最主要器官。 尿素的生成量取决于饮食中蛋白质摄入量、组织蛋白质分解代谢及肝功能情况。 尿素氮主要经肾脏排泄,小部分经汗液排出。 血中尿素氮测定虽可反映肾小球滤过功能,但肾小球滤过功能需下降到正常的 1/2 时尿素氮值才升高,故并不能敏感地反映肾小球滤过功能。 BUN 正常值为 2.9~7.5mmol／L。 其水平受诸多因素影响,如高热、感染、消化道出血、脱水、进食高蛋白饮食均可致 BUN 升高。 故 BUN 升高亦并不一定表示肾小球功能受损,需认真鉴别其升高的原因。

第 2 节　重氮化合物和偶氮化合物

　　重氮和偶氮化合物分子中都含有 $-N_2-$ 官能团。官能团两端都与烃基相连的称为偶氮化合物,如偶氮苯。只有一端与烃基相连,而另一端与其他基团相连的称为重氮化合物,如氯化重氮苯。

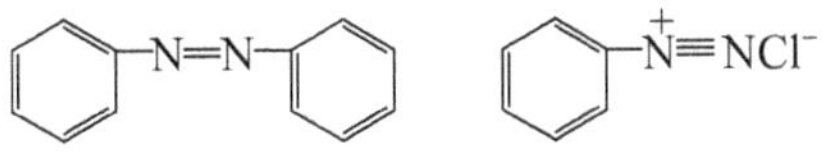

偶氮苯　　　　　　氯化重氮苯

▶ 一、重氮化合物

（一）芳香族重氮盐的制备——重氮化反应

　　重氮化合物中最重要的是芳香族重氮盐类,它们通过重氮化反应得到。芳香族伯胺在过量的稀盐酸或稀硫酸中和亚硝酸作用生成重氮化合物的反应称为重氮化反应。例如,硫酸重氮苯的制备。

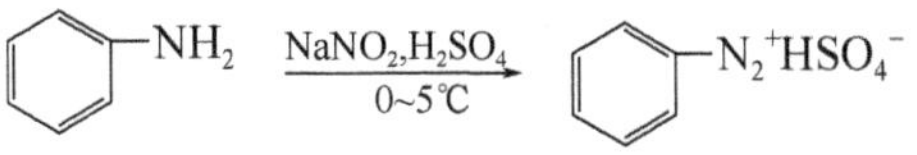

　　重氮化反应必须在低温、强酸性条件下进行,得到的重氮盐不需从溶液中分离,而直接用于下一步反应。

　　重氮盐是离子化合物,易溶于水,不溶于有机溶剂,在稀溶液中完全电离。干燥的重氮盐很不稳定,在空气中颜色迅速变深,受热或震动易发生爆炸。而重氮盐的水溶液没有爆

炸的危险,在0℃时可保存数小时。因此,一般在水溶液中制备和使用。

(二) 芳香族重氮盐的性质

重氮盐是一个非常活泼的化合物,可发生多种反应,生成多种化合物,在有机合成上非常有用。主要反应为取代反应和偶联反应两大类。

1. 取代反应 重氮盐分子中的重氮基可被—OH、—X、—CN、—H 等取代,生成相应的芳香族化合物,同时放出氮气,所以又称放氮反应。通过重氮化反应,可以把一些难于引入芳香环上的基团方便地引入,在芳香族化合物的合成中有重要的价值。例如:

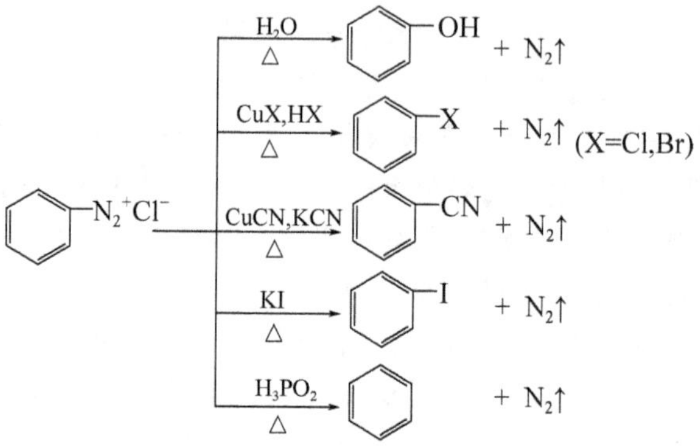

2. 还原反应 重氮盐可被氯化亚锡和盐酸、亚硫酸钠等还原成苯肼。例如:

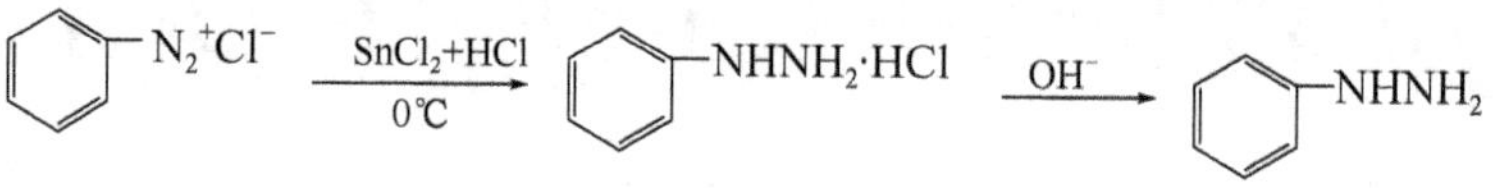

苯肼是常用的羰基试剂,是制药工业的重要原料。

芳香族重氮盐用锌和盐酸等还原生成芳香胺。

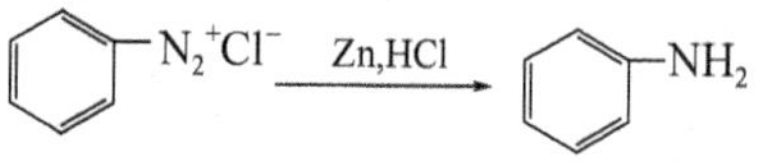

3. 偶联反应 重氮盐在弱酸、中性或碱性溶液中与芳伯胺或酚类化合物作用,生成颜色鲜艳的偶氮化合物的反应称为偶联反应。偶联反应又称留氮反应。偶联反应总是优先发生在对位,若对位被占,则在邻位上反应,间位不能发生偶联反应。例如:

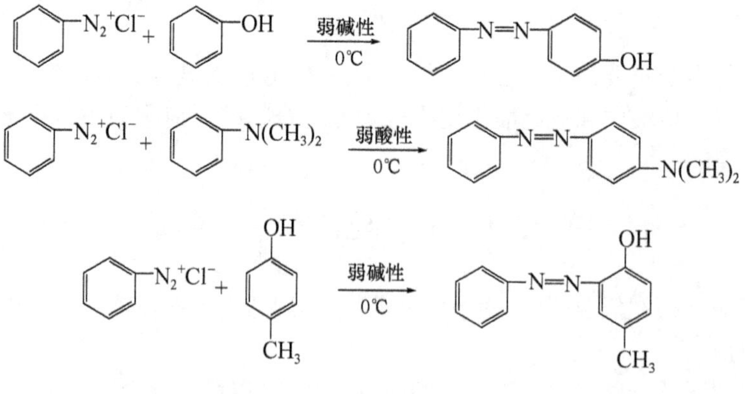

偶联反应在医学检验上的应用

偶联反应在医药上有重要的应用,如血清胆红素的测定、许多酶类的测定、药物的检出等,均是利用偶联反应生成有色的偶氮化合物进行比色分析。 例如,血清 γ-谷氨酰转肽酶的测定:

血清 γ-谷氨酰转肽酶 (γ- Glutamyl transpeptidase,简称 γ-GT) 与 γ-谷氨酰-α-萘胺作用,释放出游离的 α-萘胺, α-萘胺与对氨基苯磺酸的重氮盐偶合生成红色的偶氮化合物。 该颜色的深浅与酶的活性成正比,进行比色分析,即可求出 γ-GT 的活性单位。

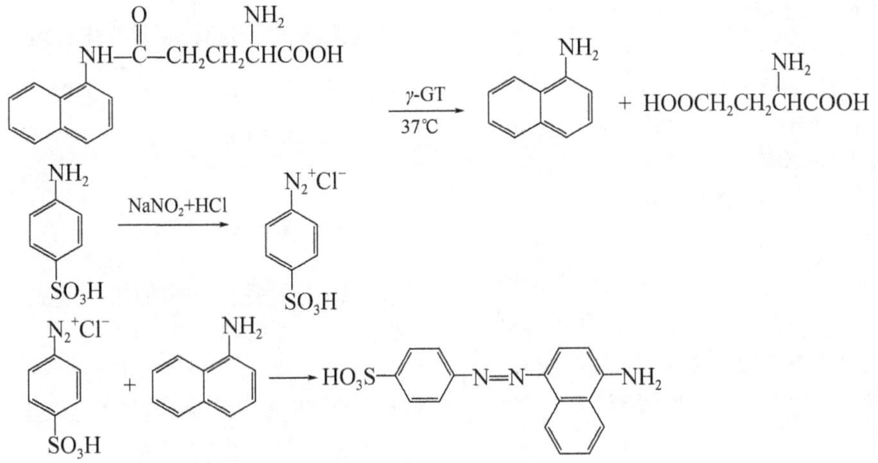

γ-GT 主要来自肝脏, γ-GT 升高往往提示肝功能有活动性损伤,如急性病毒性肝炎、药物性肝损害等; γ-GT 持续升高提示转为慢性纤维化或肝硬化可能。

二、偶氮化合物

偶氮化合物的通式表示为 Ar—N ═N—Ar'。偶氮基 —N═N— 是一个发色基团,偶氮化合物常有颜色,性质稳定。它们中很多可用作染料,称为偶氮染料。偶氮染料由于合成方法简单,结构多变,因而是染料中品种最多的一类,约占合成染料品种的 50% 以上。其广泛用于多种天然和合成纤维的染色和印花,也用于油漆、塑料、橡胶等的着色。偶氮染料除用作印染剂外,还常用作酸碱指示剂和生物切片染色剂等,如甲基橙、苏丹黑 B 等。

(一) 甲基橙

甲基橙是一种偶氮指示剂,其结构式为:

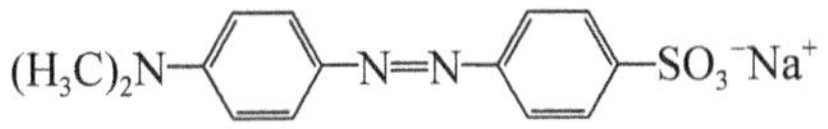

甲基橙是常用的酸碱指示剂,变色范围是 3.1~4.4,其中间色为橙色。

(二) 苏丹黑 B

苏丹黑 B 在血脂测定中用作脂肪染色剂,其结构式为:

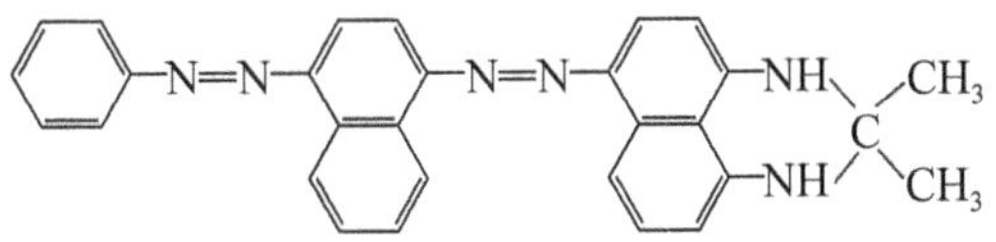

目标检测

一、单项选择题

1. 下列化合物碱性最强的是（　　）

A. $CH_3-\overset{\overset{\displaystyle O}{\|}}{C}-NH_2$　　　　B. $CH_3CH_2NH_2$

C. $(CH_3CH_2)_2NH$　　D. 苯胺-NH_2

2. 下列化合物属于伯胺的是（　　）

A. $(CH_3)_3N$

B. $CH_3-NH-CH_2-CH_3$

C. $(CH_3CH_2CH_2)_2NH$

D. $(CH_3)_3C-NH_2$

3. 下列化合物不能发生酰化反应的是（　　）

A. 苯-NH_2　　　　B. 苯-$\overset{\displaystyle CH_3}{\underset{\displaystyle CH_3}{N}}$

C. $(CH_3CH_2)_2NH$　　D. $H_3C-CH_2-NH_2$

4. 下列化合物不能与盐酸发生成盐反应的是（　　）

A. 乙酰胺　　　　　B. 乙胺

C. 尿素　　　　　　D. 苯胺

5. 下列能与溴水反应生成白色沉淀的是（　　）

A. 乙酰乙酸乙酯　　B. 苯胺

C. 乙烷　　　　　　D. 乙烯

6. 不能使石蕊试纸变蓝的是（　　）

A. 甲胺　　　　　　B. 二甲胺

C. 氨水　　　　　　D. 乙酰苯胺

7. 芳香族一级胺的重氮化反应是在（　　）

A. 强酸性溶液中　　B. 中性溶液中

C. 碱性溶液中　　　D. 弱酸性溶液中进行

8. 二甲胺的官能团是（　　）

A. 甲基　　　　　　B. 氨基

C. 次氨基　　　　　D. 亚氨基

9. 下列有机化合物能与盐酸反应的是（　　）

A. 丙胺　　　　　　B. 苯酚

C. 乙酸乙酯　　　　D. 乙烷

10. 把胺分为伯、仲、叔胺的依据是（　　）

A. 与氮原子相连的烃基数目不同

B. 碳原子间的结合方式不同

C. 与氮原子相连的烃基种类不同

D. 与氮原子相连的碳原子类型不同

二、用系统命名法命名下列化合物

1. $H_3C-\overset{\displaystyle |}{\underset{\displaystyle CH_2CH_2CH_3}{N}}-CH_2CH_3$　　2. 苯-$NHCH_3$

3. $H_3C-\overset{\overset{\displaystyle O}{\|}}{C}-NH-CH_3$　　4. 苯-$\overset{\overset{\displaystyle O}{\|}}{C}-NHCH_2CH_3$

三、写出下列各化合物的结构简式

1. N,N-二甲基甲酰胺　　2. 甲乙胺

3. 邻-甲基苯胺　　4. 对氨基苯甲酰胺

5. 氢氧化四甲铵　　6. 对硝基苯胺盐酸盐

四、完成下列反应方程式

1. 苯-NH_2 + $NaNO_2$ + HCl $\xrightarrow{0\sim5℃}$

2. 苯-NH_2 + $3Br_2$ $\longrightarrow$

3. 苯-$NHCH_3$ + HNO_2 $\longrightarrow$

4. 苯-NH_2 + $(CH_3CO)_2O$ $\longrightarrow$

（赵桂欣）

第12章 杂环化合物和生物碱

学习目标

1. 掌握：杂环化合物的结构和命名。
2. 熟悉：重要的杂环化合物。
3. 了解：杂环化合物的分类和生物碱的一般性质。

第1节 杂环化合物

▶▶ 一、杂环化合物的结构、分类和命名

(一) 结构

杂环化合物是由碳原子和其他元素的原子(主要是 O、N、S)共同组成的一类环状化合物，除碳原子之外的原子称为杂原子。

(二) 分类

杂环化合物中的杂原子可以是一个、两个或多个，而且可以是相同的，也可以是不同的。成环的原子数可以由五个至十多个，可以是单环，还可以是芳香环与其他杂环稠合或杂环与杂环稠合而成的稠环。因此，杂环化合物的种类非常多。

根据杂环母体中所含环的数目，杂环化合物分为单杂环和稠杂环两大类。单杂环又可根据成环原子数的多少分类，其中最常见的有五元杂环和六元杂环。稠杂环有芳环稠杂环和杂环稠杂环两种。此外，还可以根据所含杂原子的种类和数目进一步分类。表 12-1 列出了常见的杂环化合物母环的分类、结构和名称。

表 12-1　杂环化合物的分类、结构和名称

分类		含有一个杂原子的杂环			含有两个以上杂原子的杂环			
单杂环	五元杂环	 呋喃	 噻吩	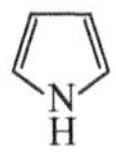 吡咯	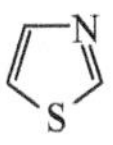 噻唑	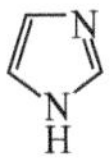 咪唑	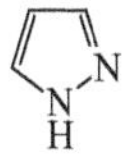 吡唑	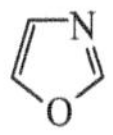 噁唑
	六元杂环	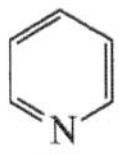 吡啶	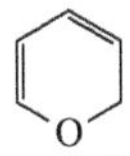 α-吡喃	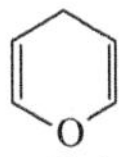 γ-吡喃	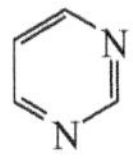 嘧啶	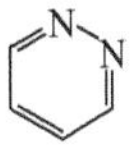 哒嗪	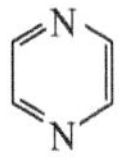 吡嗪	

分类		含有一个杂原子的杂环			含有两个以上杂原子的杂环
稠杂环	苯稠杂环	吲哚	喹啉	异喹啉	吩噻嗪
	杂稠杂环				嘌呤

(三) 杂环化合物命名

杂环化合物命名方法有音译法和根据结构命名法两种。

1. 音译法 根据国际通用英文名称音译。按译音译成同音汉字,并加上"口"字旁作为杂环名。例如,呋喃、吡咯、噻吩,就是根据 furan、pyrrole、thiophene 等英文名称音译的,见表12-1。

2. 杂环编号 杂环化合物杂环上的原子编号,除个别稠杂环如嘌呤外,一般从杂原子开始。

(1) 环上只有一个杂原子时,杂原子的编号为1,依次为2、3……或与杂原子相邻的碳原子依次用 α、β、γ……编号。

(2) 环上有不同的杂原子时,则按 O、S、NH、N 的顺序编号,并使这些杂原子位次的数字之和为最小;取代基的位次、数目和名称写在杂环母体名称的前面。

4-甲基噻唑　　　吡唑

(3) 当环上连有—CHO、—COOH、—SO$_3$H 等官能团时,则把杂环作为取代基。

2-呋喃甲醛　　　　3-吡啶甲酸
α-呋喃甲醛　　　　β-吡啶甲酸

(4) 部分稠杂环一般有固定编号。例如:

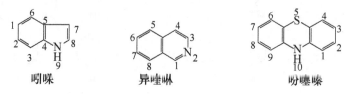

吲哚　　　　　　异喹啉　　　　　　吩噻嗪

二、常见的杂环化合物及其衍生物

(一) 吡咯

吡咯存在于煤焦油中,为无色液体,沸点131℃,不溶于水,溶于有机溶剂。吡咯的蒸气能使浸有盐酸的松木片产生红色,称为吡咯的松木片反应,此反应可以鉴定吡咯的存在。吡咯的碱性极弱。吡咯在空气中易氧化,颜色迅速变深。吡咯的衍生物广泛存在于自然界,如叶绿素和血红素等。

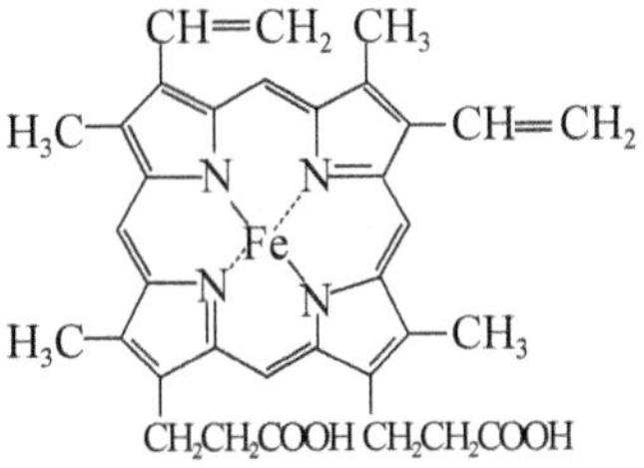

血红素

(二) 吡啶

吡啶为无色液体,沸点为115℃,有恶臭,有毒,能与水、乙醇、乙醚等混溶。吡啶对酸或碱稳定,对氧化剂也相当稳定。吡啶的重要衍生物维生素PP,包括烟酸和烟酰胺。抗结核病药异烟肼与维生素PP结构相似,两者有拮抗作用,所以长期服用异烟肼者,应适当补充维生素PP。

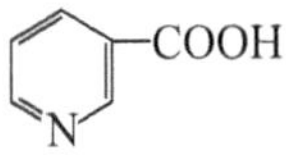

3-吡啶甲酸(烟酸) 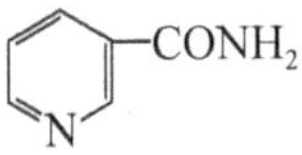　　3-吡啶甲酰胺(烟酰胺) 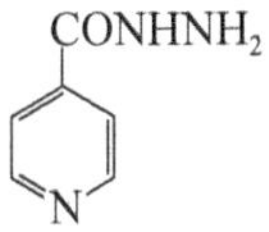　　4-吡啶甲酰肼(异烟肼)

(三) 嘧啶

嘧啶是无色结晶,熔点为22℃,易溶于水,有弱碱性。嘧啶的衍生物广泛存在于自然界,如构成核酸的碱基尿嘧啶、胞嘧啶和胸腺嘧啶均含有嘧啶环。合成药物磺胺嘧啶及磺胺增效剂甲氧苄啶也含有嘧啶环。

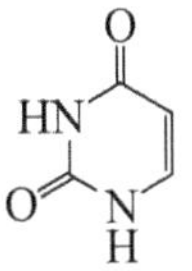

尿嘧啶 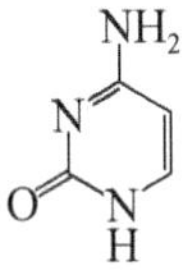　　胞嘧啶 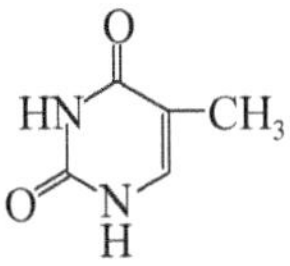　　胸腺嘧啶

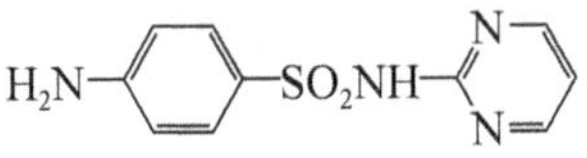

磺胺嘧啶 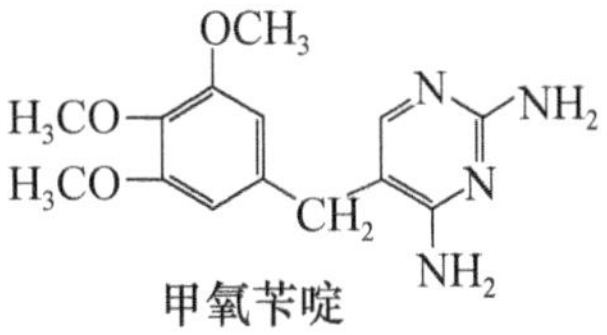　　　　甲氧苄啶

(四) 呋喃

呋喃是最简单的含氧五元杂环化合物,存在于松木焦油中,具有类似氯仿的气味,为无色易挥发的液体,沸点32℃,难溶于水,易溶于乙醇、乙醚等有机溶剂。呋喃的松木反应呈

绿色,可用来鉴定呋喃的存在。

呋喃的一种重要的衍生物是 α-呋喃甲醛,俗称糠醛。用稀酸处理米糠、棉子壳、玉米芯等,其中所含的戊多糖水解为戊糖,戊糖在酸的作用下进一步脱水而生成糠醛。

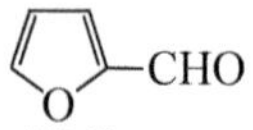

糠醛

糠醛是制备许多药物和工业产品的原料,呋喃经电解还原,还可制成丁二醛,为生产药物阿托品的原料。糠醛的一些衍生物具有很强的杀菌能力,抑菌谱相当宽广。例如,糠醛经由 5-硝基糠醛,再与盐酸氨基脲缩合得到呋喃西林,是一种消毒防腐药。

(五) 噻唑

噻唑是无色有臭味的液体,沸点 117℃,与水混溶。噻唑具有弱碱性。许多重要的药物如维生素 B₁、青霉素 G 等都含有噻唑环。

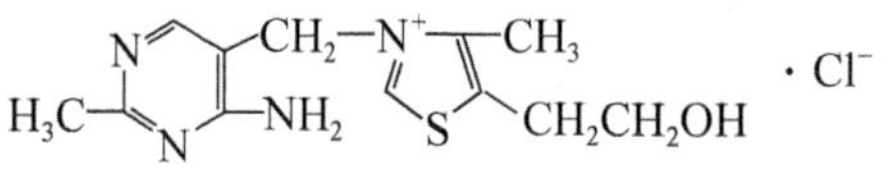

维生素B₁　　　　**青霉素G**

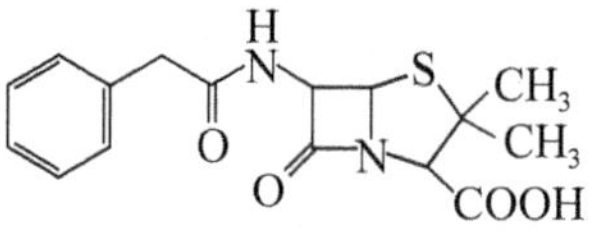

1928 年英国微生物学家弗莱明发现青霉素的抑菌作用。1940 年英国病理学家弗洛里和侨居英国的德国生物化学家钱恩从青霉菌培养液中提取出青霉素晶体。1941 年用青霉素治疗人类细菌感染取得成功。由于青霉素分子中的 β-内酰胺环是由 4 个原子组成,环张力比较大,易开环导致青霉素失活。青霉素是一种有机酸,微溶于水,临床上常用其钠盐或钾盐,以增大其水溶性;青霉素水溶液在室温下易分解,因此临床上使用其粉针剂。

(六) 咪唑

咪唑是无色晶体,熔点 90~91℃,易溶于水和乙醇,具有碱性,能与强酸生成稳定的盐。组氨酸及其脱羧产物组胺、生物碱毛果芸香碱是咪唑的衍生物。含咪唑环的药物有抗真菌药克霉唑,抗阿米巴药、抗滴虫药、抗厌氧菌药甲硝唑等。

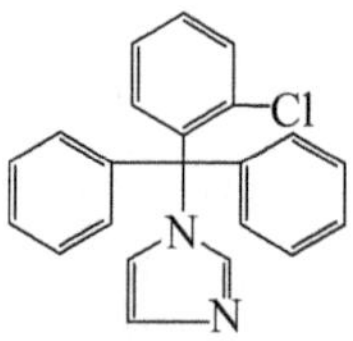

克霉唑 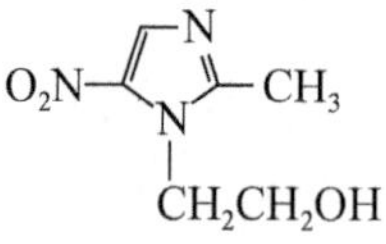　　　　**甲硝唑**

(七) 嘌呤

嘌呤为无色晶体,熔点 216~217℃,易溶于水,可与强酸或强碱成盐。嘌呤本身并不存在于自然界,但它的衍生物广泛存在于动植物体中。例如,腺嘌呤和鸟嘌呤为核酸的碱基,黄嘌呤和尿酸存在于哺乳动物的尿和血液中。

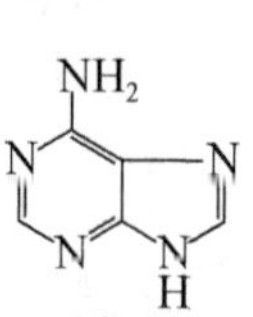

腺嘌呤 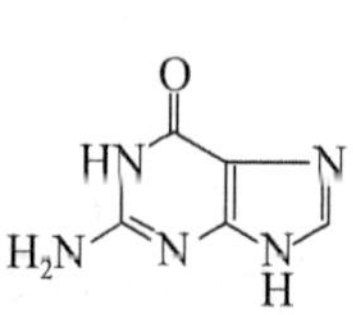　　　　**鸟嘌呤**

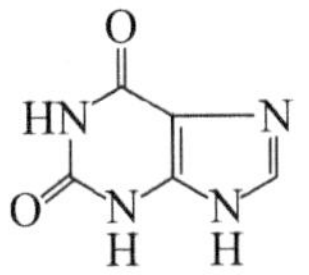

黄嘌呤 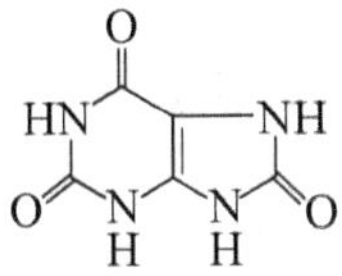　　　　尿酸

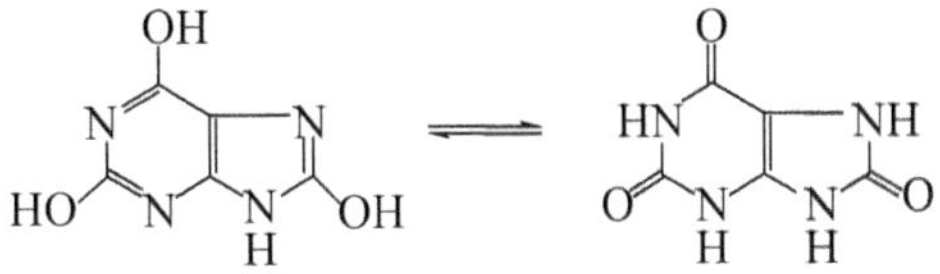

尿酸(烯醇式)　　　　尿酸(酮式)

尿酸是白色结晶,难溶于水,有酮式和烯醇式两种互变异构体,有弱酸性。

链接

嘌呤与痛风

嘌呤主要以嘌呤核苷酸的形式存在,在作为能量供应、代谢调节及组成辅酶等方面起着十分重要的作用。嘌呤核苷酸分解代谢反应基本过程是核苷酸在核苷酸酶的作用下水解成核苷,进而在酶作用下生成自由的碱基及1-磷酸核糖。嘌呤碱最终分解成尿酸,随尿排出体外。嘌呤核苷酸分解代谢主要在肝、小肠及肾中进行。嘌呤代谢异常,尿酸过多引起痛风症,患者血中尿酸含量升高,尿酸盐晶体可沉积于关节、软组织、软骨及肾等处,导致关节炎、尿路结石及肾疾病。海鲜、动物的肉的嘌呤含量都比较高。所以,有痛风的患者除用药物治疗外,更重要的是平时注意忌口。

第 2 节　生　物　碱

▶ 一、生物碱的概念

生物碱是一类存在于生物体内,对人和动物具有明显生理作用的含氮碱性有机化合物。大多数生物碱含有氮杂环,也有少数非杂环的生物碱。

生物碱在植物中分布很广,是中草药的重要有效成分。例如,麻黄中的麻黄碱,能发汗解表,平喘止咳;罂粟中的吗啡用于镇痛;黄连中的小檗碱,有清热解毒、消炎镇痛的功效。目前应用于临床的生物碱有 100 种以上。但也有一些生物碱毒性很强,使用不当会致命。

▶ 二、生物碱的一般性质

(一) 性状

绝大多数生物碱是无色或白色的结晶性固体,只有少数是液体,如烟碱为液体。绝大多数生物碱无色,仅少数具有较长共轭结构的生物碱呈不同的颜色,如小檗碱(黄连素)和蛇根碱(利血平)显黄色,小檗红碱显红色。大多数生物碱具苦味,少数生物碱具有其他味道,如甜菜碱为甜味。

(二) 旋光性

很多生物碱有手性分子,具有旋光性,多数是左旋体。

生物碱的生理活性与其旋光性有关。通常左旋体的生理活性比右旋体强,如乌头中存在的左旋去甲乌头碱具有强心作用,但存在于其他植物中右旋去甲乌头碱则无强心作用。又如左旋莨菪碱的扩瞳作用较右旋体强 100 倍等。也有少数生物碱右旋体的生理活性较左旋体强,如右旋古柯碱(可卡因)的局部麻醉作用强于左旋体古柯碱。

(三) 溶解性

多数游离生物碱极性较小,一般难溶或不溶于水,能溶于氯仿、乙醇、乙醚、苯等有机溶剂。生物碱的盐类大多易溶于水而不溶或难溶于有机溶剂,遇强碱可重新转变为游离的生物碱。临床上利用这一性质将生物碱药物制成易溶于水的盐使用,如盐酸吗啡。生物碱的溶解性对提取、分离和精制生物碱十分重要。

$$生物碱 \underset{OH^-}{\overset{H^+}{\rightleftharpoons}} 生物碱盐$$

(难溶于水)　(易溶于水)

(四) 沉淀反应

大多数生物碱遇碘化汞钾($K_2[HgI_4]$)、磷钨酸($H_3PO_4 \cdot 12WO_3$)等生物碱沉淀剂作用生成有色沉淀,如碘化汞钾试剂在酸性溶液中与生物碱反应生成白色或淡黄色沉淀,磷钨酸试剂在酸性溶液中与生物碱反应生成灰白色沉淀。此类反应可用于生物碱的鉴定、分离和提纯。

(五) 显色反应

一般生物碱都能与一些试剂反应而产生不同的颜色,这些试剂被称为生物碱显色剂,如甲醛的浓硫酸溶液、重铬酸钾的浓硫酸溶液等。吗啡遇甲醛的浓硫酸溶液作用呈紫色,可待因与甲醛的浓硫酸溶液作用呈蓝色,利用这些颜色反应可鉴别生物碱。

三、常见的生物碱

(一) 烟碱

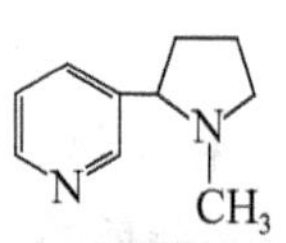

烟碱又名尼古丁,是一种无色至淡黄色透明油状液体,是烟草中含氮生物碱的主要成分,在烟叶中的含量为 1%~3%。露置空气中渐变棕色,味辛辣,易溶于水和乙醇等。它能通过口、鼻、支气管黏膜,很容易被人体吸收。烟碱毒性很强,少量能刺激中枢神经系统,增高血压;大量则抑制中枢神经系统,使心脏麻痹以至死亡。

(二) 麻黄碱

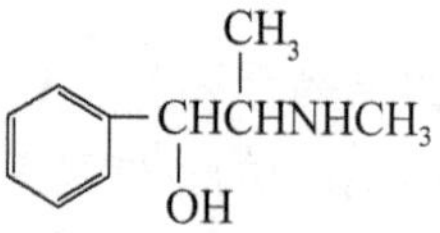

麻黄碱是从麻黄中提取的生物碱,也可人工合成。麻黄碱是无色晶体,味苦。麻黄碱属于仲胺,呈碱性,能与酸成盐,临床上用的是它的盐酸盐。麻黄碱具有平喘、止咳、发汗等作用。还可用作中枢神经系统兴奋剂,服用麻黄碱后可以明显增加运动员的兴奋程度,属于国际奥委会严格禁止的兴奋剂。

（三）吗啡和可待因

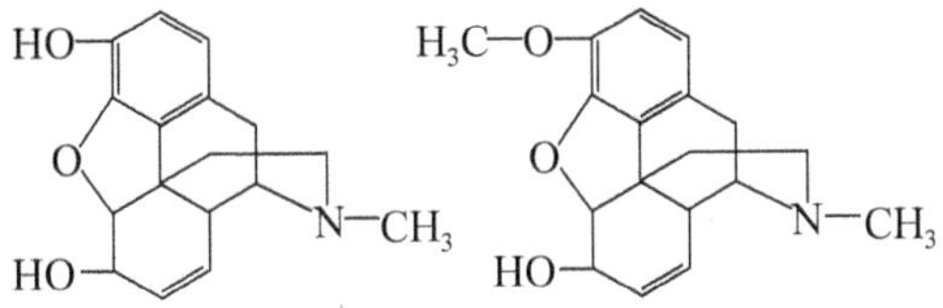

吗啡　　　　　可待因

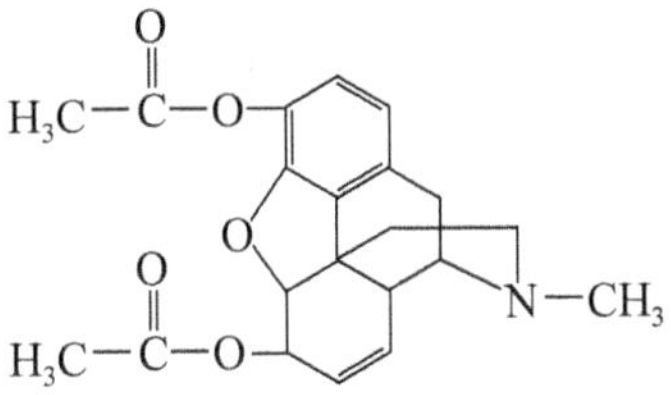

海洛因

吗啡为鸦片中提取的生物碱,是鸦片中起主要药理作用的成分,含量约为10%。它为白色针状结晶或结晶性粉末,熔点254～256℃,有苦味,遇光易变质,溶于水,略溶于乙醇。吗啡常用其盐酸盐或硫酸盐,具有强大的止痛作用,对各种疼痛都有镇痛效果。临床上主要用于外科手术和外伤性剧痛、晚期癌症剧痛等的镇痛。本品连续使用1周以上可成瘾,需慎用。

可待因又名甲基吗啡,也是一种存在于鸦片中的生物碱,含量占0.7%～2.5%。可待因的镇痛作用比吗啡弱,也能成瘾,临床用作各种原因引起的剧烈干咳和刺激性咳嗽,尤适用于伴有胸痛的剧烈干咳。

海洛因是吗啡的乙酰化产物,是毒性和作用比吗啡强得多的毒品,它的不良反应远大于其医疗价值,吸食后极易成瘾,并难以戒断,严重者会造成死亡。海洛因被列为禁止制造和出售的毒品。

（四）小檗碱(黄连素)

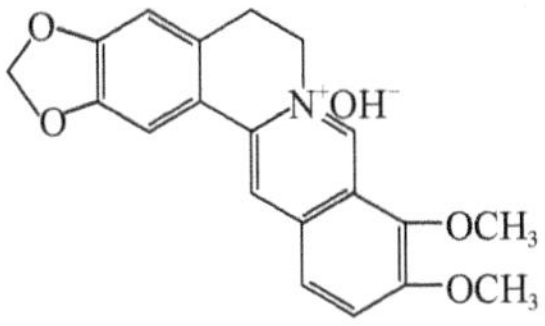

小檗碱从黄连、黄柏和三棵针等植物中提取而得,亦可人工合成。从乙醚中可析出黄色针状晶体;熔点145℃;溶于水,难溶于苯、乙醚和氯仿。味极苦,具有抗菌、消炎作用。临床上使用的是其盐酸盐,用于治疗胃肠炎、细菌性痢疾等,对肺结核、猩红热、急性扁桃体炎和呼吸道感染也有一定疗效。

（五）可可碱、茶碱和咖啡碱(咖啡因)

可可碱、茶碱和咖啡碱存在于可可豆、茶叶和咖啡中,属于嘌呤类生物碱,是黄嘌呤的甲基衍生物。

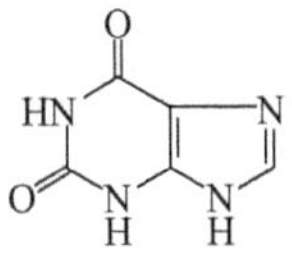

黄嘌呤

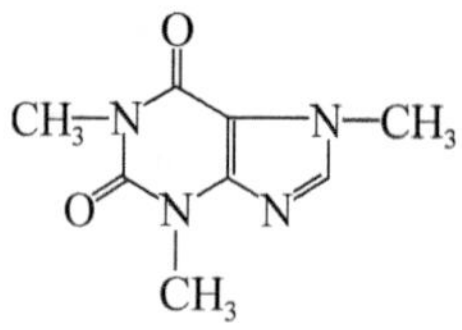

咖啡碱 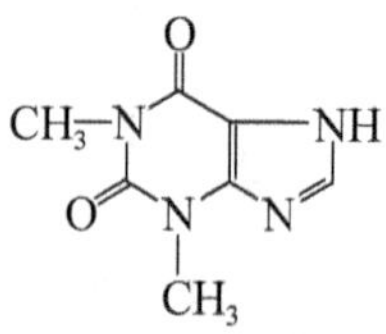　　　　茶碱 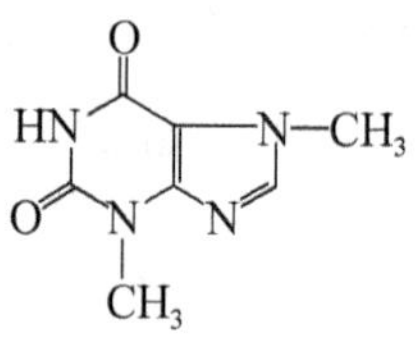　　　　可可碱

三者都有利尿和兴奋中枢神经作用,其中以咖啡碱兴奋中枢神经作用最强。

目标检测

一、单项选择题

1. 下列化合物属于芳杂环化合物的是(　　)

A. 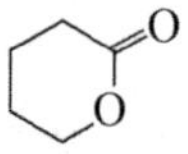　　　　　　　　B.

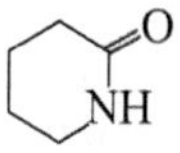

C. 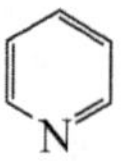　　　　　　　　D.

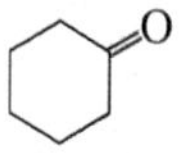

2. 下列化合物中不属于五元杂环的是(　　)

A. 呋喃　　　　　B. 吡啶
C. 噻吩　　　　　D. 吡咯

3. 下列化合物中不属于稠杂环的是(　　)

A. 吲哚　　　　　B. 咪唑
C. 喹啉　　　　　D. 嘌呤

4. 下列杂环化合物名称叫吡咯的是 (　　)

A. 　　　　　　　　B.

C. 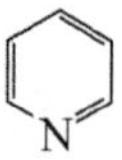　　　　　　　　D.

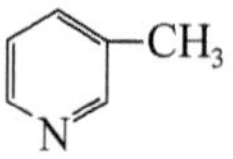

5. 下列化合物属于生物碱的是(　　)

A. 胆固醇　　　　B. 吗啡
C. 樟脑　　　　　D. β-胡萝卜素

6. 关于生物碱叙述不正确的是 (　　)

A. 存在与生物体内
B. 有明显的生理活性
C. 分子中都含有氮杂环

D. 一般都有碱性,能与酸作用生成盐

二、填空题

1. 具有_____结构、且成环的原子除_____外,还有的_____原子,这样的化合物称为杂环化合物。环中除碳原子以外的其他元素的原子称为_____。最常见的杂原子是_____、_____、_____。

2. 根据杂环母体中所含环的数目,将杂环化合物分为_____和_____两大类。单杂环又可根据成环原子数的多少分类,其中最常见的有_____杂环和_____杂环。稠杂环有_____和_____两种。

3. 生物碱是一类存在于_____内,对人和动物有强烈生理作用的含氮_____有机化合物。生物碱都具有旋光性,这是由于生物碱分子中含有_____。

三、用系统命名法命名下列化合物

1. 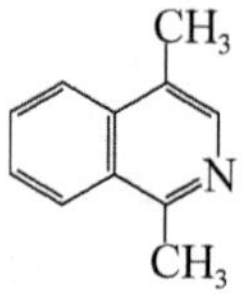　　　　　　　　2.

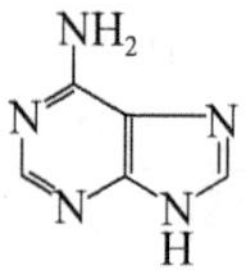

3. 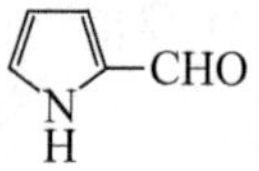　　　　　　　　4.

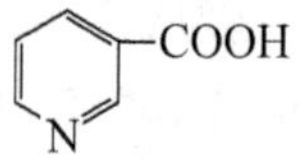

(赵桂欣)

第13章 糖 类

学习目标

1. 掌握:单糖的结构和性质。
2. 熟悉:二糖和多糖的结构和性质。
3. 了解:常见的糖在医学与生活上的应用。

糖类(saccharides)是自然界广泛存在的一类有机化合物,由 C、H、O 三种元素组成。由于早年发现这一类化合物的通式是 $C_m(H_2O)_n$,符合水分子中氢原子和氧原子的比例,所以糖类最早被称为"碳水化合物(carbohydrates)"。随着科学的发展,后来发现虽然一些化合物符合这个通式,但不属于糖类化合物,如甲醛(CH_2O)、乙酸($C_2H_4O_2$)、乳酸($C_3H_6O_3$),而有些不符合这个通式的却属于糖类化合物,如脱氧核糖($C_5H_{10}O_4$)、鼠李糖($C_6H_{12}O_5$),因此,碳水化合物这个名称并不确切。

从分子结构上看,糖类化合物是多羟基醛、多羟基酮及它们的脱水缩合物。根据能否水解和水解情况的不同,糖类化合物一般可以分为单糖、低聚糖和多糖。我们把不能水解的糖称为单糖,如葡萄糖、果糖及核糖;水解后能生成 2~10 个单糖分子的糖称为低聚糖。低聚糖又可分为二糖、三糖……等,其中最重要的是二糖,如麦芽糖、蔗糖和乳糖等。水解后能生成 10 个以上单糖分子的糖称为多糖,如淀粉、糖原、纤维素等。

第1节 单 糖

▶▶ 一、单糖的分类

单糖一般是含有 3~6 个碳原子的多羟基醛或多羟基酮。根据分子中碳原子数目,单糖可分为丙糖、丁糖、戊糖、己糖等。自然界中以含有 5、6 个碳原子的戊糖、己糖最为普遍。根据官能团的不同,单糖又可分为醛糖和酮糖。多羟基醛称为醛糖,多羟基酮称为酮糖。最简单的单糖是丙醛糖和丙酮糖,结构如下:

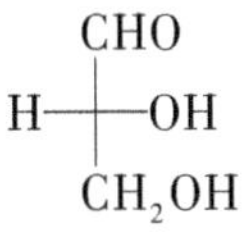

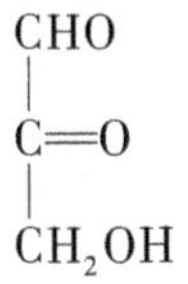

$$
\begin{array}{ccc}
\text{CHO} & & \text{CHO} \\
| & & | \\
\text{H——OH} & & \text{C=O} \\
| & & | \\
\text{CH}_2\text{OH} & & \text{CH}_2\text{OH}
\end{array}
$$

单糖中与生命活动关系密切的有葡萄糖、果糖、核糖、脱氧核糖等。最有代表性的是葡萄糖和果糖,它们的分子式均为 $C_6H_{12}O_6$,互为同分异构体。

二、葡萄糖的结构

（一）开链结构

葡萄糖的分子式为 $C_6H_{12}O_6$，为己醛糖。分子结构中有 5 个羟基和 1 个醛基。自然界中的葡萄糖为右旋体，其费歇尔投影式如下列 Ⅰ 所示，Ⅱ 和 Ⅲ 为简写式。

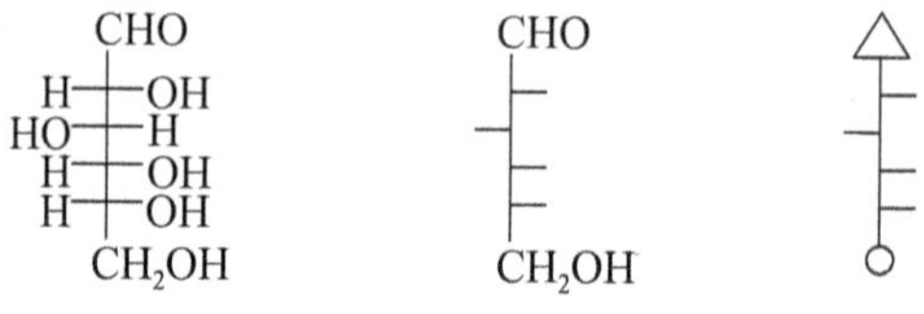

$$\text{Ⅰ} \qquad \text{Ⅱ} \qquad \text{Ⅲ}$$

单糖的构型习惯上采用 D/L 构型标记法，根据分子中编号最大的手性碳上羟基在右边的为 D-型；羟基在左边的为 L-型。葡萄糖 5 号碳上的羟基在右侧，所以表示为 D-(+)-葡萄糖。自然界存在的单糖大多数属于 D-型。

（二）变旋现象和环状结构

葡萄糖有两种不同的结晶，一种是从水溶液中结晶出来的，熔点为 146℃，新配制的水溶液经测定比旋光度为 +112°，放置后，比旋光度逐渐下降，最终恒定为 +52.5°；另一种是从吡啶中结晶出来的，熔点为 150℃，新配制的水溶液比旋光度为 +18.7°，放置后，比旋光度逐渐上升，最终恒定也为 +52.5°不再变化。这种糖的晶体在水溶液中比旋光度自行转变为定值的现象称为变旋现象。

通过研究发现，结晶状态的单糖并不是链状结构，而是以环状结构存在的。在单糖分子中同时存在有羰基和羟基，两者之间能发生加成反应生成半缩醛而构成环。对于葡萄糖来说，主要是 C_5 的羟基与 C_1 的羰基加成生成环状半缩醛，糖分子中的半缩醛羟基称为苷羟基，苷羟基在投影式右边的称 α-型，苷羟基在左边的称 β-型。由于葡萄糖的环状结构是由 1 个氧和 5 个碳形成的六元环，与含氧六元杂环吡喃相似，故称为吡喃型葡萄糖。

在 D-型糖中，α-D-(+)-吡喃葡萄糖和 β-D-(+)-吡喃葡萄糖就是前述熔点和比旋光度不同的两种结晶葡萄糖。它们在溶液中可以通过开链式结构互相转变，成为一个平衡体系。

α-吡喃葡萄糖和 β-吡喃葡萄糖的互变关系如下：

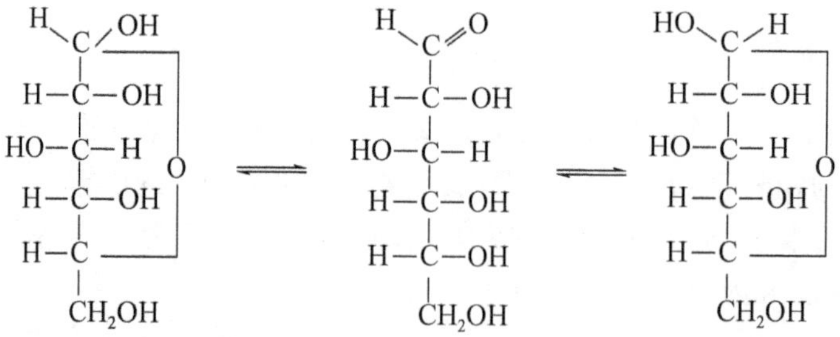

α-吡喃葡萄糖(36%)　　　开链式葡萄糖　　　β-吡喃葡萄糖(64%)

上述葡萄糖环状结构是用费歇尔投影式表示的。但从环的稳定性来看，这种过长的碳氧键是不合理的，为了接近真实和形象地表达糖的氧环结构，英国学者哈沃斯(Haworth)提出用平面六元环的透视式代替费歇尔投影式。

哈沃斯把吡喃环作为平面，连在环中碳原子上的原子或原子团分别写在环平面的上方或下方,以表示它们在空间的位置,这样写成的结构式称为哈沃斯式。

α-吡喃葡萄糖和β-吡喃葡萄糖的哈沃斯式如下。

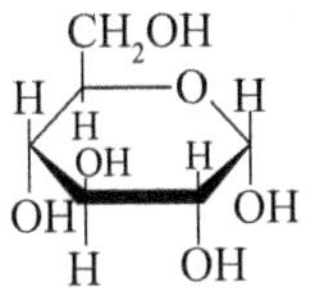

α-吡喃葡萄糖 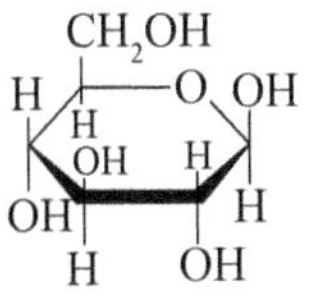　　　　β-吡喃葡萄糖

在哈沃斯式中,成环的原子在同一平面上,粗线表示环平面向前的边,细线表示向后的边。成环的碳元素符号不写出,连在手性碳原子上的H也可略去。用哈沃斯式表示葡萄糖的环状结构时,通常把环上的氧原子写在右上角,碳原子编号按顺时针方向排列。投影式左边的羟基,写在环平面的上方;投影式右边的羟基,写在环平面的下方(即"左上右下");而 C_5 上羟甲基在环平面上方者为 D-型。在 D-型糖中,苷羟基在环平面下方者为 α-型,在环平面上方者为 β-型。

三、单糖的性质

单糖都是结晶性固体,有吸湿性,易溶于水,难溶于乙醇等有机溶剂。单糖有甜味,不同的单糖甜度不同。单糖还具有旋光活性。

单糖分子中均含有醛基(或酮基)和羟基,因此,单糖的化学性质,既具有醇羟基和羰基的性质,也有环状半缩醛(酮)羟基的特性。所以单糖主要化学性质有以下几种。

(一) 差向异构化

D-葡萄糖用稀碱处理时,会有一部分转变成 D-甘露糖和 D-果糖,成为三种糖的混合物。这种转化是通过烯醇式中间体完成的。转化过程如下:

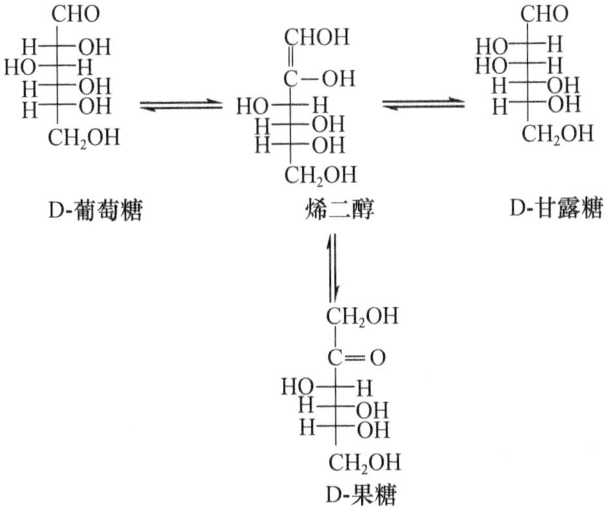

D-葡萄糖　　　　烯二醇　　　　D-甘露糖

D-果糖

D-葡萄糖和 D-甘露糖的差别仅在于手性碳原子 C-2 构型不同,其他的手性碳原子的构型完全相同,这种只有 1 个手性碳原子的构型不同的旋光异构体互称为差向异构体。因此 D-葡萄糖和 D-甘露糖的相互转化称为差向异构化。

用稀碱处理 D-甘露糖或 D-果糖,同样会得到三者的互变平衡混合物。因此,在碱性条件下,酮糖能显示出某些醛糖的性质如还原性,就是因为此条件下酮糖可以异构化为醛糖。

(二)氧化反应

单糖无论是醛糖还是酮糖,在碱性条件下,都能被弱氧化剂托伦(Tollens)试剂、斐林(Fehling)试剂和班氏(Benedict)试剂等氧化,说明单糖具有还原性。

1. 与托伦试剂反应 托伦试剂是硝酸银与适量氨水配成的溶液,其主要成分$[Ag(NH_3)_2]^+$具有弱氧化性,能被单糖还原生成单质银,附着在玻璃器皿壁上形成光亮的银镜,因此该反应也称为银镜反应。

$$单糖 + [Ag(NH_3)_2]^+ \xrightarrow[\triangle]{OH^-} Ag\downarrow + 复杂氧化产物$$

2. 与斐林试剂和班氏试剂反应 班氏试剂是硫酸铜、碳酸钠和柠檬酸钠配成的碱性溶液,其主要成分是Cu^{2+}和柠檬酸根离子形成的配合物。其中Cu^{2+}的配离子有弱氧化性,可被单糖还原生成砖红色的Cu_2O沉淀。在临床上,常用这一反应来检验尿糖。

单糖与斐林试剂和班氏试剂的反应可表示如下:

$$单糖 + Cu^{2+}(配离子) \xrightarrow[\triangle]{OH^-} Cu_2O\downarrow + 复杂氧化产物$$

3. 与溴水的反应 醛糖可以被酸性溴水氧化为糖酸,稍加热后,溴水的棕红色即可褪去,而酮糖与溴水无作用,因此用溴水可区别醛糖和酮糖。

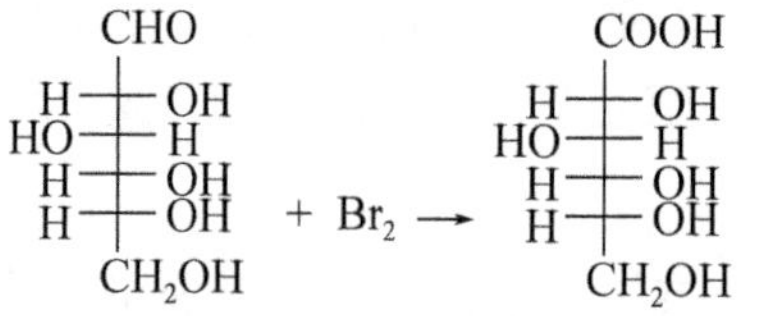

D-葡萄糖   D-葡萄糖酸

4. 与稀硝酸的反应 稀硝酸的氧化性比溴水强,它能将葡萄糖中醛基和羟甲基均氧化成羧基,生成葡萄糖二酸。

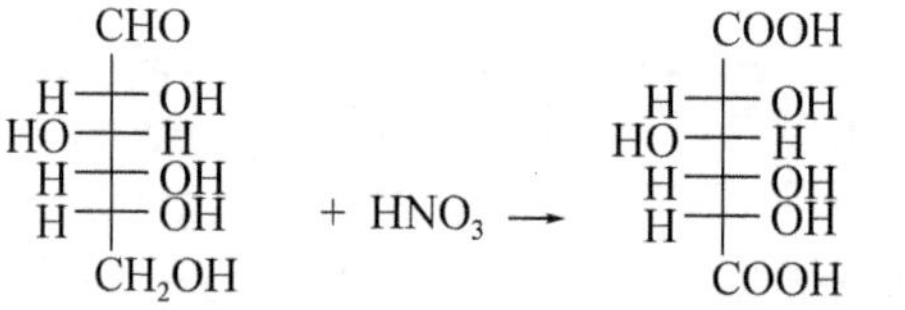

D-葡萄糖   D-葡萄糖二酸

(三)成苷反应

由于单糖多以环状结构存在,其中环状结构的苷羟基比较活泼,能够与另一分子糖或非糖中的羟基、氨基等脱水生成缩醛或缩酮。这种化合物称为糖苷(简称苷)。例如,葡萄糖与甲醇在干燥的 HCl 催化作用下,脱去 1 分子水生成葡萄糖甲苷。

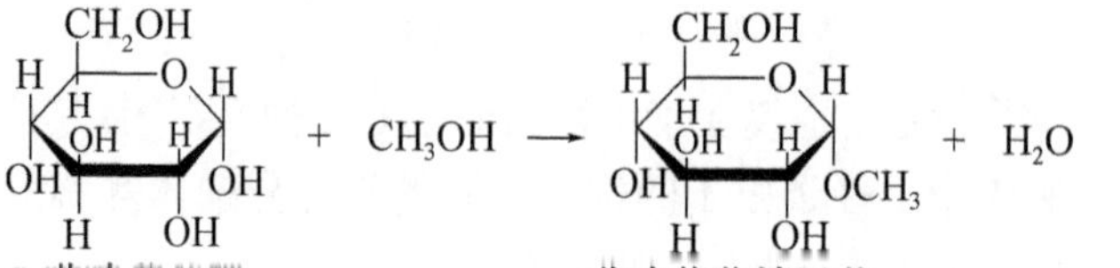

α-吡喃葡萄糖   α-吡喃葡萄糖甲苷

糖苷是由糖和非糖部分通过苷键连接而成的一类化合物。糖的部分称为糖苷基,非糖部分称为配糖基,糖苷基和配糖基之间由氧原子连接而成的键称为苷键。

糖苷分子中已没有半缩醛(酮)羟基,不可能转变为开链结构而产生醛(酮)基,所以糖苷无还原性。它也不可能通过开链结构发生 α、β 两种环状结构的互变,因而也没有变旋光现象。

糖苷广泛存在于植物体中,是许多中草药的有效成分之一。糖苷为白色、无臭、味苦的结晶性粉末,能溶于水和乙醇,难溶于乙醚。多数糖苷具有一定的生理活性。例如,水杨苷具有镇痛作用,苦杏仁苷有止咳作用,毛地黄毒苷有强心作用等。

(四) 成酯反应

单糖分子中的羟基能和酸作用生成酯。例如,人体内的葡萄糖在酶的作用下可与磷酸作用生成葡萄糖-1-磷酸酯、葡萄糖-6-磷酸酯或葡萄糖-1,6-二磷酸酯,它们是糖代谢的中间产物,在生命过程中具有重要作用。

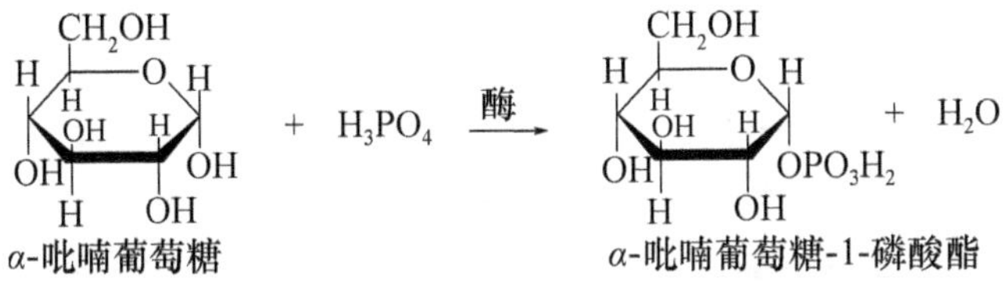

α-吡喃葡萄糖 + H_3PO_4 $\xrightarrow{\text{酶}}$ α-吡喃葡萄糖-1-磷酸酯 + H_2O

(五) 脱水反应和颜色反应

单糖在强酸(如硫酸或盐酸)中发生分子内脱水反应,如戊醛糖生成 α-呋喃甲醛;己醛糖则生成 5-羟甲基呋喃甲醛。

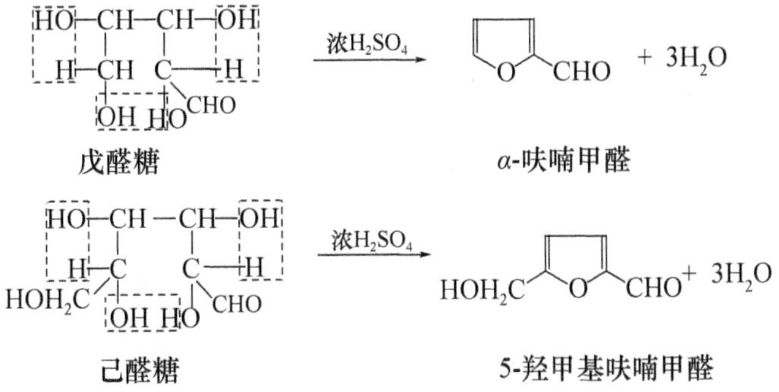

戊醛糖 $\xrightarrow{\text{浓}H_2SO_4}$ α-呋喃甲醛 + $3H_2O$

己醛糖 $\xrightarrow{\text{浓}H_2SO_4}$ 5-羟甲基呋喃甲醛 + $3H_2O$

酮糖也发生类似反应,且反应速度更快。二糖和多糖在浓酸的存在下,可部分水解成单糖,然后发生分子内脱水反应,也生成呋喃甲醛类化合物。

呋喃甲醛类化合物能与酚类缩合生成有颜色的物质,利用这些颜色反应可鉴别糖类化合物。

1. 莫立许(Molisch)反应　在浓硫酸的作用下,糖类化合物(单糖、二糖和多糖)可与 α-萘酚作用生成紫色物质。此颜色反应称为莫立许(Molisch)反应。此反应很灵敏,常用于检查糖类的存在。

2. 塞利凡诺夫(Seliwanoff)反应　间苯二酚的盐酸溶液称为塞利凡诺夫试剂。酮糖溶液中加入塞利凡诺夫试剂并加热,很快呈现鲜红色,此反应称为塞利凡诺夫反应。相同时间内,几乎观察不出醛糖的变化,所以常用于醛糖和酮糖的鉴别。

四、重要的单糖

（一）葡萄糖

葡萄糖广泛存在于自然界的植物和动物体内,因最初是从葡萄汁中分离结晶得到而得名。葡萄糖是无色或白色结晶粉末,有甜味,但甜度仅为蔗糖的 60%,熔点 146℃(分解),易溶于水,稍溶于乙醇,不溶于乙醚。葡萄糖的水溶液具有旋光性,且是右旋,故又称为右旋糖。

葡萄糖是人类重要的营养物质,因为不需消化就可直接被人体吸收利用,所以体弱患者和血糖过低的患者可利用静脉注射葡萄糖溶液的方式来迅速补充营养,并且还有强心、利尿、解毒的作用,临床上用于治疗水种、血糖过低、心肌炎等。在人体失水、失血时用于补充体液,增加人体能量。

人体血液中的葡萄糖称为血糖,正常人血糖含量为 $3.9 \sim 6.1\text{mmol/L}$(或 $0.7 \sim 1.1\text{g/L}$)。糖尿病患者尿液中含有葡萄糖,其含量随病情的轻重而不同。

链接

葡糖醛酸——肝泰乐

葡糖醛酸(glucuronic acid),又称葡萄糖醛酸,是葡萄糖的 C-6 羟基被氧化为羧基形成的糖醛酸。 D-葡糖醛酸一般不以游离的形式存在,因为该形式不稳定,而是以更稳定的呋喃环的 3,6-内酯形式存在。 D-葡萄吡喃糖醛酸存在于糖胺聚糖链连接处的寡糖中,也存在于肝素和软骨素中。

非结合胆红素(又称间接胆红素)与葡糖醛酸结合后生成结合胆红素(又称直接胆红素),它溶解度大,毒性小,主要通过胆道排出体外,其次可随小肠吸收进入血液通过肾脏排尿排出体外。

葡糖醛酸在肝脏中能与一些有毒物质(如醇、酚等)结合成无毒化合物,随尿液排出体外,从而起到解毒保肝作用。 葡糖醛酸的药物名称为"肝泰乐",可治疗肝炎、肝硬化及药物中毒。

（二）果糖

果糖的分子式为 $C_6H_{12}O_6$,是己酮糖,与葡萄糖互为同分异构体。纯净的果糖是白色晶体。熔点为 $103 \sim 105$℃(分解),易溶于水。其水溶液具有旋光性,且是左旋,故又称为左旋糖。

果糖是天然糖中最甜的糖。常以游离态存在于蜂蜜和水果浆汁中,以结合状态存在于蔗糖中。果糖以游离状态存在时,主要以六元环(吡喃型)的形式存在;当果糖以结合状态(如蔗糖中)存在时,则以五元环(呋喃型)的形式存在。氧环式果糖的结构也有 α-型和 β-型两种。

α-吡喃果糖

β-吡喃果糖

α-呋喃果糖

β-呋喃果糖

（三）核糖和脱氧核糖

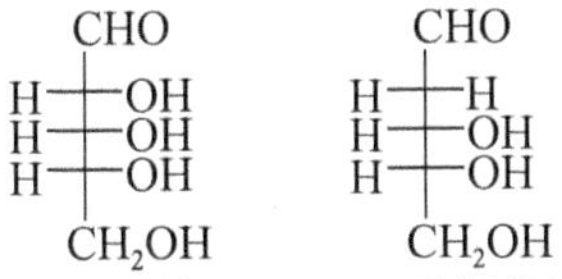

核糖　　　　脱氧核糖

核糖的分子式是 $C_5H_{10}O_5$，脱氧核糖的分子式是 $C_5H_{10}O_4$，它们都是戊醛糖。核糖为片状结晶，熔点为 87℃。脱氧核糖的熔点为 78～82℃。核糖是核糖核酸（RNA）的重要组成部分。脱氧核糖是脱氧核糖核酸（DNA）的重要组成部分。RNA 参与蛋白质和酶的生物合成过程，DNA 是传送遗传密码的要素。它们是人类生命活动中非常重要的物质。

第2节 二 糖

低聚糖中最重要的是二糖。它是由 2 分子单糖脱水缩合而成，水解能生成 2 分子单糖。其脱水方式有两种，一种是一个单糖的苷羟基与另一单糖的醇羟基间脱水，生成的双糖仍保留一个苷羟基，具有还原性称为还原性双糖，如麦芽糖和乳糖等。另一种是两分子单糖的苷羟基间脱水，生成的双糖结构中没有苷羟基，因而不具有还原性称为非还原性双糖，如蔗糖等。因此，严格地说，双糖也是糖苷。蔗糖、麦芽糖和乳糖三者分子式均为 $C_{12}H_{22}O_{11}$，它们互为同分异构体。

一、麦芽糖

麦芽糖主要存在于麦芽中，故而得名。它是淀粉在淀粉酶的作用下水解的产物。

1. 麦芽糖的结构　麦芽糖分子是由 1 分子 α-吡喃葡萄糖的苷羟基与另一分子吡喃葡萄糖中 4 位碳上的醇羟基间脱去 1 分子水缩合而成的糖苷。2 分子葡萄糖之间通过 α-1,4-苷键相结合。其哈沃斯式为：

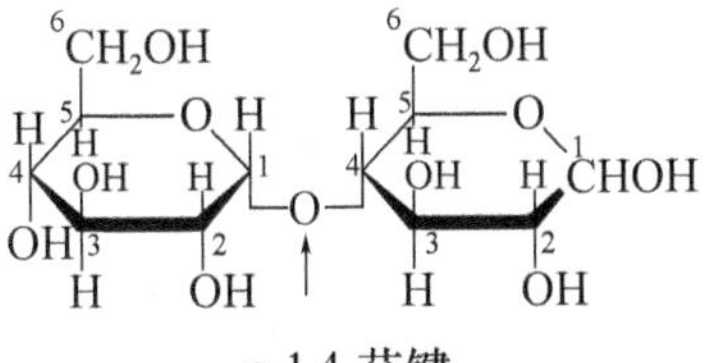

α-1,4-苷键

α-D-吡喃葡萄糖　　D-吡喃葡萄糖

2. 麦芽糖的性质　纯净的麦芽糖为白色晶体。熔点为 102～103℃，易溶于水，有甜味，甜度约为蔗糖的 40%，是饴糖的主要成分，可用作水果及细菌的培养基。

由于麦芽糖分子中仍有 1 个游离的苷羟基，所以麦芽糖是还原糖。其能与托伦试剂、班氏试剂作用，也能发生成苷反应和成酯反应。麦芽糖是淀粉水解的中间产物。在酸或酶作用下，1 分子麦芽糖能水解生成 2 分子葡萄糖。

二、乳糖

乳糖因存在于哺乳动物的乳汁中而得名。人乳中含 6%～7%，牛乳中含 4%～5%。乳糖是奶酪工业的副产品。

1. 乳糖的结构　乳糖分子是由 1 分子 β-吡喃半乳糖 1 位碳上的苷羟基与另一分子吡喃葡萄糖 4 位碳上的醇羟基间脱去 1 分子水缩合而成的糖苷。半乳糖和葡萄糖之间通过 β-1,4-苷键相结合。其哈沃斯式为：

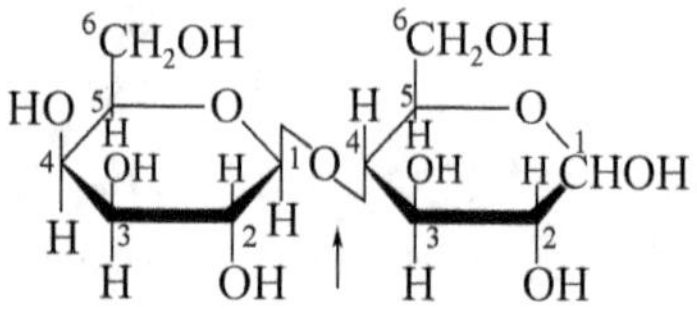

β-1,4-苷键

β-D-吡喃半乳糖　　D-吡喃葡萄糖

2. 乳糖的性质　纯净的乳糖是白色粉末，在水中溶解度小，味不甚甜。因吸湿性小，在医药上用作片剂、散剂的矫味剂和填充剂。

由于乳糖分子中仍有 1 个游离的苷羟基，所以乳糖也是还原糖。其能与托伦试剂、班氏试剂作用，也能发生成苷反应和成酯反应。在酸或酶的作用下，能水解生成 1 分子 β-半乳糖和 1 分子葡萄糖。

▶▶ 三、蔗糖

1. 蔗糖的结构　蔗糖分子是由 1 分子 α-吡喃葡萄糖 1 位碳上的苷羟基与 1 分子 β-呋喃果糖 2 位碳上的苷羟基脱去 1 分子水缩合而成的糖苷。葡萄糖与果糖之间是通过 α-1,2-苷键相结合的。蔗糖分子中不存在游离的苷羟基，蔗糖既可看作是葡萄糖苷，又可看作是果糖苷。蔗糖的哈沃斯结构式为：

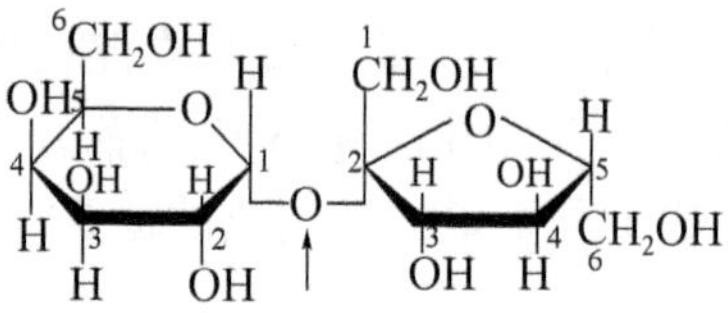

α-1,2-苷键

α-D-吡喃葡萄糖　　β-D-呋喃果糖

2. 蔗糖的性质　纯净的蔗糖为白色晶体，熔点为 168～186℃（分解），易溶于水，甜度仅次于果糖。

由于蔗糖分子中不存在游离的苷羟基，因此没有还原性，是非还原性糖，不能与托伦试剂、班氏试剂作用，也不能发生成苷反应。在酸或酶的作用下，可以水解生成 1 分子葡萄糖和 1 分子果糖。

链接
甜 味 剂

甜味剂是指赋予食品以甜味的食品添加剂，目前世界上允许使用的甜味剂约有 20 种。 甜味剂有几种不同的分类方法：按其来源可分为天然甜味剂和人工甜味剂；以其营养价值来分可分为营养性甜味剂和非营养性甜味剂；按其化学结构和性质分类又可分为糖类和非糖类甜味剂等。

糖类甜味剂主要包括蔗糖、果糖、淀粉糖、糖醇及寡果糖、异麦芽酮糖等。 糖醇类的甜度与蔗糖差不多,因其热值较低,或因其和葡萄糖有不同的代谢过程,而有某些特殊的用途,一般被列为食品添加剂。主要品种有:山梨糖醇、甘露糖醇、麦芽糖醇、木糖醇等。

非糖类甜味剂包括天然甜味剂和人工合成甜味剂,一般甜度很高,用量极少,热值很小,有些又不参与代谢过程,常称为非营养性或低热值甜味剂,是甜味剂的重要品种。天然甜味剂的主要产品有:甜菊糖、甘草、甘草酸二钠、甘草酸三钠(钾)等。人工合成甜味剂的主要产品有:糖精钠、环己基氨基磺酸钠(甜蜜素)、天门冬氨酰苯丙氨酸甲酯(甜味素或阿斯巴甜)、乙酰磺胺酸钾(安赛蜜)、三氯蔗糖等。

第 3 节 多 糖

多糖是许多个单糖分子脱水缩合而成的化合物,可用$(C_6H_{10}O_5)_n$表示。其相对分子质量很大,属于天然高分子化合物。它不是纯净物,而是聚合程度不同的混合物,广泛存在于动物和植物体内。一些多糖,如淀粉、糖原作为能量储存在生物体内。一些不溶性多糖,如植物的纤维素和动物的甲壳素,则构成植物和动物的骨架。还有一些多糖,如黏多糖、血型物质等,具有复杂多样的生理功能,在生物体内起着重要的作用。

根据多糖的组成单元,多糖可分为匀多糖(或同多糖)和杂多糖。由相同的单糖缩合而成的多糖称为匀多糖,如淀粉、糖原和纤维素等,它们都是由葡萄糖缩合而成的。由不同的单糖缩合而成的多糖称为杂多糖,如透明质酸、硫酸软骨素、肝素、α-球蛋白、血型物质等。

多糖与单糖、双糖不同,无甜味,大多数不溶于水,少数能与水形成胶体溶液。因多糖分子中的苷羟基几乎都被结合成氧苷键,所以多糖无还原性,属于非还原性糖,不能与托伦试剂、班氏试剂作用。在酸或酶的作用下,多糖可以逐步水解,最终产物为单糖。

一、淀粉

淀粉是绿色植物进行光合作用的产物,是植物储存营养物质的一种形式,亦是人类最重要食物之一。淀粉广泛存在于植物的种子和块茎等部位。各类植物中的淀粉含量都较高,大米中含淀粉 62%~86%,麦子中含淀粉 57%~75%,玉米中含淀粉 65%~72%,马铃薯中则含淀粉不到 20%。

淀粉的组成单位是α-葡萄糖,可用通式$(C_6H_{10}O_5)_n$表示。淀粉在酸或酶的作用下能水解。人体内,在淀粉水解酶作用下水解生成糊精,继续水解生成麦芽糖,在麦芽水解酶作用下,最后水解得到α-葡萄糖。

$$(C_6H_{10}O_5)_n \xrightarrow{水} (C_6H_{10}O_5)_m \xrightarrow{水} C_{12}H_{22}O_{11} \xrightarrow{水} C_6H_{12}O_6 (n>m)$$
淀粉　　　　　糊精　　　　　麦芽糖　　　　葡萄糖

天然淀粉由直链淀粉和支链淀粉组成。

1. **直链淀粉**　是一种没有或很少分支的长链多糖,其分子由 3800 个以上的α-葡萄糖单元组成,葡萄糖之间由α-1,4-苷键相连接,结构表示如下:

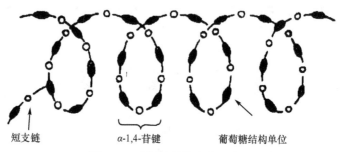

α-1,4-苷键

直链淀粉的形状并不是伸展状态的直链,而是有规律的卷曲成螺旋状,每一螺旋圈约有 6 个葡萄糖结构单位。以小圆圈表示葡萄糖单元,直链淀粉的形状如图 13-1 所示。

短支链　　　α-1,4-苷键　　　葡萄糖结构单位

●● 图 13-1　直链淀粉的形状示意图 ●●

直链淀粉又称可溶性淀粉,不溶于冷水,溶于热水后呈胶体溶液。直链淀粉与碘作用显深蓝色,加热煮沸时颜色消失,冷却后又重新显色。原因是直链淀粉的螺旋中央空穴恰能容下碘分子,通过范德华力,两者形成蓝色的淀粉-碘配合物,如图 13-2 所示。当直链淀粉受热时,螺旋结构破坏,蓝色消失;冷却时螺旋结构恢复,蓝色复现。

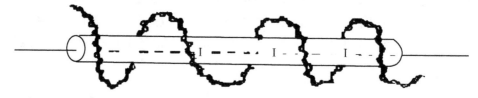

●● 图 13-2　淀粉-碘配合物示意图 ●●

2. 支链淀粉　其相对分子质量比直链淀粉大,主链部分的葡萄糖之间是 α-1,4-苷键,每隔 20~25 个葡萄糖单位便分出一个支链,支链上还有分支,而支链的连接点即分支处为 α-1,6-苷键。支链淀粉的结构如下:

支链淀粉既不溶于冷水,也不溶于热水,但遇热水膨胀。支链淀粉与碘作用显紫红色。而天然淀粉是直链和支链的混合物,故遇碘呈蓝紫色。淀粉与碘的显色反应很灵敏,常用来检验淀粉或碘的存在。

玉米淀粉中直链淀粉占 27% ,其余为支链淀粉;而糯米中几乎全都是支链淀粉。有些豆类淀粉全是直链淀粉,直链淀粉比支链淀粉容易消化。

二、糖原

糖原是人和动物体内储存的一种多糖,又称为动物淀粉。食物中的淀粉经消化吸收的葡萄糖,可以糖原的形式储存于肝脏和肌肉中,因此有肝糖原和肌糖原之分。人体内约含糖原 400g。

糖原的结构单位是 D-葡萄糖,相对分子质量可高达 $1×10^8$。糖原的结构和支链淀粉相似,D-葡萄糖单位之间以 $α$-1,4-苷键结合成链,每隔 12~18 个 D-葡萄糖单位就有 1 个以 $α$-1,6-苷键连接的分枝,分枝更密,结构更为复杂。糖原的结构如图 13-3 所示。

糖原是无定形粉末,不溶于冷水,溶于热水成透明胶体溶液,与碘作用显紫红色。糖原水解的最终产物是 $α$-葡萄糖。

糖原对维持人体血糖浓度有着重要的调节作用。当血液中葡萄糖含量增高时,多余的葡萄糖就聚合成糖原储存;当血糖浓度降低时,肝糖原立即分解为葡萄糖,以保持血糖水平,为各组织提供能量。

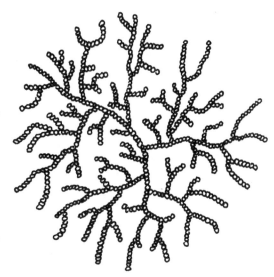

●● 图 13-3 糖原结构示意图 ●●

三、纤维素

纤维素是植物细胞壁的主要成分,构成植物的支持组织。纤维素广泛存在于所有植物中,如木柴中纤维素含量约为 60% ,棉花中含量高达 98% ,脱脂棉和滤纸几乎全部是纤维素。

纤维素的结构单位也是 D-葡萄糖,葡萄糖单位之间通过 $β$-1,4-苷键结合成长链。

$$\beta\text{-1,4-苷键}$$

纤维素分子的形状与直链淀粉相似,也是链状的,但其分子链与链之间绞成绳索状,如图 13-4 所示。

●● 图 13-4 纤维素的绳索状示意图 ●●

纤维素在高温、高压下经酸水解的最终产物是 D-葡萄糖。牛、羊、马等食草动物的胃能分泌纤维素水解酶,能将纤维素水解成葡萄糖,所以纤维素可作为食草动物的饲料。而人体内的淀粉酶只能水解 α-1,4-苷键,不能水解 β-1,4-苷键,所以纤维素不能作为人的营养物质,但食物中少量纤维素可促进肠的蠕动,有防止便秘等作用。

目标检测

一、单项选择题

1. 下列说法正确的是(　　)
   A. 糖类都有甜味
   B. 糖类都能水解
   C. 糖类都符合通式 $C_n(H_2O)_m$
   D. 糖类含有 C、H、O 三种元素

2. 下列物质中,含有酮基但具有还原性的是(　　)
   A. 丙醛　　　　　　　B. 果糖
   C. 葡萄糖　　　　　　D. 丙酮

3. 血糖通常是指血液中的(　　)
   A. 果糖　　　　　　　B. 糖原
   C. 葡萄糖　　　　　　D. 麦芽糖

4. 下列不是同分异构体的是(　　)
   A. 麦芽糖与蔗糖　　　B. 蔗糖与乳糖
   C. 葡萄糖与果糖　　　D. 核糖与脱氧核糖

5. 下列糖中最甜的是(　　)
   A. 葡萄糖　　　　　　B. 果糖
   C. 蔗糖　　　　　　　D. 核糖

6. 麦芽糖水解的产物是(　　)
   A. 葡萄糖和果糖　　　B. 葡萄糖
   C. 半乳糖和葡萄糖　　D. 半乳糖和果糖

7. 下列糖的组成单元仅为 α-葡萄糖的是(　　)
   A. 蔗糖　　　　　　　B. 淀粉
   C. 纤维素　　　　　　D. 乳糖

8. 下列糖中属非还原性糖的是(　　)
   A. 麦芽糖　　　　　　B. 蔗糖
   C. 乳糖　　　　　　　D. 果糖

9. 下列糖中,人体消化酶不能消化的是(　　)
   A. 糖原　　　　　　　B. 淀粉
   C. 葡萄糖　　　　　　D. 纤维素

10. 下列糖遇碘显蓝紫色的是(　　)
    A. 糖原　　　　　　　B. 淀粉
    C. 葡萄糖　　　　　　D. 纤维素

二、填空题

1. 从化学结构看,糖类化合物是＿＿＿＿或＿＿＿＿和它的脱水缩合物。

2. 根据水解情况,糖类化合物可分为＿＿＿＿糖、＿＿＿＿糖和＿＿＿＿糖三类。

3. 血液中的＿＿＿＿称为血糖,正常人的血糖含量为＿＿＿＿mmol/L。

4. 糖苷是由糖和非糖部分通过＿＿＿＿键连接而成的一类化合物。糖的部分称为＿＿＿＿,非糖部分称为＿＿＿＿。

5. 天然淀粉由＿＿＿＿淀粉和＿＿＿＿淀粉组成。

三、用化学方法区别下列各组化合物

1. 乳糖和淀粉　　　　2. 果糖和蔗糖
3. 葡萄糖和果糖　　　4. 葡萄糖、蔗糖和淀粉

(赵桂欣)

第14章 萜类和甾族化合物

学习目标

1. 了解：萜类化合物的结构、分类、性质。
2. 熟悉：甾族化合物的结构、命名、重要的甾族化合物。

萜类化合物（terpenoids）和甾族化合物（steroid compound）是重要的天然产物。虽然结构不同，但在生物体内都是由乙酸为原料合成的。在生物体内有着重要的生理作用。萜类和甾族化合物虽是两类不同的化合物，但在药用价值方面有着密切的关系，有的直接用于临床治疗疾病，有的被用作合成药物的原料，有的是中草药的有效成分等。

第1节 萜类化合物

萜类化合物是所有异戊二烯聚合物及其衍生物的总称。分子中含 10 个碳原子以上，且组成为 5 的倍数的烃类化合物称为萜类。因分子中含有双键，所以，萜类化合物又称为萜烯类化合物。

萜类化合物广泛存在于自然界，是挥发油（或香精油）的主要成分，几乎所有的植物都含有萜类化合物，动物、真菌中也含有萜类化合物，种类多，数量大。本类化合物具有广泛的生物活性，如紫杉醇具有抗癌活性，青蒿素具有抗疟活性，银杏内酯为治疗心血管疾病的有效药物等。

▶▶ 一、萜类化合物的结构

萜类化合物可看作是由 2 个或 2 个以上异戊二烯单位按不同的方式首尾相连而成的化合物及其饱和程度不等的含氧衍生物。碳原子个数一般为 5 的倍数，基本碳架由异戊二烯单元以头-尾顺序相连形成，少数以头-头或尾-尾顺序连接形成，是异戊二烯的聚合物及其衍生物。这种结构特点称为萜类化合物的"异戊二烯"规则。

异戊二烯（C_5H_8）的结构式为：

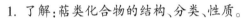

异戊二烯的碳架结构表示为：

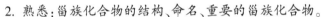

例如,月桂烯可看作是2个异戊二烯单位结合而成的开链化合物;柠檬烯也可看作是2个异戊二烯单位结合成具有一个六元碳环的化合物。

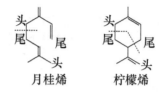

月桂烯　　柠檬烯

▶ 二、萜类化合物的分类

萜类化合物主要按照分子中所含异戊二烯单元的数目进行分类,见表14-1。

表14-1　萜类化合物的分类

类别	异戊二烯单体数	分子中碳原子个数	实例
单萜类	2	10	松节油
倍半萜类	3	15	金合欢醇
二萜类	4	20	紫杉醇
三萜类	6	30	甘草次酸
四萜类	8	40	胡萝卜素
多萜类	>8	>40	生物胶

萜类化合物也可以根据碳架的不同分为链状和环状,单环、双环和多环等。

(一) 单萜类

单萜化合物是由2个异戊二烯单元聚合而成的化合物及其衍生物,单萜烯的分子中含10个碳原子。根据分子中2个异戊二烯相互连接的方式不同,单萜化合物又可分为链状、环状单萜,其中环状单萜又可根据环的多少分为单环、双环、三环单萜等类型,以单环和双环型单萜所包含的化合物数量最多。单萜类化合物大多是挥发油的主要成分。

1. 链状单萜　链状单萜类化合物的基本骨架由2个异戊二烯分子首尾连接而成。

很多链状单萜是香精油的主要成分,链状单萜中比较重要的化合物是一些含氧衍生物。例如,玫瑰油中的香叶醇(又称牻牛儿醇);橙花油中的橙花醇(又称香橙醇);柠檬草油中的α-柠檬醛(香叶醛)及β-柠檬醛(香橙醛)。柠檬醛又称柑醛,具有柠檬香气,作为柠檬香味原料应用于香料和食品工业。

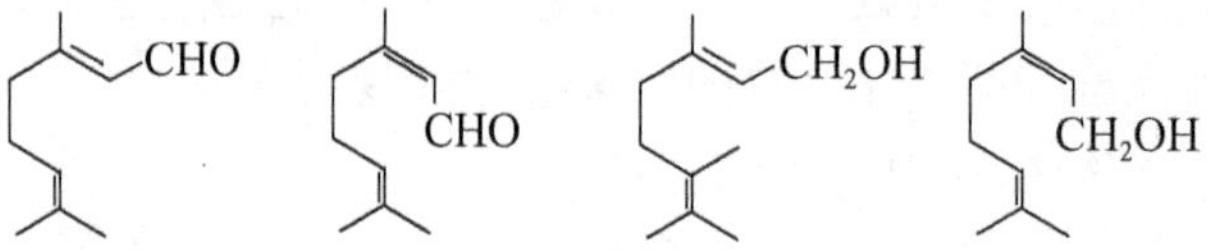

α-柠檬醛　　β-柠檬醛　　香叶醇　　橙花醇

2. 环状单萜

(1) 单环单萜类:分子中都含有一个六元环。其中重要的有柠檬烯和薄荷醇。柠檬烯存在于柠檬油、橘子油等许多香精油中。薄荷醇是薄荷和欧薄荷等挥发油中的主要组成成分,具有浓郁的薄荷香气,对皮肤和黏膜有清凉和弱的麻醉作用,用于镇痛、止痒,并具有防腐、杀菌作用。清凉油、人丹等药品中均含有此成分。

柠檬烯　　　　　　　　薄荷醇

（2）双环单萜类：由 1 个六元碳环分别与三元环、四元环、五元环共用 2 个碳原子所构成，与药物的关系密切，如蒎烯、樟脑、龙脑等。

蒎烯又称松节烯，是松节油的主要成分，有 α-蒎烯和 β-蒎烯两种异构体。

α-蒎烯　　　　　　　　β-蒎烯

龙脑俗称"冰片"，又称樟醇。左旋体存在于艾纳香全草中，右旋体主要得自白龙脑香树的挥发油，合成品为消旋体。

d-龙脑　　　　　　　　L-龙脑

樟脑习称辣薄荷酮。天然樟脑是右旋体和左旋体共存，其右旋体存在于樟树挥发油中，左旋体存在于菊蒿的挥发油中，合成品为消旋体。

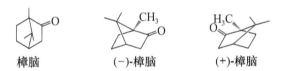

樟脑　　　　　（−）-樟脑　　　　　（＋）-樟脑

（二）倍半萜类

倍半萜类是含有 3 个异戊二烯单位、15 个碳原子的化合物类群，包括其含氧衍生物及不饱和衍生物，它们的含氧衍生物包括醇、酮和内酯。按其结构中碳环数的不同分为链状、单环、双环倍半萜等。

1. 链状倍半萜

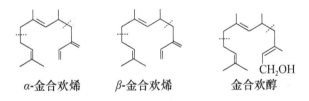

α-金合欢烯　　　　β-金合欢烯　　　　金合欢醇

2. 环状倍半萜

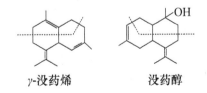

γ-没药烯　　　　　　没药醇

（三）二萜类

二萜类化合物由 4 个异戊二烯单位组成，含 20 个碳原子，可构成链状和环状二萜，尤其

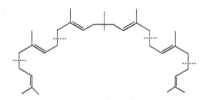

是含氧衍生物的数目最多。常见的二萜类化合物有植物醇、维生素 A 等。

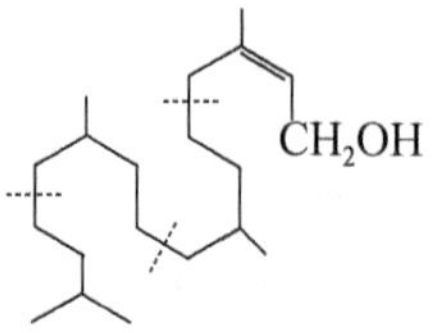

植物醇

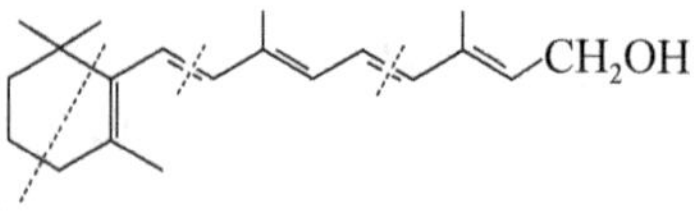

维生素A

植物醇为链状二萜,是叶绿素的组成部分,也是维生素 E 和维生素 K_1 的合成原料。维生素 A 为单环二萜,存在于动物肝脏中,特别是鱼肝中含量丰富。

(四) 三萜类

三萜类化合物由 6 分子异戊二烯单位组成,含有 30 个碳原子。其可以游离态或结合成苷、酯的形式存在于自然界,多数是含氧衍生物。目前发现的三萜类化合物,除个别是无环和三环三萜外,主要是四环三萜和五环三萜。角鲨烯、羊毛甾醇是重要的三萜。

角鲨烯

角鲨烯为开链三萜类化合物,主要分布于酵母、橄榄油和鲨鱼肝油中,在生物体内可环化成羊毛甾醇,而羊毛甾醇又是其他甾体化合物的前身。

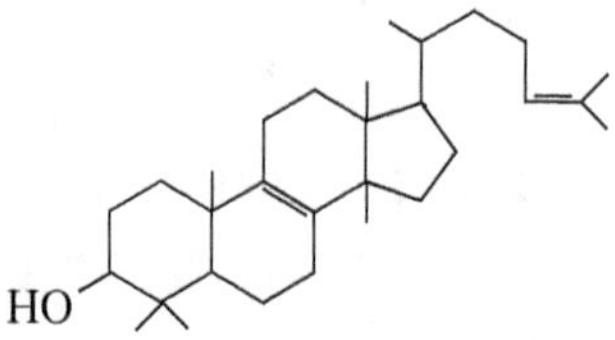

羊毛甾醇

链接

角鲨烯的生理作用

角鲨烯是一种脂质不皂化物,最初是从鲨鱼的肝油中发现的,属开链三萜,又称鱼肝油萜,具有提高体内超氧化物歧化酶（SOD）活性、抗疲劳和增强机体的抗病能力,提高人体免疫功能；保肝作用,促进肝细胞再生并保护肝细胞,从而改善肝脏功能；保护肾上腺皮质功能,提高机体的应激能力；抗肿瘤,尤其在癌切除外科手术后或采用放化疗时使用,效果显著,其最大的特点是防止癌症向肺部转移；升高白细胞作用。 总之,角鲨烯具有增强机体免疫能力、抗衰老、抗疲劳、抗肿瘤等多种生理功能,是一种无毒性的具有防病治病作用的海洋生物活性物质。

(五) 四萜类

四萜类化合物由 8 分子异戊二烯组成,其分子中存在一系列的共轭双键发色团,所以具有颜色。其主要以苷和酯的形式存在,最重要的是胡萝卜素和类胡萝卜素。

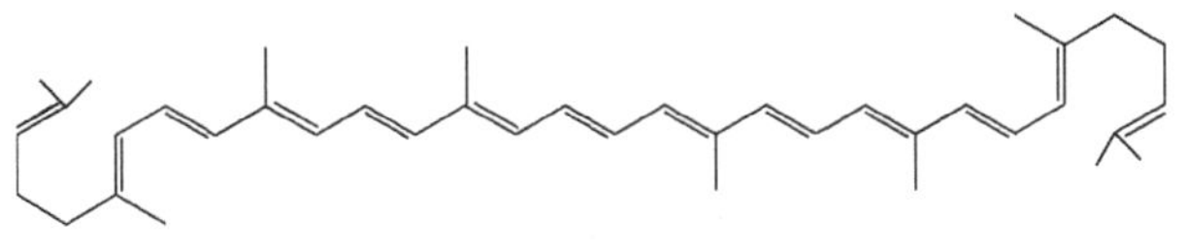

番茄红素

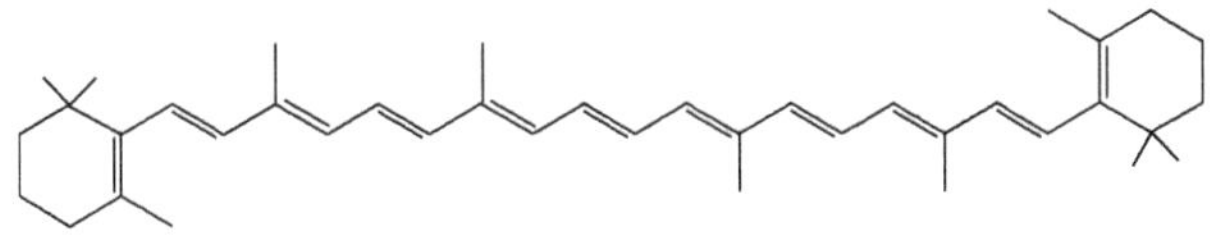

β-胡萝卜素

番茄素是胡萝卜素的异构体,存在于番茄、西瓜、柿子等水果中,为红色结晶,可作食品色素。

多萜一般是指分子结构由 6 个或 6 个以上异戊二烯单元组成的化合物。

链接　　　　　　　　　　　**维生素 A 与暗视觉**

维生素 A 在人体内氧化生成视黄醛,视黄醛与人的视网膜上的一种蛋白质结合成为视紫红质,是暗视觉的物质基础。当人刚进入黑暗环境时什么也看不清,过了一会儿就能看清了一些景物,这就是因为视网膜中的视紫红质逐渐增多,从而产生暗视觉。维生素 A 是产生视黄醛的原料,若人缺之维生素 A 或供应不足,就会造成暗视觉障碍,即夜盲症。

▶ 三、萜类化合物的性质

(一) 物理性质

萜类化合物种类繁多,化合物的性质不尽相同。分子质量较低的单萜多为具有特殊香气的油状液体,或为低熔点的固体,常温下可以挥发;分子质量较高的萜类化合物为固态,多数可形成结晶体,不具有挥发性,二萜多为结晶性固体;大多具有苦味,有的味极苦,所以萜类化合物又称苦味素。但有的萜类化合物具有强的甜味;难溶于水,易溶于醇及脂溶性有机溶剂;大多数萜类化合物具有不对称碳原子,具有光学活性,多有异构体存在。

(二) 化学性质

萜类化合物分子中含有碳碳双键,容易发生加成和氧化反应。分子中有羟基或羰基的萜类化合物,具有某些醇或醛、酮的性质。

1. 加成反应　含有双键或羰基的萜类化合物,可与某些试剂发生加成反应。双键可与卤素、卤化氢等发生加成反应。醛酮的羰基可与亚硫酸氢钠、硝基苯肼等加成。

(1) 与卤化氢的加成:柠檬烯与氯化氢在冰醋酸中进行加成反应,反应完毕加入冰水即析出柠檬烯二氢氯化物的结晶固体。

柠檬烯　　　　　　　　　　柠檬烯二氢氯化物

(2) 与亚硫酸氢钠的加成:含羰基的萜类化合物可与亚硫酸氢钠发生加成反应,生成结晶形加成物,加酸或加碱又可使其分解。此性质可用于分离。例如,从香茅油中分离柠檬醛。

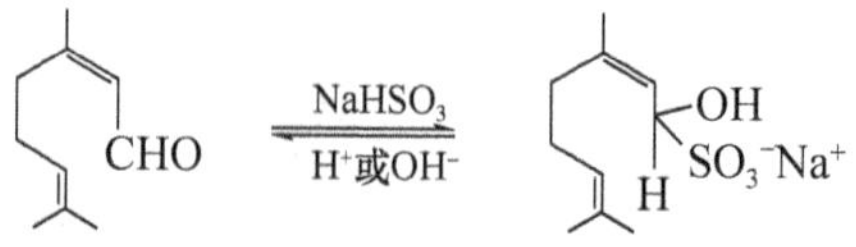

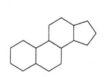

柠檬醛

2. 氧化反应　不同的氧化剂在不同的条件下,可以将萜类成分中各种基团氧化,生成不同的氧化产物。例如,在氧化剂三氧化铬作用下将薄荷醇氧化成薄荷酮。

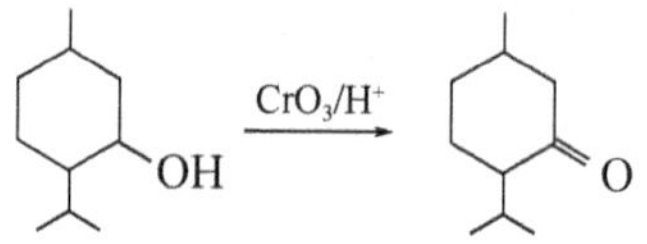

薄荷醇　　　**薄荷酮**

第2节　甾族化合物

甾族化合物又称类固醇化合物(也称甾体化合物),广泛存在于动、植物体内,种类很多,含量较少,但具有特殊的生理功能,在生命活动中起着十分重要的作用,与医药有着十分密切的联系。

▶ 一、甾族化合物的结构

甾族化合物具有环戊烷并多氢菲母核(也称甾烷、甾核)和3个侧链的基本骨架。"甾"字很形象地表示了这种基本碳架的特征,"田"字代表四个环,"巛"则代表环上有3个侧链。其基本骨架如下所示,4个环一般用A、B、C、D标记,环中C-10和C-13上的2个侧链通常是甲基,称为角甲基;C-17上的侧链通常是含不同碳原子数的烃基或含氧基团,如羟基等。

环戊烷并多氢菲 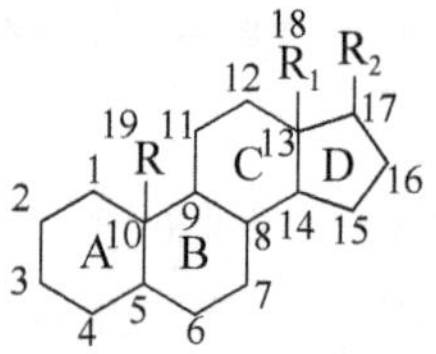　　　甾族化合物的基本骨架及编号

▶ 二、甾族化合物的命名

天然甾族化合物按系统命名法命名,首先需确定所选用的甾体母核,其次是标识取代基的数量、名称、位置与构型。

根据C-10、C-13、C-17上是否有侧链及侧链的形式不同,常见甾体母核的名称及结构如下所示:

由于系统命名法较复杂,通常用与其来源或生理作用有关的俗名。

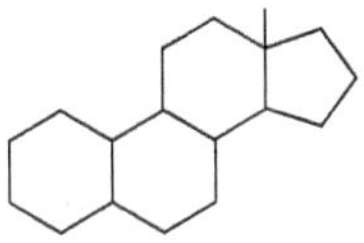

雌甾烷 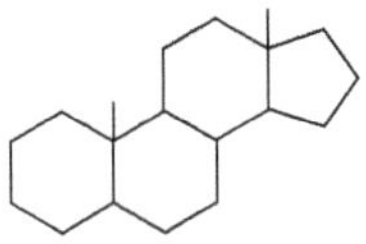　　　　　　　　雄甾烷

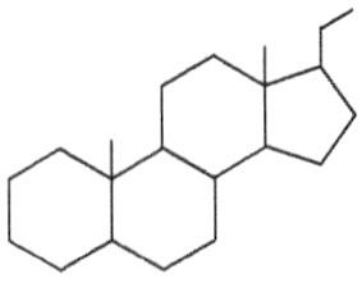

孕甾烷 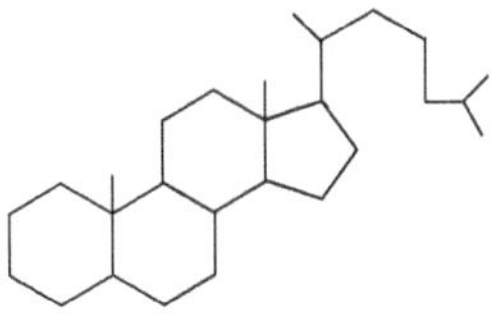　　　　　　　　胆甾烷

三、重要的甾族化合物

(一) 胆固醇

胆固醇又称胆甾醇,是一种动物甾醇,因最初在胆结石中发现而得名。存在于动物的脑、血液、肝、肾、脊髓和油脂中,蛋黄中含量较多,大多以脂肪酸酯的形式存在。

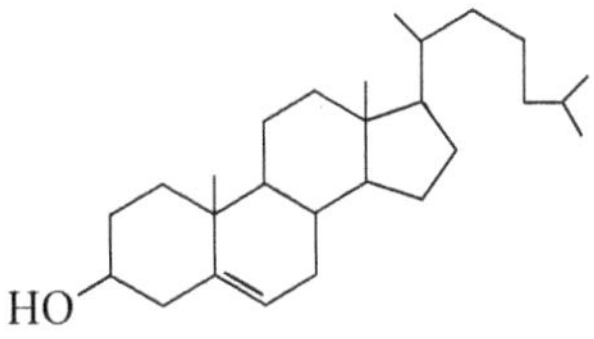

胆固醇

胆固醇是胆甾烷的衍生物,为无色或略带黄色的晶体,熔点 148.5℃;不溶于水,易溶于乙醇、乙醚、氯仿等有机溶剂中。胆固醇摄入过多或代谢发生障碍,会从血清中沉积在动脉血管壁上,导致冠心病和动脉粥样硬化。食物中的动物油脂过多时会提高血液中胆固醇的含量,而植物油中富含的谷固醇及维生素 E,对胆固醇的吸收有阻碍作用。

胆甾醇在酶的催化下被氧化成 7-去氢胆固醇,使 B 环中有共轭双键。存在于皮肤组织中,在紫外线照射下,B 环开环而转变成维生素 D_3。维生素 D_3 又称抗佝偻病维生素。

7-去氢胆固醇　　　　　　　　　紫外光　　　　　　　　维生素D_3

链接　　　　　　　　**维生素 D 及生理作用**

维生素 D 是甾醇的开环衍生物,属脂溶性维生素。 维生素 D 与动物骨骼的钙化有关,故又称为钙化醇。 天然的维生素 D 有两种,麦角钙化醇 (D_2) 和胆钙化醇 (D_3)。 植物油或酵母中所含的麦角固醇经紫外线激活后可转化为维生素 D_2。 在动

物皮下的 7-脱氢胆固醇，经紫外线照射也可以转化为维生素 D_3，因此麦角固醇和 7-脱氢胆固醇常被称作维生素 D 原。 维生素 D 的主要生理作用是调节钙、磷代谢，促进骨骼及牙齿正常发育。 特别在孕妇、婴儿及青少年时需要量大。 在鱼肝油、动物肝、蛋黄中它的含量较丰富。 人体中维生素 D 的合成跟晒太阳有关，因此，适当的光照有利健康。

（二）胆酸

在人和动物的胆汁中的主要成分是胆汁酸,是由几种胆甾酸与甘氨酸或牛磺酸结合而成的混合物。胆酸是其中的一种。其结构如下:

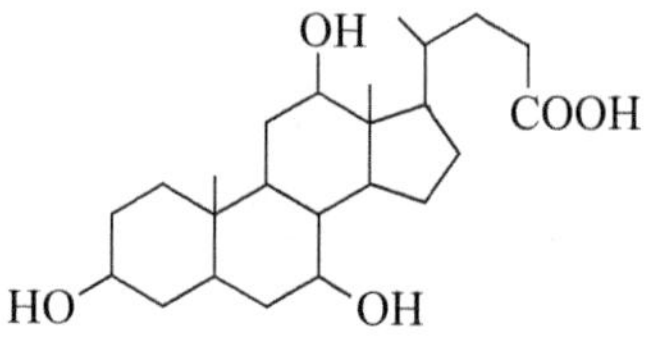

胆酸

胆酸是脂肪的乳化剂,生理作用主要是使脂肪乳化,促进其在小肠内的水解和吸收。

（三）甾体激素

激素是由内分泌腺及具有内分泌功能的一些组织所产生的有机物。根据其来源,甾体激素可分为性激素和肾上腺皮质激素两大类,性激素又可分为雌性激素和雄性激素。

1. 性激素   是生殖器官产生的一类内分泌素,具有调节和促进动物发育、生长及维持性特征的生理功能。

（1）雌性激素:天然雌性激素的基本甾体母环为雌甾烷,A 环为苯环,C-3 上有一个羟基,C-10 上无角甲基,C-17 上连有羟基或羰基。雌二醇是自然界活性最强的雌激素;黄体酮是重要的天然孕激素,也属于雌激素。

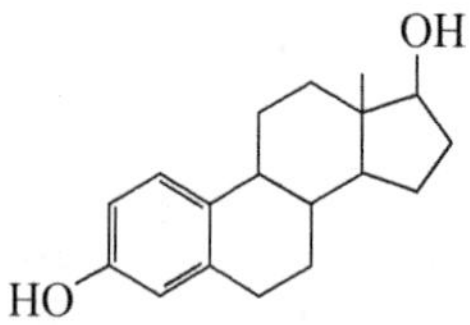

雌二醇 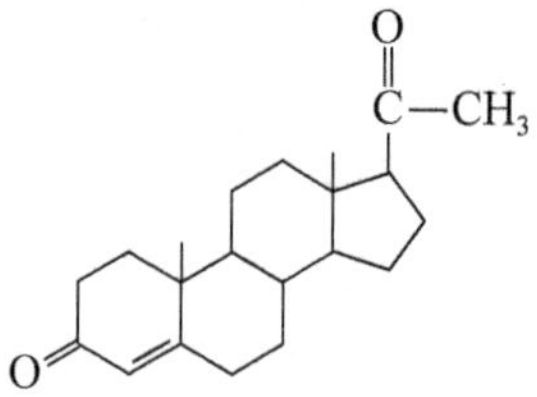   黄体酮

（2）雄性激素:天然雄性激素的基本甾体母环为雄甾烷,C-17 上无碳链而连有羟基或羰基,有雄甾酮、去氢表雄酮和睾酮,其中活性最高的是睾酮。

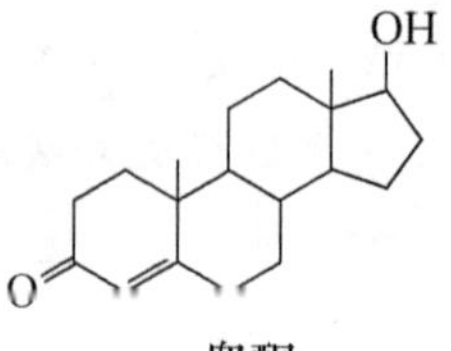

睾酮

2. 肾上腺皮质激素　是哺乳动物的肾上腺产生的激素。所有肾上腺皮质激素都有相同的骨架,都是含 21 个碳原子的类固醇,基本甾体母环为孕甾烷,C-3 为羰基,C-4 和 C-5 间为双键,C-17 连有一个 2-羟基乙酰基。

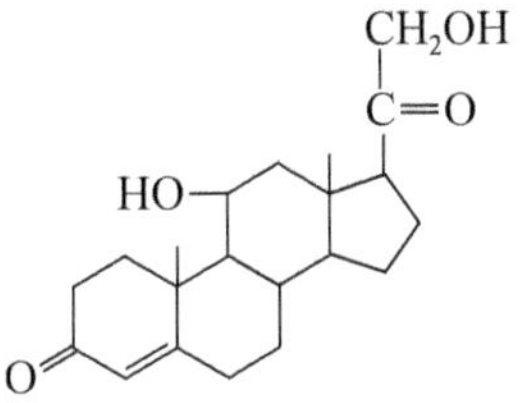

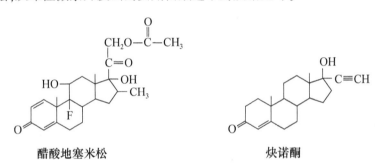

皮质酮 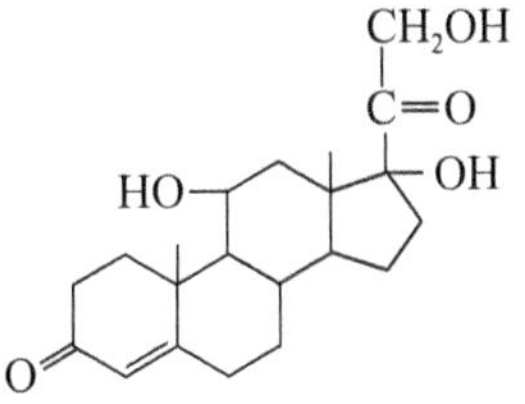　　　　　　　　氢化可的松

(四) 合成甾体药物

由于天然甾体化合物存在的量极少,需人工合成以满足需要,一般通过改变其化学结构,以增强其生理活性减少不良反应。例如,从肾上腺皮质激素开发出的抗炎作用大大增强的地塞米松;从雌性激素开发出的女用甾族避孕药炔诺酮等。

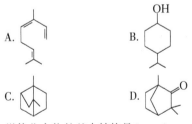

醋酸地塞米松　　　　　　　　炔诺酮

目标检测

一、单项选择题

1. 单萜类化合物分子中的碳原子数为(　　)
   A. 10 个　　　　　　B. 15 个
   C. 5 个　　　　　　D. 20 个

2. 二萜类化合物具有(　　)
   A. 2 个异戊二烯单元　B. 3 个异戊二烯单元
   C. 4 个异戊二烯单元　D. 5 个异戊二烯单元

3. 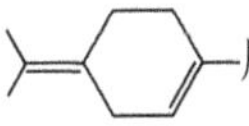 属于(　　)
   A. 开链单萜　　　　B. 单环单萜
   C. 双环单萜　　　　D. 双环倍半萜

4. 能发生加成反应的化合物是(　　)
   A. 含有双键羰基的化合物
   B. 具有醇羟基的化合物
   C. 具有醚键的化合物

D. 具有酯键的化合物

5. 下列化合物不属于萜类化合物的是(　　)

A.　　　　　　　　　B.

C.　　　　　　　　　D.

6. 甾体化合物的基本结构是(　　)
   A. 环戊烷　　　　　B. 多氢菲
   C. 甾烷　　　　　　D. 苯并菲

7. 下列说法中,正确的是(　　)
   A. 天然萜类化合物的碳架结构都是用异戊二烯的基本单元来划分的
   B. 甾体化合物中 C-10 及 C-13 上都有角甲基

C. 萜类化合物是按照萜类化合物中所含异戊二烯单元的数目进行分类

D. 萜类化合物和甾体化合物具有相似的结构特征

二、简答题

甾族化合物的基本骨架是什么？请列举几种重要的甾族化合物。

三、应用异戊二烯法则分析下列萜类化合物的类别

1. 驱蛔萜 2. 红没药烯 3. 青蒿酮

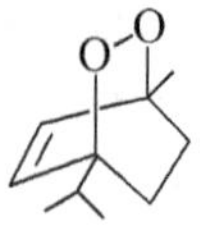

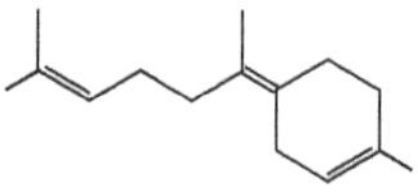

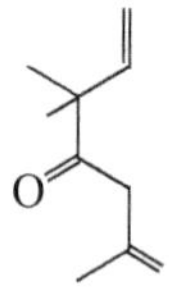

4. 维生素 A

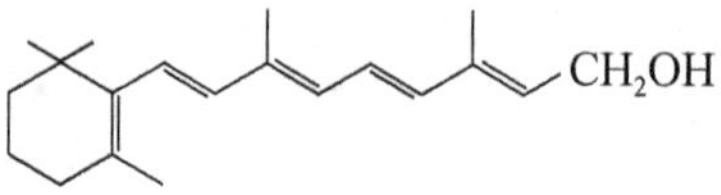

（宋春风）

第15章 氨基酸、蛋白质和核酸

学习目标

1. 掌握:氨基酸的结构、分类、命名和氨基酸的性质。
2. 熟悉:蛋白质的组成、结构、性质。
3. 了解:核酸的分类、结构、生物功能。

蛋白质是构成生命的最基本物质之一,是一类具有重要功能的高分子化合物。从最简单的病毒、细菌等微生物直至高等生物都是由蛋白质组成,并且蛋白质具有多种生物学功能。可以说没有蛋白质就没有生命,一切生命活动都与蛋白质有关。

人类早已发现,一切蛋白质水解的最终产物都有 α-氨基酸,即 α-氨基酸是构成蛋白质的结构单元,要认识蛋白质,必须首先认识氨基酸。

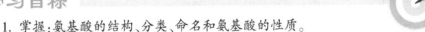

第1节 氨 基 酸

一、氨基酸的结构、分类和命名

(一) 氨基酸的结构

从结构上看,氨基酸(amino acid)是羧酸分子中烃基上的氢原子被氨基(—NH_2)取代后形成的化合物。或者说分子结构中既含有氨基又有羧基的化合物,称为氨基酸。自然界中蛋白质水解的最终产物都是羧基的 α 位上的 H 被—NH_2 取代的,因此称之为 α-氨基酸。

羧基(—COOH)和氨基(—NH_2)是氨基酸的官能团,前者是酸性基团,后者是碱性基团,α-氨基酸的结构通式如下:

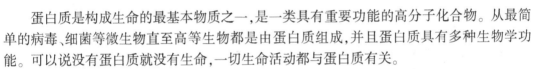

(二) 氨基酸的分类

氨基酸的分类方法有如下三种。

1. **根据氨基酸分子中氨基和羧基的相对位置不同** 把氨基酸分为:α-氨基酸、β-氨基酸、γ-氨基酸……ω-氨基酸等。

2. **根据氨基酸分子中所含氨基和羧基的相对数目的不同** 将氨基酸分为中性氨基酸、

酸性氨基酸和碱性氨基酸。

（1）中性氨基酸：分子中氨基和羧基的数目相等，如丙氨酸。

需要指出的是中性氨基酸在水溶液中并不显中性，而是显弱酸性，这是由于羧基的电离程度大于氨基的电离程度所致。

（2）酸性氨基酸：分子中羧基的数目多于氨基的数目，如谷氨酸。

（3）碱性氨基酸：分子中氨基的数目多于羧基的数目，如赖氨酸。

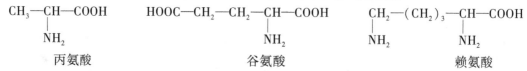

$$CH_3-CH-COOH \qquad HOOC-CH_2-CH_2-CH-COOH \qquad CH_2-(CH_2)_3-CH-COOH$$

$$\qquad |NH_2 \qquad\qquad |NH_2 \qquad\qquad |NH_2 \qquad |NH_2$$

丙氨酸　　　　　　　　　谷氨酸　　　　　　　　　赖氨酸

3. 根据分子中烃基的结构不同　氨基酸可分为脂肪族氨基酸、芳香族氨基酸和杂环氨基酸，见表15-1。

（三）氨基酸的命名

氨基酸一般根据其来源或某些特性而采用俗名。例如，天冬氨酸来源于天门冬植物；甘氨酸具有甜味等。

氨基酸的系统命名法是以羧酸为母体，氨基作为取代基，氨基的位置既可以用阿拉伯数字表示，习惯上也可以用希腊字母 α、β、γ 等来标示，并写在氨基酸名称的前面。

$$HOOCCH_2CHCOOH \qquad\qquad CH_2-COOH$$

$$\qquad\quad |NH_2 \qquad\qquad\qquad |NH_2$$

α-氨基丁二酸或2-氨基丁二酸　　　　　氨基乙酸

（天冬氨酸）　　　　　　　　　　　　（甘氨酸）

有时还用中文或英文缩写符号表示。例如，天冬氨酸缩写符号，中文为"天"，英文为"Asp"；甘氨酸缩写符号，中文为"甘"，英文为"Gly"。

表 15-1　重要的 α-氨基酸

分类	名称	结构式	简写符号			等电点
			中文	英文	代号	（PI）
脂肪族氨基酸	甘氨酸（氨基乙酸）	CH_2-COOH $|\ NH_2$	甘	Gly	G	5.97
	丙氨酸（α-氨基丙酸）	$CH_3-CH-COOH$ $\quad\ \ |\ NH_2$	丙	Ala	A	6.00
	*缬氨酸（β-甲基-α-氨基丁酸）	CH_3 $\quad CH-CH-COOH$ $CH_3\quad\ \ NH_2$	缬	Val	V	5.96
	*亮氨酸（γ-甲基-α-氨基戊酸）	$CH_3\qquad\quad NH_2$ $\quad CH-CH_2-CH-COOH$ CH_3	亮	Leu	L	5.98
	*异亮氨酸（β-甲基-α-氨基戊酸）	$CH_3-CH_2-CH-CH-COOH$ $\qquad\qquad CH_3\ NH_2$	异亮	Ile	I	6.02
	丝氨酸（α-氨基-β-羟基丙酸）	$CH_2-CH-COOH$ $OH\quad CH_2$	丝	Ser	S	5.68

分类	名称	结构式	简写符号			等电点
			中文	英文	代号	(PI)
脂肪族氨基酸	*苏氨酸 (α-氨基-β-羟基丁酸)	$CH_3-CH-CH-COOH$ $\quad\quad OH\quad NH_2$	苏	Thr	T	5.60
	*蛋氨酸 (α-氨基-γ-甲硫基丁酸)	$CH_3-S-(CH_2)_2-CH-COOH$ $\quad\quad\quad\quad\quad\quad NH_2$	蛋	Met	M	5.75
	半胱氨酸 (α-氨基-β-巯基丙酸)	$CH_2-CH-COOH$ $SH\quad NH_2$	半胱	Cys	C	5.07
	天冬氨酸 (α-氨基丁二酸)	$HOOC-CH_2-CH-COOH$ $\quad\quad\quad\quad NH_2$	天	Asp	D	2.77
	谷氨酸 (α-氨基戊二酸)	$HOOC-CH_2-CH_2-CH-COOH$ $\quad\quad\quad\quad\quad\quad NH_2$	谷	Glu	E	3.22
	*赖氨酸 (α,ε-二氨基己酸)	$CH_2-(CH_2)_3-CH-COOH$ $NH_2\quad\quad\quad\quad NH_2$	赖	Lys	K	9.74
	精氨酸 (α-氨基-δ-胍基戊酸)	$H_2N-C-NH(CH_2)_3-CH-COOH$ $\quad\quad NH\quad\quad\quad\quad NH_2$	精	Arg	R	10.76
芳香族氨基酸	*苯丙氨酸 (β-苯基-α-氨基丙酸)	—$CH_2-CH-COOH$ $\quad\quad\quad NH_2$	苯丙	Phe	F	5.48
	酪氨酸 (α-氨基-β-对羟苯基丙酸)	HO—$CH_2-CH-COOH$ $\quad\quad\quad\quad NH_2$	酪	Tyr	Y	5.66
杂环族氨基酸	脯氨酸 (α-吡咯烷甲酸)	—COOH	脯	Pro	P	6.30
	*色氨酸 [β-(3-吲哚基)-α-氨基丙酸]	$CH_2-CH-COOH$ $\quad\quad\quad NH_2$	色	Trp	W	5.89
	组氨酸 [β-(5-咪唑基)-α-氨基丙酸]	$CH_2-CH-COOH$ $\quad\quad\quad NH_2$	组	His	H	7.59

注:表中带*的为必需氨基酸。

自然界中存在的氨基酸有 200 多种,而构成蛋白质的氨基酸只有 20 多种,其中大多数氨基酸在人体内能自身合成,只有 8 种氨基酸在人体内不能合成或合成量不足,必须通过食物摄取,这些氨基酸称为必需氨基酸。

二、氨基酸的性质

(一) 氨基酸的物理性质

氨基酸都是无色的晶体,熔点较高,一般在 200～300℃,熔化时易分解脱羧放出 CO_2。一般能溶于水,都能溶于强酸或强碱中,难溶于乙醇、乙醚等有机溶剂。各种 α-氨基酸的钠盐、钙盐都溶于水。氨基酸有的有甜味,有的有苦味,还有的无味。而谷氨酸的钠盐则有鲜味,是味精的主要成分。

(二)氨基酸的化学性质

由于氨基酸分子中既存在羧基又存在氨基,两种官能团又相互影响,因此不仅表现出具有两种官能团的性质,同时也具有一些特殊性质。此外各种氨基酸中所含的其他多种化学活性基团,能各自产生多种化学反应。其主要特殊性质有:

1. 两性电离和等电点　氨基酸分子中含有酸性的羧基和碱性的氨基,是两性化合物。氨基酸溶于水时,能发生酸式电离和碱式电离。即羧基给出质子(H^+)形成阴离子的酸式电离;氨基接受质子(H^+)形成阳离子的碱式电离。所以它们既能与酸作用又能与碱作用生成盐,属于两性化合物。

酸式电离:

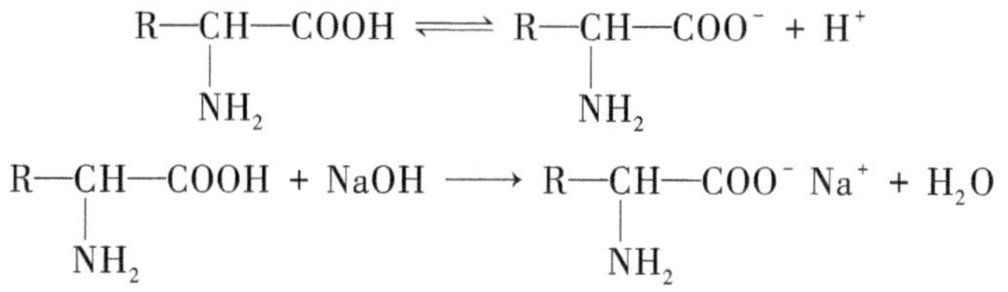

$$R-\underset{\underset{NH_2}{|}}{CH}-COOH \rightleftharpoons R-\underset{\underset{NH_2}{|}}{CH}-COO^- + H^+$$

$$R-\underset{\underset{NH_2}{|}}{CH}-COOH + NaOH \longrightarrow R-\underset{\underset{NH_2}{|}}{CH}-COO^- Na^+ + H_2O$$

碱式电离:

$$R-\underset{\underset{NH_2}{|}}{CH}-COOH \rightleftharpoons R-\underset{\underset{NH_3^+}{|}}{CH}-COOH + OH^-$$

$$R-\underset{\underset{NH_2}{|}}{CH}-COOH + HCl \longrightarrow R-\underset{\underset{NH_3^+Cl^-}{|}}{CH}-COOH$$

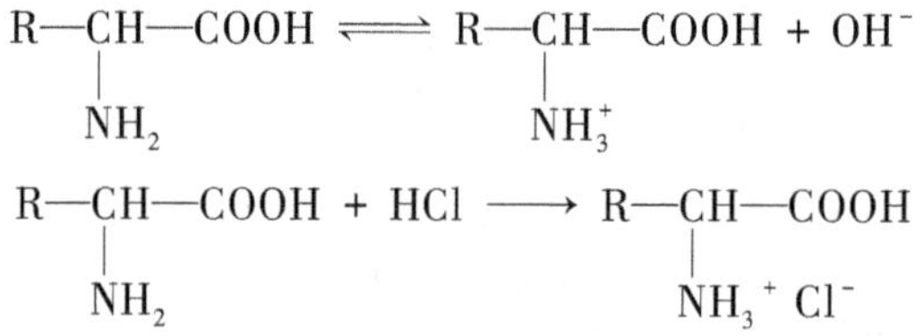

氨基酸分子中的羧基与氨基也可以互相作用,即氨基接受羧基上电离出的氢离子生成盐,称为分子内盐。这种盐既有正离子部分也有负离子部分,故又称两性离子。可用下式表示:

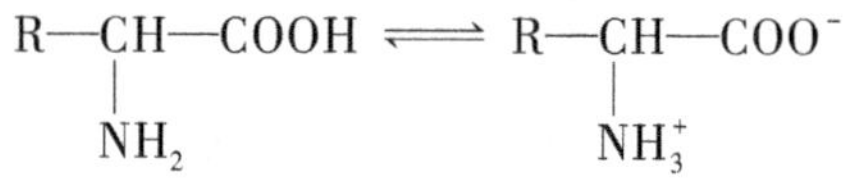

$$R-\underset{\underset{NH_2}{|}}{CH}-COOH \rightleftharpoons R-\underset{\underset{NH_3^+}{|}}{CH}-COO^-$$

α-氨基酸的物理性质也说明它是以内盐的形式存在的。因此,氨基酸在水溶液中有三种存在的形式,即阴离子、阳离子和两性离子。在水溶液中以何种形式存在与羧基和氨基的电离度有关,但可以通过调节溶液的 pH,改变三种存在形式在溶液中的比例。氨基酸在酸性溶液中,酸式电离受到限制,增大了碱式电离,有利于氨基酸以阳离子的形式存在;反之,氨基酸在碱性溶液中,碱式电离受到限制,增大了酸式电离,有利于氨基酸以阴离子的形式存在。调节溶液的 pH,使氨基酸酸式电离和碱式电离的程度相等,氨基酸主要以电中性的两性离子形式存在,在电场中既不向正极也不向负极方向移动。这种使氨基酸处于电中性状态的溶液的 pH 称为氨基酸的等电点,常用 pI 表示。

氨基酸溶液的 pH 在大于、小于或等于等电点时的变化,可用下面的反应式表示:

当溶液的 pH<pI 时,氨基酸主要以阳离子形式存在,在电场中向负极移动;当溶液 pH>pI 时,氨基酸主要以阴离子形式存在,在电场中向正极移动。处于等电状态(pH=pI)的氨基酸,在电场中不向任何电极移动。

$$R-CH-COOH$$
$$|$$
$$NH_2$$

$$R-CH-COO^- \underset{OH^-}{\overset{H^+}{\rightleftharpoons}} R-CH-COO^- \underset{OH^-}{\overset{H^+}{\rightleftharpoons}} CH-COOH$$
$$|\qquad\qquad\qquad |\qquad\qquad\qquad |$$
$$NH_2\qquad\qquad\quad NH_3^+\qquad\qquad\quad NH_3^+$$

阴离子　　　　　　两性离子　　　　　　阳离子

溶液pH＞pI　　　溶液pH＝pI　　　溶液pH＜pI

不同的氨基酸具有不同的等电点(表 15-1)。需要说明的是中性氨基酸的等电点不是 7,一般小于 7,为 5.0~7.0,这是因为羧基的电离略大于氨基的电离,欲使其达到等电点,需加入少量酸抑制羧基电离,才能使羧基与氨基的电离程度相当。

在等电点时,两性离子在水中的溶解度最小,最容易从溶液中析出。这是因为两性离子整体上是电中性的,减弱了与水分子的水合作用。利用这一性质,通过调节等电点,可以分离氨基酸的混合物。

2. 成肽反应　氨基酸在适当的条件下,1 分子 α-氨基酸的羧基与另一分子 α-氨基酸的氨基脱去 1 分子水缩合生成具有酰胺键(—CONH—)结构化合物的反应,称为成肽反应,所生成的化合物称为肽。由一分子氨基酸中氨基上的 H 与另一分子氨基酸中羧基上的—OH 脱水生成的肽称为二肽(二缩氨基酸)。例如:

$$H_2N-CH-C \underset{R}{\overset{O}{\parallel}} [OH + H] N-CH-COOH \xrightarrow[\triangle]{-H_2O} H_2N-CH-C \overset{O}{\parallel} N-CH-COOH$$

二肽分子中的酰胺键(—CONH—)称为肽键。由于二肽分子中还存在氨基和羧基,还可进一步脱水成三肽、四肽、五肽……由多个氨基酸分子间脱水缩合生成的肽称为多肽。

$$H_2N-CH-\overset{O}{\overset{\parallel}{C}}-\overset{H}{\overset{|}{N}}-CH-\overset{O}{\overset{\parallel}{C}}-\overset{H}{\overset{|}{N}}-CH-\overset{O}{\overset{\parallel}{C}}-\cdots\cdots-\overset{H}{\overset{|}{N}}-CH-\overset{O}{\overset{\parallel}{C}}-COOH$$
$$\quad\quad |\qquad\qquad\qquad |\qquad\qquad\qquad |\qquad\qquad\qquad\qquad\quad |$$
$$\quad\quad R_1\qquad\qquad\quad R_2\qquad\qquad\quad R_3\qquad\qquad\qquad\qquad R_n$$

多肽

肽链中每个氨基酸单位称为氨基酸的残基,由于 C=O 双键中 π 键的原因,构成肽键的 6 个原子共处于一个平面,称为肽键平面,含肽键平面的链称作主链,连接在主链上的烃基(R_1、R_2、R_3、R_n)称为侧链。肽链的一端具有未结合的氨基,称为 N 端,通常写在左边,链的另一端有未结合的羧基,称为 C 端,通常写在右边。

多肽分子中 2 个氨基酸成肽时由于参与反应的氨基和羧基的不同,可以生成 2 个互为同分异构体的二肽,多个氨基酸由于连接的顺序和数量的不同可以形成成千上万个多肽,这就是为什么构成蛋白质的 20 几种氨基酸能形成数目十分巨大的蛋白质群的原因。例如,由甘氨酸和丙氨酸所生成的二肽就有以下两种:

$$\underset{NH_2}{CH_2COOH} + \underset{NH_2}{CH_3CHCOOH} \longrightarrow \underset{NH_2}{CH_2\overset{O}{\overset{\parallel}{C}}-\overset{H}{\overset{|}{N}}-CH-COOH} + \underset{NH_2}{CH_3CHC}\overset{O}{\overset{\parallel}{}}-\overset{H}{\overset{|}{N}}-CH_2COOH$$
$$\qquad\qquad\qquad\qquad\qquad\qquad\qquad\qquad\qquad\qquad\qquad CH_3$$

甘氨酸　　　　丙氨酸　　　　　甘氨酰丙氨酸　　　　　　丙氨酰甘氨酸

由多种氨基酸分子按着不同的排列顺序以肽键相互结合,可以形成许许多多大小不同的多肽,它们都具有一定的生物活性,有的是抗生素,有的是激素。例如,缩宫素、加压素、胰岛素等。

3. 茚三酮反应 α-氨基酸的水溶液与茚三酮水合物共热,生成蓝紫色的化合物。反应灵敏,现象明显,是鉴别 α-氨基酸最迅速、简单、常用的方法。

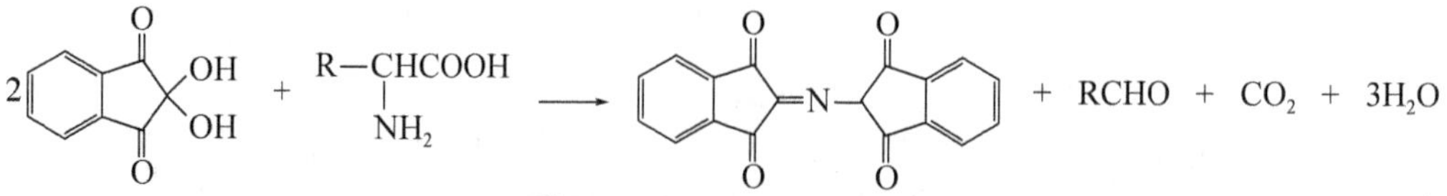

$$2 \ \text{(茚三酮)} + \text{R-CHCOOH} \ (\text{NH}_2) \longrightarrow \text{(蓝紫色化合物)} + RCHO + CO_2 + 3H_2O$$

第2节 蛋 白 质

多个 α-氨基酸分子间失水以肽键形成的含氮高分子化合物称为多肽(polypeptide)或蛋白质(protein)。人们通常把相对分子质量在 1 万以上的称为蛋白质,低于 1 万的称为多肽。

一、蛋白质的组成、结构和分类

(一) 蛋白质的组成

蛋白质分子是由几十至数万个不同种类的 α-氨基酸缩聚成的高分子化合物。由 α-氨基酸的组成元素可知,组成蛋白质的主要元素是 C、H、O、N 等元素,其近似含量见表 15-2。

表 15-2　蛋白质组成元素的近似含量

蛋白质中存在元素	近似含量(%)
C	50
H	7
O	23
N	16
多数含 S	0~3
一些含 P	0~3
少数含 Ca、Mg、Zn、Fe、Cu、Mn 等	微量

生物体中的 N 元素几乎全部都存在于蛋白质中,称为蛋白氮,且含量近似恒定,即 100g 蛋白质含有 16g 氮,1g 氮存在于 6.25g 蛋白质中,这个 6.25 称为蛋白质系数,化学分析中可通过测定生物体中的氮含量来计算蛋白质的含量。

(二) 蛋白质的结构

蛋白质的结构非常复杂,各种蛋白质分子中氨基酸的组成、排列顺序和肽链的立体结构都各不相同。蛋白质分子中氨基酸的种类、数目和排列顺序只是蛋白质最基本的结构,称为初级结构或一级结构。而其特殊的立体结构称为二级结构、三级结构和四级结构,统称为蛋白质的高级结构。

1. 一级结构　蛋白质的一级结构是指蛋白质分子中氨基酸的连接方式和排列顺序。肽键是 α-氨基酸相互联结成多肽链的主要连接方式(主键),多肽链是蛋白质分子的基本结构,蛋白质可由一条、两条或多条多肽链构成。多肽链中氨基酸的排列顺序与蛋白质的功能有着密切的关系。

2. 二级结构　指蛋白质分子中多肽链的构象,即肽链在空间的实际排布关系。蛋白质分子多肽链不是以线型伸展的形式在空间展开,一条肽链可以通过一个酰胺键中的氧与另一酰胺键的氢形成氢键,而形成螺旋形,即 α-螺旋(图 15-1),还可以依靠氢键将两条肽链拉到一起,肽链排列在折叠形的各个平面上,两条肽链可以是走向相同(两条链均为由 N 端→C 端)的平行,也可以是走向相反(一条是由 N 端→C 端,另一条是由 C 端→N 端)的平行,此种结构称为 β-折叠结构(图 15-2)。α-螺旋及 β-折叠是蛋白质空间结构的重要方式,α-螺旋主要是由肽链内形成的氢键构成的,而 β-折叠主要是由肽链间形成的氢键构成的。很多蛋白质分子常既有卷曲又有折叠结构,并且多次重复这两种空间结构。

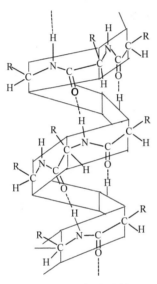

●● 图 15-1　α-螺旋结构 ●●

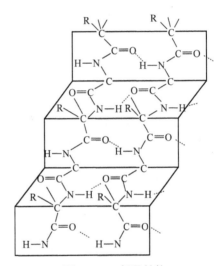

●● 图 15-2　β-折叠结构 ●●

3. 三级结构　由于肽链中除含有形成氢键的酰胺键外,有的氨基酸还可能含有羟基、巯基、烃基、游离的氨基与羧基等,这些基团可以借助盐键、氢键、疏水键、二硫键(—S—S—)及范德华力等,在蛋白质二级结构的基础上,将肽链或肽链中的某些部分联系在一起,进一步卷曲折叠,形成一定形态的紧密结构,称为蛋白质的三级结构。

蛋白质的三级结构表示了多肽链内所有原子的空间排布,包括主链构象和侧链构象及它们相互间复杂的空间关系。蛋白质的三级结构的形成和稳定性也与它的一级结构有关。例如,毛发的主要成分是角蛋白,由多种氨基酸组成,其中以胱氨酸(含有二硫键)的含量最高。在毛发的卷曲过程中,就是利用还原剂(一般 pH 为 9.2~9.5)将毛发的部分二硫键破坏,使毛发变得柔软易于卷曲,卷曲成型后,再在氧化剂的作用下,使二硫键重新复原,保持毛发定型。

4. 四级结构　由 2 条或 2 条以上具有三级结构的肽链通过氢键、疏水键或盐键以一定形式聚合而成的、具有一定空间构型的聚合体,称为蛋白质的四级结构。

维系蛋白质空间结构的副键

维持和稳定蛋白质各种空间结构的化学键在蛋白质结构中称为副键。

1. 氢键 在蛋白质分子中，氨基酸残基中的亚氨基与其他氨基酸中的羧基之间、某些含有羟基的氨基酸残基上的羟基与羧基或氨基中的氮原子之间均可形成氢键。氢键可存在于主链肽键之间、侧链与主链、侧链与侧链之间。氢键的键能虽小，但数量多，在维持和稳定蛋白质的空间构象上起着主要作用。

2. 盐键 是由正负离子之间的静电引力而形成的化学键。因为组成蛋白质的氨基酸有酸性氨基酸和碱性氨基酸，它们的残基侧链基团含有游离的氨基和羧基，在正常生理条件下，氨基带正电，羧基带负电，相互之间可产生静电引力，即盐键。

3. 疏水键 在维持蛋白质三级结构的稳定性中，疏水键起着主导作用。它是由于氨基酸残基上的非极性基团不表现出和水或其他极性基团相互作用的能力和倾向，远离分子表面的水环境，趋向于分子内部，所以相互聚集在一起，并将水分子从接触面中排挤出去。

4. 二硫键 是两个硫原子之间的共价键，是在肽链形成后，两个半胱氨酸的侧链巯基被氧化成胱氨酸后形成的。在蛋白质的空间结构中起交联作用，使其更为紧密，对稳定蛋白质的结构起重要作用。

5. 配位键 是金属蛋白中的铁、锌、钙、铜、锰、钼、镁等金属离子与能参与氢键的很多基团形成的一种共价键。

6. 范德华力 蛋白质分子表面上的极性与极性基团之间、极性与非极性基团之间、非极性与非极性基团之间，都会产生相互作用，它们既相互吸引又保持一定距离。

（三）蛋白质的分类

蛋白质的种类很多，分类方法有多种，主要有以下两种。

1. 按蛋白质的形状或溶解度不同分类

（1）纤维蛋白：其分子为细长形，不溶于水，如蚕丝、毛发、指甲、蹄等。

（2）球蛋白：其分子为球形或椭球形，一般能溶于水或酸、碱、盐、乙醇的水溶液。例如，酪蛋白、蛋清蛋白、酶、蛋白激素等。

2. 按蛋白质的化学组成成分不同分类

（1）单纯蛋白质：完全由 α-氨基酸通过肽键结合而成的蛋白质，其水解的最终产物都是 α-氨基酸，如蛋清蛋白。

（2）结合蛋白质：由单纯蛋白质和非蛋白质两部分结合而成，其非蛋白质部分通常称为辅基。根据辅基的不同，又可将其分为脂蛋白、核蛋白、糖蛋白、血红蛋白等。

二、蛋白质的性质

蛋白质分子结构复杂，相对分子质量很大，是高分子化合物，具有高分子化合物的某些特性。蛋白质分子的链虽然很长，但是，在其链的两端及侧链上也存在着游离的氨基和羧基，所以蛋白质具有与氨基酸相似的性质。

（一）两性电离和等电点

与氨基酸相似，蛋白质也是两性物质。既可以与强酸成盐，也可以与强碱成盐。在强酸性溶液中,蛋白质以阳离子的形式存在;在强碱性溶液中,则以阴离子形式存在。如果调节蛋白质溶液到适宜的 pH,则蛋白质分子以两性离子的形式存在,在电场中不迁移,此时溶液的 pH 称为该蛋白质的等电点,用 pI 表示。蛋白质在水溶液中的两性电离可用下面的式子表示:

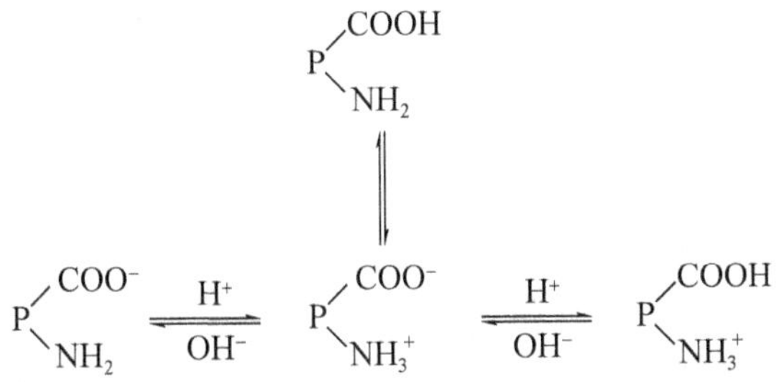

$$\begin{array}{ccc} \text{阴离子} & \text{两性离子} & \text{阳离子} \\ (pH>pI) & (pH=pI) & (pH<pI) \end{array}$$

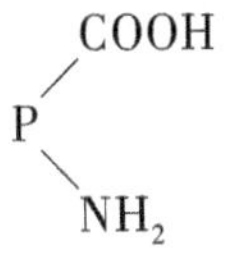

代表蛋白质分子。在等电点时,蛋白质的溶解度、黏度、渗透压、膨胀性等都最小。不同的蛋白质由于含有的游离羧基和游离氨基数目不同,以及羧基和氨基的电离程度不同,因此等电点也不同,见表 15-3。

等电点不同的蛋白质若在同一 pH 溶液中,由于各种蛋白质所带电荷的性质数量不同,分子大小也不一样,它们在电场中移动的速度和方向也就有差别,因此,利用这一性质来分离和分析蛋白质,称为蛋白质电泳分析。临床上分离血清中的蛋白质就是采用这种电泳分析法。

表 15-3　一些蛋白质的等电点

蛋白质	pI	蛋白质	pI
胃蛋白酶	1.1	胰岛素	5.3
酪蛋白	4.6	血红蛋白	6.7
卵白蛋白	4.7	尿酶	5.0
血清白蛋白	4.8	核糖核酸酶	9.5

(二) 蛋白质的盐析

蛋白质是高分子化合物,分子平均直径约为 4.3nm,已达胶粒 1~100nm 范围,具有胶体的性质。蛋白质分子中存在大量的带电基团和极性基团,在水溶液中,强烈吸引水分子形成一层牢固的水化膜,处于一种稳定的状态。如果向蛋白质溶液中加入大量的电解质(如氯化钠、硫酸镁、硫酸铵等)溶液,使蛋白质沉淀而析出,这种作用称为盐析。其原因是加入的电解质中和了蛋白质颗粒所带的电荷,破坏了蛋白质分子的水化膜,从而使胶体凝聚。

蛋白质的盐析是一个可逆过程,在一定条件下,盐析出来的蛋白质仍可再溶于水,恢复原有的生理性质。蛋白质盐析所需盐的最小浓度称为盐析浓度。不同的蛋白质具有不同的盐析浓度,利用这一性质,采用逐渐加大盐浓度的方法,使同一溶液中的不同蛋白质从溶液中分段析出,达到分离的目的,这种操作方法称为分段盐析。

（三）蛋白质的变性

蛋白质在某些物理因素（如加热、高压、超声波、紫外线、X-射线等）和化学因素（如强碱、强酸、重金属盐、乙醇等）影响下，分子的内部结构、理化性质和生物活性也随之改变，这种现象称为蛋白质的变性。变性后的蛋白质不仅丧失了原有的可溶性，也失去了原有的许多功能。蛋白质变性的原理已广泛应用于医学实践，如利用乙醇、加热、高压、紫外线杀菌消毒等。

（四）蛋白质的颜色反应

1. 茚三酮反应　蛋白质溶液与稀的水合茚三酮共热，呈蓝紫色。利用这个现象，通过纸上色层分析，可对蛋白质进行定性和定量分析。

2. 缩二脲反应　蛋白质与硫酸铜的强碱溶液反应呈紫色，和缩二脲（$H_2N—CO—NH—CO—NH_2$）与硫酸铜的强碱溶液反应呈红紫色相类似，所以，蛋白质的显色反应，称为缩二脲反应。事实上，凡分子中含有 2 个或 2 个以上肽键或具有类似缩二脲结构的化合物，都能发生缩二脲反应。

3. 黄蛋白反应　蛋白质分子如果具有含苯环结构的氨基酸，当其遇浓硝酸后，即变成黄色，这是因为分子中含有苯环的氨基酸与浓硝酸发生了硝化反应，生成了黄色的硝基化合物。

4. 米伦反应　含有酪氨酸残基的蛋白质分子遇米伦（Millon）试剂（硝酸汞和硝酸亚汞的硝酸溶液）即产生白色沉淀，加热变砖红色，是由于酪氨酸中的羟苯基与汞盐形成了有色物质，称为米伦反应。

（五）蛋白质的水解反应

蛋白质在酸或碱或酶催化下被水分解的反应称为蛋白质的水解反应。水解反应是肽键逐步断裂水解，肽链逐渐缩短成低分子肽，最后生成 α-氨基酸等结构单元。

蛋白质→䏡(初解蛋白质)→胨(消化蛋白质)→多肽→二肽→α-氨基酸

第3节　核　酸

核酸是一种普遍存在于生物体内的具有酸性的生物高分子化合物，最初是从细胞核中分离得到，所以称为核酸。核酸不仅存在于细胞核中，也存在于细胞的其他部分，可以是游离状态，也可以与蛋白质结合成为核蛋白。与多糖和蛋白质相似，核酸也是一种重要的生物高分子化合物，既参与生物体的新陈代谢，也参与生物体内蛋白质的合成，生物的生命过程如生长、发育、繁殖、遗传等与核酸密切相关。

一、核酸的分类

根据核酸的化学组成，将核酸分为两大类。

1. 核糖核酸（RNA）　RNA 主要存在于细胞质中，在体内可参与 DNA 遗传信息的表达，即直接参与蛋白质的合成。

2. 脱氧核糖核酸（DNA）　DNA 存在于细胞核和线粒体内，是生物遗传的主要物质基础。

二、核酸的结构

(一) 核酸的组成

组成核酸的主要元素有 C、H、O、N、P 等,其中磷的含量比较恒定,为 9% ~ 10%。可根据生物样品中磷的含量来计算核酸的含量。核酸在酸、碱、酶的催化下进行部分水解,可得到核苷酸,核苷酸是组成核酸的基本单元。核苷酸再经水解,可得到核苷和磷酸,核苷再水解得到戊糖和碱基。核酸的连续水解过程表示如下:

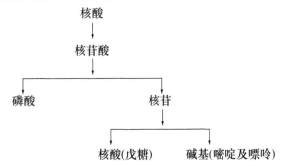

核酸水解的最终产物是磷酸、戊糖和碱基。所以,磷酸、戊糖、碱基是构成核酸的最基本成分。

(二) 核酸的结构

在 DNA 或 RNA 分子中,核苷酸的数目可高达几万个,所以,核酸也是生物大分子化合物,与蛋白质一样有一级结构和空间结构。无论是 RNA 还是 DNA,它们都是由单核苷酸按一定的方式、数量和顺序彼此相连成很长的多核苷酸链结构。这种多核苷酸结构,称为核苷酸的一级结构,结构中无支链。

DNA 分子以脱氧核糖基形成的长链为基本骨架。实验证明,DNA 是由两条这种单核苷酸长链,以不同走向彼此成为逆平行的"双螺旋"状的二级结构。

三、核酸的生物功能

1. DNA 的功能　DNA 是生命遗传的物质基础,也是个体生命活动的信息基础。它的基本功能是以基因的形式荷载遗传信息,并作为基因复制和转录的模板。基因从结构上定义,是指 DNA 分子中的特定区段,其中的核苷酸排列顺序决定了基因的功能。DNA 是细胞内 RNA 合成的模板,部分 RNA 又为细胞内蛋白质的合成带去指令。DNA 的核苷酸序列以遗传密码的方式决定不同蛋白质的氨基酸顺序。DNA 仅利用四种碱基的不同排列,对生物体的所有遗传信息进行编码,经过复制遗传给子代,并通过转录和翻译保证支持生命活动的各种 RNA 和蛋白质在细胞内有序合成。如 DNA 在细胞内可以复制和原来相同的 DNA,一般认为双链的 DNA 分开形成两条单链,每一条单链作为一个模板,按照它的互补顺序将核苷酸聚合,再形成两条新链,这样就得到两条双链的 DNA 分子,在每一个双链中,一条是新合成的,一条是原来的,碱基的顺序和原来的完全相同。遗传信息就这样由母代传给了子代。

2. RNA 的功能　RNA 是生物体内的另一大类核酸,它的种类远比 DNA 多样化,主要有 rRNA、mRNA、tRNA 等。mRNA 以 DNA 为模板合成后转位至胞质,在胞质中作为蛋白质合成的模板。tRNA 的功能是在细胞蛋白质合成过程中作为各种氨基酸的运载体并将其转呈给 mRNA。rRNA 与蛋白体蛋白共同构成核蛋白体,核蛋白体是细胞合成蛋白质的场所。核蛋白体中的 rRNA 和蛋白质共同为 mRNA、tRNA 和肽链合成所需要的多种蛋白因子提供结合位点和相互作用所需要的空间环境。

目标检测

一、单项选择题

1. 缬氨酸的等电点为 5.96,在 pH=4 的溶液中,甘氨酸的存在形式是( )
   A. 阳离子　　　　B. 阴离子
   C. 两性离子　　　D. 中性分子

2. 在组成蛋白质的氨基酸中,人体必需氨基酸有几种( )
   A. 9　　　　　　B. 8
   C. 7　　　　　　D. 6

3. 加入何种物质使蛋白质从水中析出而又不改变它的性质( )
   A. $CuSO_4$　　　　B. $(NH_4)_2SO_4$
   C. 浓硫酸　　　　D. 氢氧化钠

4. 构成蛋白质的基本单位是( )
   A. α-氨基酸　　B. 葡萄糖
   C. β-氨基酸　　D. 蔗糖

5. 下列可以发生黄蛋白反应的是( )
   A. 甘氨酸　　　　B. 丙氨酸
   C. 苯丙氨酸　　　D. 赖氨酸

6. 临床上检验患者尿中蛋白质,利用蛋白质受热凝固的性质,属于( )
   A. 水解反应　　　B. 显色反应
   C. 变性　　　　　D. 盐析

7. 大多数的蛋白质等电点接近于 5,在血液(pH≈7.4)中,它们常常是( )
   A. 带正电荷　　　B. 带负电荷
   C. 不带电荷　　　D. 既带正电荷,又带负电荷

8. 蛋白质分子中的主要化学键为( )
   A. 酯键　　　　　B. 肽键
   C. 氢键　　　　　D. 二硫键

9. 有关 DNA 的二级结构说法错误的是( )
   A. 双螺旋结构中碱基之间相互配对
   B. DNA 二级结构是双螺旋结构
   C. 双螺旋结构中两条链方向相同
   D. DNA 双螺旋结构是空间结构

10. 构成核酸的基本单位是( )
    A. α-氨基酸　　B. 核苷酸
    C. 核苷　　　　　D. 碱基

二、填空题

1. 氨基酸是_____分子中烃基上的氢原子被_____取代后的产物。氨基酸分子中既有酸性基团_____,又有碱性基团_____,所以氨基酸具有_____。

2. 蛋白质主要是由_____、_____、_____、_____ 4 种元素构成,它的一级结构是多个 α-氨基酸通过_____结合而成的。

3. 每 100g 蛋白质平均含氮_____g,蛋白质系数是_____。

4. 在球蛋白溶液中,加入大量饱和硫酸铵,在溶液中会出现_____现象。

5. 苯丙氨酸 pI=5.84,其溶液调节在 pH=7.2 时,主要以_____离子存在。

6. $(CH_3)_2CH—\underset{NH_2}{CH}COOH$ 系统名称为_____,
   $CH_3—CH_2—\underset{OH}{CH}—\underset{NH_2}{CH}—COOH$ 系统名称为_____。

三、名词解释

1. 氨基酸的等电点　　2. 必需氨基酸
3. 盐析　　　　　　4. 蛋白质的变性

四、简答题

1. 在蛋白质溶液中加入饱和硫酸铵溶液时,产生的现象是什么?

2. 酸或碱存在下,加热蛋白质溶液会发生什么反应?

3. 消毒灭菌是利用蛋白质的什么性质?

4. 将 pI=4.6 的胱氨酸放在 pH=6.5 的水溶液中,在电场作用下,向何极移动? 为什么?

(宋春风)

实 验 指 导

实验 1 有机化学实验基本知识

▶ 一、实验目的

化学是一门以实验为基础的自然科学。有机化学实验是有机化学教学的重要环节。通过实验培养学生独立操作、观察记录、分析归纳、撰写报告等多方面的能力。其主要内容包括基本操作技术,有机化合物物理性质和化学性质的认识、实验测定、鉴别;有机化合物的制备、提取和分离等。有机化学实验教学的目的是:

1. 使课堂中讲授的重要理论和概念得到验证、巩固、充实和提高,并适当地扩大知识面。

2. 培养学生正确掌握有机化学实验的基本操作技能。

3. 培养学生能够正确书写合格的实验报告的能力,初步学会文献的查阅。

4. 培养学生独立思考问题、分析问题、解决问题和创新的能力。

5. 培养学生实事求是和严谨认真的科学工作态度和科学工作习惯。

▶ 二、实验室规则

为了保证有机化学实验安全正常进行,完成实验目标,达到实验目的,学生必须严格遵守有机化学实验室规则。

1. 实验前必须认真预习有关实验的全部内容。了解实验的目的与要求,理解实验原理,弄清操作步骤和注意事项,设计好记录数据格式,写出简洁扼要的预习报告(对综合性和设计性实验写出设计方案),然后才能进入实验室,顺利地进行各项操作。

2. 按时进入实验室并保持肃静。实验开始前要清点仪器、药品是否齐全,如果发现有破损或缺少,应立即报告教师,按规定手续到实验预备室补领。实验时仪器若有损坏,亦应按规定手续到实验预备室换取新仪器。未经教师同意,不得拿用别的位置上的仪器。弄清仪器的使用方法和药品的性能,否则不得开始实验。

3. 实验过程中,要严格按照化学实验所规定的步骤、试剂的规格和用量进行操作。学生若有新的见解或建议要改变实验步骤和试剂规格及用量时,须征得教师同意后,方可改变。

4. 做实验时精神要集中,操作要认真,观察要细致,并积极地进行思考。对于实验的内容、观察到的现象和得出的结论等,都要及时准确地做好记录。

5. 实验时应保持实验室和桌面清洁整齐。火柴梗、废纸屑、废液等应投入废液缸中,严禁投入或倒入水槽内,以防水槽和下水道管道堵塞或腐蚀。

6. 实验时要爱护财物,小心地使用仪器和实验设备;注意节约水、电、药品。使用精密仪器时,应严格按照操作规程进行,要谨慎细致。如果发现仪器有故障,应立即停止使用,及时报告指导教师。

7. 药品要按需取用,自药品瓶中取出的药品,不应倒回原瓶中,以免带入杂质;取用药品后,应立即盖上瓶塞,以免搞错瓶塞,沾污药品,并随即将药品放回原处。

8. 在实验室,必须注意安全,严格遵守操作规程和实验室安全规则。谨慎、妥善处理腐蚀性药品和易燃有毒药品。实验进行时不得擅自离开操作岗位。

9. 实验完毕后应将玻璃仪器洗涤洁净,放回原处。清洁并整理好桌面,打扫干净水槽和地面,最后洗净双手。

10. 实验结束后或离开实验室前,必须检查电插头或闸刀是否拉开,水龙头是否关闭等。实验室的一切物品(仪器、药品和实验产物等)不得带离实验室。

▶▶ 三、实验室安全规则

为了确保操作者、仪器设备及实验室的安全,每个进入实验室进行实验的学生,都应遵守有关规章制度,并对一般的安全常识有所了解。

1. 熟悉实验室环境,了解与安全有关的一切设施(如电闸、水管阀门、消防用品等)的位置和使用方法。

2. 实验室严禁吸烟、饮食、大声喧哗、打闹。

3. 易燃、易爆的试剂要远离火源和高温物体,妥善保管,以免引起灾害;有毒的挥发性有机物用后都应收集于指定的密闭容器中。

4. 灼热的器皿应放在石棉网或石棉板上,不可和冷物体接触,以免破裂;也不要用手接触,以免烫伤;更不要立即放入柜内或桌面上,以免引起燃烧或烙坏桌面。

5. 普通的玻璃瓶和容量器皿均不可加热,也不可倒入热溶液以免引起破裂或使容量不准。

6. 特殊仪器及设备应在熟悉其性能及使用方法后方可使用,并严格按照说明书操作。当情况不明时,不得随便接通仪器电源或扳动旋钮。

7. 加热试管时,不要将试管口指向自己或别人,不要俯视正在加热的液体,以免液体溅出,受到伤害。

8. 嗅闻气体时,应用手轻拂气体,扇向自己后再嗅。

9. 使用酒精灯时,应随用随点燃,不用时盖上灯罩。不要用已点燃的酒精灯去点燃别的酒精灯,以免乙醇溢出而失火。

10. 能产生有刺激性或有毒气体的实验,应在通风橱内(或通风处)进行。

11. 禁止随意混合各种试剂药品,以免发生意外事故。

12. 有毒试剂(如氰化物、钡盐、铅盐、砷的化合物、汞的化合物)不得进入口内或接触伤口,也不能将有毒物品随便倒入下水管道。

13. 浓酸、浓碱具有强腐蚀性,切勿溅到眼睛上。稀释浓硫酸时,应将浓硫酸慢慢倒入水中,而不能将水向浓硫酸中倾倒,以免喷溅灼伤。

14. 乙醚、乙醇、丙酮、苯等有机易燃物质,安放和使用时必须远离明火,取用完毕后应立即盖紧瓶塞和瓶盖。

15. 将玻璃管(棒)或温度计插入塞中时,应先检查塞孔大小是否合适,玻璃是否平滑,并用布裹住或涂些甘油等润滑剂后旋转而入。握玻璃管(棒)的手应靠近塞子,防止因玻璃管折断割伤皮肤。

16. 充分熟悉安全用具如石棉布、灭火器、砂桶及急救箱的放置地点和使用方法,并妥加爱护。安全用具及急救药品不准移作他用。

▶ 四、实验室意外事故的预防和处理

(一) 火灾、爆炸、中毒、触电事故的预防

1. 实验中使用的有机溶剂大多是易燃的。因此,着火是有机实验中常见的事故。防火的基本原则是使火源与溶剂尽可能离得远些。易燃、易挥发物品不能放置在敞口容器中。盛有易燃有机溶剂的容器不得靠近火源,数量较大的易燃有机溶剂应放在危险药品橱内。回流或蒸馏液体时应放沸石,以防溶液因过热暴沸而冲出。若在加热后发现未放沸石,则应停止加热,待稍冷后再放。否则在过热溶液中放入沸石会导致液体迅速沸腾,冲出瓶外而引起火灾。不要用火焰直接加热烧瓶,而应根据液体沸点高低采用相应的加热方法。冷凝水要保持畅通,以免大量蒸气来不及冷凝溢出而造成火灾。

2. 易燃有机溶剂(特别是低沸点易燃溶剂)在室温时即具有较大的蒸气压。当空气中易燃有机溶剂的蒸气达到某一极限时,遇有明火即发生燃烧爆炸。而且,有机溶剂蒸气都较空气的相对密度大,会沿着桌面或地面漂移至较远处,或沉积在低洼处。因此,切勿将易燃溶剂倒入废物缸中,更不能用开口容器盛放易燃溶剂。转移易燃溶剂应远离火源,最好在通风橱中进行。蒸馏易燃溶剂(特别是低沸点易燃溶剂),整套装置切勿漏气,接受器支管应与橡皮管相连,使余气通往水槽或室外。

3. 使用氢气、乙炔等易燃、易爆气体时,要保持室内空气畅通,严禁明火。并防止由于敲击、摩擦、马达炭刷或电器开关等产生的火花。

4. 若使用煤气,应经常检查煤气开关,并保持完好。煤气灯及其橡皮管在使用时也应仔细检查。发现漏气应立即熄灭火源,打开窗户,用肥皂水检查漏气地方。如果不能自行解决,应急告有关单位马上抢修。

5. 常压操作时,应使全套装置有一定的地方通向大气,严禁密闭体系操作。减压蒸馏时,要用圆底烧瓶或吸滤瓶作接收器,不能用锥形瓶,否则会发生炸裂。加压操作时(如高压釜、封管等)应经常注意釜内压力有无超过安全负荷,选用封管的玻璃管厚度是否适当、管壁是否均匀,并要有一定的防护措施。

6. 有些有机化合物遇氧化剂时会发生猛烈爆炸或燃烧,操作时应特别小心。存放药品时,应将氯酸钾、过氧化物、浓硝酸等强氧化剂和有机药品分开。

7. 开启储有挥发性液体的瓶塞和安瓿时,必须先充分冷却再开启(开启安瓿时要用布包裹)。开启时瓶口必须指向无人处,以免由于液体喷溅而遭致伤害。如遇瓶塞不易开启时,必须注意瓶内储物的性质,切不可贸然用火加热或乱敲瓶塞等。

8. 有些实验可能生成有危险性的化合物,操作时要特别小心。有些类型的化合物具有爆炸性,如叠氮化合物、干燥的重氮盐、硝酸酯、多硝基化合物等,使用时必须严格遵守操作规程。有些有机化合物如醚或共轭烯烃,久置后会生成易爆炸的过氧化物,必须经过特殊

处理后才能使用。

9. 有毒药品应认真操作,妥善保管,不许乱放。实验中所用的剧毒物质应有专人负责收发,并向使用者提出必须遵守的操作规程。实验后的有毒残渣必须经过妥善而有效的处理,不准乱丢。

10. 有些有毒物质会渗入皮肤,因此在接触固体或液体有毒物质时,必须戴橡皮手套,操作后立即洗手,切勿让毒品沾及五官或伤口。例如,氰化钠沾及伤口后就随血液循环全身,严重者会造成中毒死亡事故。

11. 在反应过程中可能生成有毒或有腐蚀性气体的实验应在通风橱内进行。并且实验开始后不要把头伸进橱内,器皿使用后应及时清洗。

12. 使用电器时,应防止人体与电器导电部分直接接触,不能用湿手接触电插头。为了防止触电,装置和设备的金属外壳等都应连接地线。实验结束后切断电源,再将连接电源的插头拔下。

(二) 实验室偶发事故的急救处理

有机化学实验中,使用的药品种类繁多,多数属易燃、易挥发、毒性、腐蚀性物品,实验中又多采用电炉、酒精灯加热等手段,大大增加了实验的潜在危险性。若操作不慎,极易发生着火、中毒、烧伤、爆炸、触电、漏水等事故。但如果做好防护措施,掌握正确的操作规程,以上诸事故均可完全避免。一旦遇到事故应立即采取适当措施并报告教师。

1. 着火事故的处理 实验室一旦发生着火事故,不要惊慌失措,应保持沉着镇静,并采取各种相应措施,控制火情不要扩大,以减少损失。首先,应立即移开未着火的易燃物,然后根据起火的原因和火势采取不同的方法扑灭。①地面或实验台面着火,若火势不大,可用湿抹布来灭火;②反应器皿内着火,可用石棉板盖住瓶口,火即熄灭;③若是少量溶剂(几毫升)着火,可任其烧完,小火可用石棉布或湿布及砂土盖熄;④电器着火,立即切断电源,熄灭附近所有的火源,并移开附近的易燃物质。火较大时,应根据具体情况使用下列灭火器材。

(1) 二氧化碳灭火器:是有机实验室中最常用的一种灭火器,用以扑灭有机物及电器设备的着火。它的钢筒内装有压缩的液态二氧化碳。使用时打开开关,一手提灭火器,一手握在喷出二氧化碳的喇叭筒的把手上。若握在喇叭筒上,因喷出时压力骤然降低,温度也骤降,易冻伤手。

(2) 泡沫灭火器:一般来说,因后处理比较麻烦,非大火通常不用。其内分别含有发泡剂的碳酸氢钠溶液和硫酸铝溶液。使用时颠倒筒身,两种溶液即反应生成硫酸氢钠、氢氧化铝及大量二氧化碳。灭火器筒内压力突然增大,大量二氧化碳泡沫喷出。

(3) 四氯化碳灭火器:用以扑灭电器内或电器附近的火,但不能在狭小或通风不良的实验室中应用,因为四氯化碳在高温时生成剧毒的光气;此外,四氯化碳和金属钠接触也要发生爆炸。使用时只需连续抽动唧筒,四氯化碳即会由喷嘴喷出。

无论用何种灭火器,都应从火的四周开始向中心扑灭。油浴和有机溶剂着火时绝对不能用水浇,因为这样反而会使火焰蔓延开来。若衣服着火,不要奔跑,应该用厚的外衣包裹使之熄灭。较严重的应躺在地上(以免火焰烧向头部)用防火毯紧紧包住,直至火熄灭,或打开附近的自来水开关用水冲淋熄灭,烧伤严重者应急送医疗单位。

2. 割伤 受伤后要仔细检查伤口有无玻璃碎片,若有应先取出伤口中的玻璃或固体物,用蒸馏水洗后,涂以碘酒,消毒纱布包扎,防止化学药品感染,并定期换药。大伤口则应先按紧主血管防止大量出血,急送医疗单位。

3. **烫伤** 轻伤涂些鞣酸油膏或香油,重伤涂以烫伤油膏后送医疗单位。

4. **试剂灼伤**

(1) 酸灼伤:立即用大量水洗,再用 3% ~ 5% 的碳酸氢钠溶液洗,最后再用水洗。严重时要消毒,擦干后涂些烫伤药膏,或急救后送医疗单位。

(2) 碱灼伤:立即用大量水洗,再以 1% ~ 2% 硼酸溶液洗,最后再用水洗。严重时同上处理。

(3) 溴灼伤:立即用大量水洗,再用乙醇擦至无溴液,然后涂上鱼肝油软膏。

(4) 钠灼伤:可见的小块用镊子移去,其余处理与碱灼伤相同。

5. **中毒** 溅入口中尚未咽下者应立即吐出,并用大量水冲洗口腔。已经吞下者,应根据毒物性质给以解毒剂,并立即送医疗单位。

(1) 腐蚀性毒物:对于强酸,先饮大量水,然后服用氢氧化铝凝膏、鸡蛋白;对于强碱,也应先饮大量水,然后服用醋、酸果汁、鸡蛋白。无论酸或碱中毒都要再给以牛奶灌注,不要吃呕吐剂。

(2) 刺激剂及神经性毒物:先用牛奶或鸡蛋白使之立即冲淡和缓和,再用一大匙硫酸镁(30g)溶于一杯水中催吐。有时也可用手指伸入喉部催吐,然后立即送医疗单位。

(3) 吸入气体中毒者,先将中毒者移至室外,解开衣领及纽扣。吸入少量氯气或溴时,可用碳酸氢钠漱口。

(4) 若温度计不慎将水银球碰破,为防止汞蒸气中毒,应用硫粉覆盖。

实验室应配备急救箱,里面应有以下物品:①绷带、纱布、棉花、橡皮膏、创可贴、医用镊子、剪刀等;②凡士林、玉树油或鞣酸油膏、烫伤油膏及消毒剂等;③乙酸溶液(2%)、硼酸溶液(1%)、碳酸氢钠溶液(1%)、乙醇、甘油等。

▶ **五、有机化学实验常用仪器简介**

实验表 1-1 列出了有机化学实验主要的玻璃仪器。一些常用的仪器如试管、烧杯、锥形瓶、容量瓶、量筒、表面皿、蒸发皿、滴管、点滴板、酒精灯等在无机化学实验中已使用这里将不再做介绍。

实验表 1-1 有机化学实验主要玻璃仪器简介

仪器名称	主要用途	使用注意事项
烧瓶 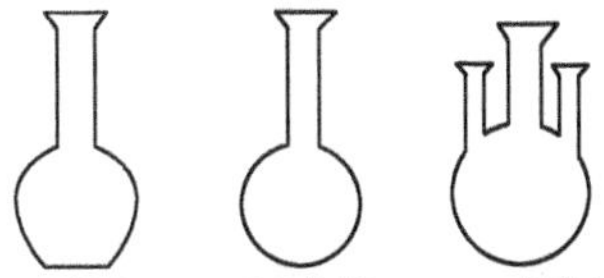 平底烧瓶　圆底烧瓶　三口烧瓶	1. 平底烧瓶和圆底烧瓶可用于试剂量较大的加热反应及装配气体发生装置;圆底烧瓶可作为蒸馏瓶 2. 三口烧瓶主要用于有机化合物的制备	1. 加热时需垫石棉网,并固定在铁架台上 2. 防止骤冷,以免容器破裂 3. 蒸馏装置中的被蒸馏液体一般不超过蒸馏瓶容积的 2/3,也不少于 1/3 4. 三口烧瓶的 3 个瓶口根据需要可方便插入温度计于溶液中,中间瓶口装滴液漏斗与蒸馏头或冷凝管等连接

仪器名称	主要用途	使用注意事项
分液漏斗 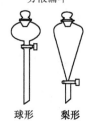 球形 梨形	1. 分离两种分层而不起作用的液体 2. 从溶液中萃取某种成分 3. 用水、碱或酸洗涤某些液体用来滴加某种试液或溶液	1. 使用前要检查活塞是否漏水,如果漏水,需将活塞擦干,均匀地涂上薄薄的一层凡士林(活塞的小孔处不能涂抹) 2. 所盛放的液体总量不能超过分液漏斗容积的3/4 3. 分液漏斗要固定在铁架台的铁圈上,不能用手拿分液漏斗的下端 4. 下层液体通过活塞放出,上层液体从漏斗口倒出 5. 用毕洗净后在活塞和磨砂口间垫小纸片,以防黏结
滴液漏斗 	用来滴加某些液体试剂	1. 玻塞打开后才能开启活塞 2. 使用前需检查是否漏水 3. 用完后,应用水冲洗干净,玻塞用薄纸包裹后塞回 4. 不能用手拿滴液漏斗的下端
蒸馏头	用于常压蒸馏	上口接温度计,斜口连接直形冷凝管
冷凝管 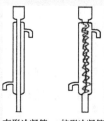 直形冷凝管 蛇形冷凝管 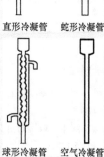 球形冷凝管 空气冷凝管	1. 主要用于蒸馏装置中冷却蒸气 2. 蒸馏沸点低于130℃的液体,选用直形冷凝管 3. 蒸馏沸点高于130℃的液体时,选用空气冷凝管 4. 蒸馏低沸点液体且须加快蒸馏时,则用蛇形冷凝管 5. 球形冷凝管一般用于回流	1. 用铁架台的万能夹夹住冷凝管的重心部位(约中上方) 2. 使用冷凝管时(除空气冷凝管外)冷凝水从下口进入,上口流出,上端出水口应向上,以保证套管中充满水 3. 蒸馏时,应先向冷凝管通冷水,再加热 4. 蛇形冷凝管须垂直装置,切不可斜装
刺形分馏柱 	用于分馏时,冷却混合液的蒸气	1. 使用时,分馏柱底部放一些玻璃丝以防止填充物下坠入蒸馏烧瓶中 2. 分馏柱中的填充物要保留一定的空隙 3. 尽量减少分馏柱的热量损失,必要时可在分馏柱的周围用石棉绳包裹

仪器名称	主要用途	使用注意事项
 蒸馏烧瓶　　克氏烧瓶	用于蒸馏时盛装被蒸馏的液体	1. 使用和装置时注意支管不要折断 2. 支管的熔接处不能直接加热 3. 蒸馏前应先检查是否漏气 4. 加热时需垫石棉网
接液管 	用于接受冷凝管中冷凝的液体	1. 接液管与接受容器(如锥形瓶)间不可用塞子塞住 2. 实验完毕,在拆除装置时,应先拆除接液管,后拆冷凝管
分馏头 	用于减压蒸馏	分馏头的 2 个上口分别连接毛细管和温度计,斜口连接直形冷凝管
真空三叉接液管 	用于具有多种馏分的减压蒸馏	真空三叉接液管连接 3 个接收瓶,小嘴用于抽真空,需要通过保护瓶与真空泵连接
T 形连接管 	主要起连接作用,在水蒸馏装置中,T 形管除连接作用外,还可除去由水蒸气中冷凝下来的水	当水蒸气蒸馏完毕,先打开 T 形管上的弹簧夹
熔点测定管 	用于测量熔点	1. 测定熔点时,熔点测定管应固定在铁架台上 2. 应在熔点测定管的倾斜部分进行加热 3. 加入的传温液要淹没测定管的上侧管口
抽滤瓶　　布氏漏斗 	用于吸滤装置,使析出的晶体从母液中分离出来。抽滤瓶用于接受滤液	1. 布氏漏斗以橡皮塞固定在抽滤瓶上,须紧密不漏气 2. 布氏漏斗下端的缺口对着抽滤瓶的侧管 3. 滤纸应小于布氏漏斗的底面,但须盖住小孔,用溶剂将滤纸湿润,使滤纸紧贴于布氏漏斗的底面

续表

仪器名称	主要用途	使用注意事项
保温漏斗 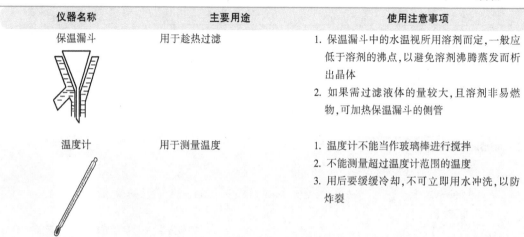	用于趁热过滤	1. 保温漏斗中的水温视所用溶剂而定,一般应低于溶剂的沸点,以避免溶剂沸腾蒸发而析出晶体 2. 如果需过滤液体的量较大,且溶剂非易燃物,可加热保温漏斗的侧管
温度计	用于测量温度	1. 温度计不能当作玻璃棒进行搅拌 2. 不能测量超过温度计范围的温度 3. 用后要缓缓冷却,不可立即用水冲洗,以防炸裂

▶ 六、常用仪器的洗涤、保养及使用

(一) 玻璃仪器的洗涤和保养

化学实验用的玻璃仪器一般都需要干净的,洗涤仪器的方法很多,应根据实验的要求、污物的性质和污染的程度来决定。

有机化学实验的各种玻璃仪器的性能是不同的。必须掌握它们的性能、保养和洗涤方法,才能正确使用,提高实验效果,避免不必要的损失。下面介绍几种常用的玻璃仪器的保养和洗涤方法。

1. 温度计　水银球部位的玻璃很薄,容易打破,使用时要特别留心:一是不能用温度计当搅拌棒使用;二是不能测定超过温度计的最高刻度的温度;三是不能把温度计长时间放在高温的溶剂中,否则,会使水银球变形,乃至读数不准。

温度计用后要让它慢慢冷却,特别在测量高温之后,切不可立即用水冲洗。否则,会破裂,或水银柱破裂,应悬挂在铁座架上,待冷却后把它洗净抹干,放回温度计盒内,盒底要垫上一小块棉花。如果是纸盒,放回温度计时要检查盒底是否完好。

2. 冷凝管　通水后很重,所以装置冷凝管时应将夹子夹紧在冷凝管的重心的地方,以免翻倒。如内外管都是玻璃质的则不适用于高温蒸馏。

洗刷冷凝管时要用长毛刷,如用洗涤液或有机溶液洗涤时,用软木塞塞住一端。不用时,应直立放置,使之易干。

3. 蒸馏烧瓶　支管容易被碰断,故无论在使用时或放置时要特别注意蒸馏烧瓶的支管,支管的熔接处不能直接加热。其洗涤方法和烧瓶的洗涤方法相同。

4. 分液漏斗　活塞和盖子都是磨砂口的,若非原配的,就可能不严密。所以,使用时要注意保护它,各个分液漏斗之间也不要互相调换,用后一定要在活塞和盖子的磨砂口间垫上纸片,以免日久后难于打开。

(二) 玻璃仪器的干燥

有机化学实验往往都要使用干燥的玻璃仪器,故要养成在每次实验后马上把玻璃仪器洗净和倒置使之干燥的习惯。干燥玻璃仪器的方法有下列几种:

1. 自然风干　是指把已洗净的仪器(洗净的标志是玻璃仪器的器壁上,不应附着有不溶物或油污,装着水把它倒转过来,水顺着器壁流下,器壁上只留下一层既薄又均匀的水膜,不挂水珠)放干燥架上自然风干,这是常用和简单的方法。但必须注意,如玻璃仪器洗得不够干净,水珠不易流下,干燥较为缓慢。

2. 烘干　把玻璃仪器放入烘箱内烘干。仪器口向上,带有磨砂口玻璃塞的仪器,必须取出活塞拿开后才可烘干,烘箱内的温度保持100~105℃,片刻即可。当把已烘干的玻璃仪器拿出来时,最好先在烘箱内降至室温后才取出。切不可让很热的玻璃仪器沾上水,以免破裂。

3. 吹干　用压缩空气,或用吹风机把仪器吹干。

(三) 加热与冷却

1. 加热与热源　实验室常用的热源有煤气、乙醇和电能。为了加速有机反应,往往需要加热,从加热方式来看有直接加热和间接加热。在有机实验室里一般不用直接加热,如用电热板加热圆底烧瓶,会因受热不均匀,导致局部过热,甚至导致破裂,所以,在实验室安全规则中规定禁止用明火直接加热易燃的溶剂。

为了保证加热均匀,一般使用热浴间接加热,作为传热的介质有空气、水、有机液体、熔融的盐和金属。根据加热温度、升温速度等的需要,常采用下列手段。

(1) 空气浴:这是利用热空气间接加热,对于沸点在80℃以上的液体均可采用。把容器放在石棉网上加热,这就是最简单的空气浴。但是,受热仍不均匀,故不能用于回流低沸点易燃的液体或者减压蒸馏。

半球形的电热套属于比较好的空气浴,因为电热套中的电热丝是玻璃纤维包裹着的,较安全,一般可加热至400℃,电热套主要用于回流加热。蒸馏或减压蒸馏以不用为宜,因为在蒸馏过程中随着容器内物质逐渐减少,会使容器壁过热。电热套有各种规格,取用时要与容器的大小相适应。为了便于控制温度,要连调压变压器。

(2) 水浴:当加热的温度不超过100℃时,最好使用水浴加热,水浴为较常用的热浴。但是,必须强调指出,当用于钾和钠的操作时,绝不能在水浴上进行。使用水浴时,勿使容器触及水浴器壁或其底部。如果加热温度稍高于100℃,则可选用适当无机盐类的饱和水溶液作为热溶液。

例如:

盐类	饱和水溶液的沸点(℃)
NaCl	109
$MgSO_4$	108
KNO_3	116
$CaCl_2$	180

由于水浴中的水不断蒸发,适当时添加热水,使水浴中水面经常保持稍高于容器内的液面。

总之,使用液体热浴时,热浴的液面应略高于容器中的液面。

(3) 油浴:适用于100~250℃加热,优点是使反应物受热均匀,反应物的温度一般低于油浴液20℃左右。

常用的油浴液有:①甘油:可以加热到140~150℃,温度过高时则会分解;②植物油:如菜油、蓖麻油和花生油等,可以加热到220℃,常加入1%对苯二酚等抗氧化剂,便于久用,温度过高时则会分解达到燃点时可能燃烧起来,所以,使用时要小心;③石蜡:能加热到200℃左右,冷到室温时凝成固体,保存方便;④石蜡油:可以加热到200℃左右,温度稍高并不分解,但较易燃烧。

用油浴加热时,要特别小心,防止着火,当油受热冒烟时,应立即停止加热。油浴中应挂一支温度计,可以观察油浴的温度和有无过热现象,便于调节火焰控制温度。油量不能过多,否则受热后有溢出而引起火灾的危险。使用油浴时要极力防止可能引起油浴燃烧的因素。

加热完毕取出反应容器时,仍用铁夹夹住反应容器使其离开液面悬置片刻,待容器壁上附着的油滴完后,用纸和干布揩干。

(4)砂浴:一般是用铁盆装干燥的细海砂(或河沙),把反应容器半埋砂中加热。加热沸点在80℃以上的液体时可以采用,特别适用于加热温度在220℃以上者,但砂浴的缺点是传热慢,温度上升慢,且不易控制,因此,砂层要薄一些。砂浴中应插入温度计。温度计水银球要靠近反应器。

2. 冷却与冷却剂　在有机实验中,有时须采用一定的冷却剂进行冷却操作,在一定的低温条件下进行反应、分离提纯等。例如:

(1)某些反应要在特定的低温条件下进行的,才利于有机物的生成,如重氮化反应一般在0~5℃进行。

(2)沸点很低的有机物,冷却时可减少损失。

(3)加速结晶的析出。

(4)高度真空蒸馏装置(一般有机实验很少运用)。

根据不同的要求,选用适当的冷却剂冷却,最简单的是用水和碎冰的混合物,可冷却至0~5℃,它比单纯用冰块有较大的冷却效能。因为冰水混合物与容器的器壁充分接触。若在碎冰中酌加适量的盐类,则得冰盐混合冷却剂的温度可在0℃以下,如普通常用的食盐与碎冰的混合物(33:100),其温度可由始温-1℃降至-21.3℃。但在实际操作中温度为-18~-5℃。冰盐浴不宜用大块的冰,而且要按上述比例将食盐均匀撒布在碎冰上,这样冰冷效果才好。

(四)干燥与干燥剂

有机物干燥的方法大致有物理方法(不加干燥剂)和化学方法(加入干燥剂)两种。

物理方法如吸收、分馏等,近年来应用分子筛来脱水,在实验室中常用化学干燥法,其特点是在有机液体中加入干燥剂,干燥剂与水起化学反应,或与水结合生成水化物,从而除去有机液体所含的水分,达到干燥的目的。用这种方法干燥时,有机液体中所含的水分不能太多(一般在百分之几以下)。否则,必须使用大量的干燥剂,同时有机液体因被干燥剂带走而造成的损失也较大。

1. 液体的干燥　常用干燥剂的种类很多,选用时必须注意下列几点:①干燥剂与有机物应不发生任何化学变化,对有机物亦无催化作用;②干燥剂应不溶于有机液体中;③干燥剂的干燥速度快,吸水量大,价格便宜。

(1)无水氯化钙:价廉、吸水能力大,是最常用的干燥剂之一。与水化合可生成一、二、四或六水化合物(在30℃以下)。它只适于烃类、卤代烃、醚类等有机物的干燥,不适于醇、胺和某些醛、酮、酯等有机物的干燥(因为能与它们形成络合物),也不宜用作酸(或酸性液体)的干燥剂。

（2）无水硫酸镁：是中性盐，不与有机物和酸性物质起作用。可作为各类有机物的干燥剂，它与水生成 $MgSO_4 \cdot 7H_2O$（48℃以下）。价较廉，吸水量大，故可用于不能用无水氯化钙来干燥的许多化合物。

（3）无水硫酸钠：用途和无水硫酸镁相似，价廉，但吸水能力和吸水速度都差一些。与水结合生成 $Na_2SO_4 \cdot 10H_2O$（37℃以下）。当有机物水分较多时，常先用本品处理后再用其他干燥剂处理。

（4）无水碳酸钾：吸水能力一般，与水生成 $K_2CO_3 \cdot 2H_2O$，作用慢，可用干燥醇、酯、酮、腈类等中性有机物和生物碱等一般的有机碱性物质。但不适用于干燥酸、酚或其他酸性物质。

（5）金属钠：醚、烷烃等有机物用无水氯化钙或硫酸镁等处理后，若仍含有微量的水分时，可加入金属钠（切成薄片或压成丝）除去。不宜用作醇、酯、酸、卤代烃、醛、酮及某些胺等能与碱起反应或易被还原的有机物的干燥剂。

各类有机物的常用干燥剂见实验表 1-2。

实验表 1-2　各类有机物的常用干燥剂

液态有机化合物	适用的干燥剂
醚类、烷烃、芳烃	$CaCl_2$、Na、P_2O_5
醇类	K_2CO_3、$MgSO_4$、Na_2SO_4、CaO
醛类	$MgSO_4$、Na_2SO_4
酮类	$MgSO_4$、Na_2SO_4、K_2CO_3
酸类	$MgSO_4$、Na_2SO_4
酯类	$MgSO_4$、Na_2SO_4、K_2CO_3
卤代烃	$CaCl_2$、$MgSO_4$、Na_2SO_4、P_2O_5
有机碱类（胺类）	$NaOH$、KOH

液态有机化合物的干燥操作一般在干燥的三角烧瓶内进行。把按照条件选定的干燥剂投入液体里，塞紧（用金属钠作干燥剂时则例外，此时塞中应插入一个无水氯化钙管，使氢气放空而水气不致进入），振荡片刻，静置，使所有的水分全被吸去。如果水分太多，或干燥剂用量太少，致使部分干燥剂溶解于水时，可将干燥剂滤出，用吸管吸出水层，再加入新的干燥剂，放置一定时间，将液体与干燥剂分离，进行蒸馏精制。

2. 固体的干燥　从重结晶得到的固体常带水分或有机溶剂，应根据化合物的性质选择适当的方法进行干燥。

（1）自然晾干：这是最简便、最经济的干燥方法。把要干燥的化合物先在滤纸上面压平，然后在一张滤纸上面薄薄地摊开，用另一张滤纸覆盖起来，在空气中慢慢地晾干。

（2）加热干燥：对于热稳定的固体可以放在烘箱内烘干，加热的温度切忌超过该固体的熔点，以免固体变色和分解，如属需要可在真空恒温干燥箱中干燥。

（3）红外线干燥：特点是穿透性强，干燥快。

（4）干燥器干燥：对易吸湿或在较高温度干燥时，会分解或变色的可用干燥器干燥，干燥器有普通干燥器和真空干燥器两种。

七、实验预习、实验记录和实验报告

实验预习、实验记录和实验报告是学生做好实验的重要环节。为了使实验能够达到预期的效果,学生在做有机化学实验之前,必须认真地阅读本书实验1,有机化学实验基本知识。在进行每个实验时,必须认真做好预习、如实填写实验记录并认真书写实验报告。

(一) 预习报告的书写

实验预习是有机化学实验的重要环节,对实验成功与否、收获大小起着重要的作用,实验前必须阅读实验的全部内容。

1. 对于基本操作实验,预习报告的具体内容包括:①实验目的;②仪器装置简图;③实验步骤;④注意事项。

2. 对于性质实验,预习报告的内容包括:①实验目的;②反应及操作原理(用反应式写出主反应和副反应,并写出反应机理,简单叙述操作原理;③实验所用的仪器及药品(规格、型号、数量;试剂的名称、规格);④操作步骤;⑤现象及解释。

3. 对于制备有机化合物的实验,预习报告包括:①实验目的;②实验原理(写出反应式);③正确而清楚地画出装置图;④原料和主要产物的重要物理常数(如熔点、沸点、溶解度等);⑤实验步骤(画出实验流程简图);⑥注意事项。

预习时,应想清楚每一步操作规程的目的是什么,为什么这么做,要弄清楚本次实验的关键步骤和难点,实验中有哪些安全问题。预习是做好实验的关键,只有预习好了,实验时才能做到又快又好。

(二) 实验记录

学生每人必须有一个实验记录本,不得用散纸。进行实验时做到操作认真,观察仔细,并随时将测得的数据或观察到的实验现象记在记录本上,养成边实验边记录的好习惯,记录必须忠实详尽,不能虚假。记录的内容包括实验的全部过程,如加入药品的数量,仪器装置,每一步操作的时间、内容和所观察到的现象(包括温度、颜色、体积或质量的数据等)。记录要求实事求是,准确反映真实的情况,特别是当观察到的现象和预期的不同,以及操作步骤与教材规定的不一致时,要按照实际情况记录清楚,以便作为总结讨论的依据。其他各项,如实验过程中一些准备工作、现象解释、称量数据,以及其他备忘事项,可以记在备注栏内。应该牢记,实际记录是原始资料,科学工作者必须重视。

(三) 实验报告

实验完成后应及时写出实验报告。实验报告是学生完成实验的一个重要步骤,通过实验报告,可以培养学生判断问题、分析问题和解决问题的能力。一份合格的实验报告应包括以下内容。

1. **实验名称** 通常作为实验题目出现。

2. **实验目的** 简述该实验所要求达到的目的和要求。

3. **实验原理** 简要介绍实验的基本原理,主要反应方程式及副反应方程式。

4. **实验所用的仪器、药品及装置** 要写明所用仪器的型号、数量、规格;试剂的名称、规格。

5. **原料及产物的物理常数** 列出主要试剂的相对分子质量、相对密度、熔点、沸点和溶解度等。

6. **仪器装置图** 画出主要仪器装置图。

7. **实验内容、步骤** 要求简明扼要,尽量用表格、框图、符号表示,不要全盘抄书。

8. **实验现象和数据的记录** 在自己观察的基础上如实记录。

9. **结论、解释和数据处理** 化学现象的解释最好用化学反应方程式,如果是合成实验要写明产物的特征、产量,并计算产率。

10. **总结讨论** 对实验中遇到的疑难问题提出自己的见解。分析产生误差的原因,对实验方法、教学方法、实验内容、实验装置等提出意见或建议,包括回答思考题。

(商成喜)

实验 2 熔点的测定

一、实验目的

1. 了解熔点测定的基本原理和应用。
2. 熟悉温度计校正的方法。
3. 掌握熔点测定的操作方法。

二、实验原理

熔点的测定是有机化学实验中的重要基本操作。熔点是指固体物质在大气压下加热熔化时的温度。严格地讲,熔点是指固体物质在一个大气压下达到固-液两相平衡时的温度。

纯净的固体有机物一般都具有固定的熔点,固-液两相之间的变化非常敏锐,从初熔到全熔的温度范围称熔程或熔距,一般不超过 0.5~1℃(除液晶外)。当混有杂质时,熔点就有显著的变化,将会使其熔点降低且熔程变长。

熔点测定的意义:粗略地鉴定固体样品;检验化合物纯度;确定两个固体样品是否为同一化合物。

熔点测定的方法:毛细管法(Thiele 管法或 b 型管法)

三、实验用品

1. **仪器** 熔点测定管、200℃温度计、铁架台、毛细管、酒精灯、烧瓶夹、牛角匙、直角夹、玻璃管(内径 10mm 左右,长 50cm)、铁圈、表面皿。

2. **试剂** 尿素、桂皮酸。

四、实验内容与步骤

1. **传热液的选择** 测量熔点 200℃以下的样品,可用液体石蜡作传热液。样品熔点在 220℃左右,可采用浓硫酸作为传热液。熔点较低的物质,也可用甘油作为传热液。

2. **样品的填装** 取绿豆大小的干燥样品,研成细粉,置于表面皿上,并集中成堆。将一端熔封好的毛细管开口一端插入其中,使少许样品进入毛细管中。取一根空心玻管竖在另一干净表面皿上,把装有样品的毛细管(封闭端朝下),从这根玻璃管口自由落下,反复几次,使样品紧密填在毛细管底部。毛细管内样品高度宜为 2.5~3.5mm。每种样品填装 2 根毛细管。

3. 测定熔点的装置　按实验图 2-1 装置好仪器。把温度计固定在已有开口的软木塞或带有孔眼的温度计套管中。温度计上的刻度及软木塞的缺口部分应正对操作者。温度计的水银球部分要置于提勒管(b 型管)两侧管的中间,且不能靠在提勒管管壁。附在温度计下端的毛细管中的样品,位于温度计水银球侧面中部(实验图 2-2)。

用酒精灯在熔点测定管的侧管末端缓缓加热,开始时温度变化每分钟上升 5~10℃,当距熔点 10~15℃,则改用小火继续加热,控制在每分钟升温 1~2℃。

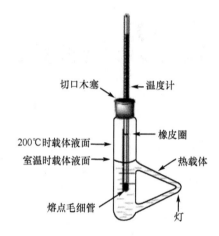

温度计
切口木塞
橡皮圈
200℃时载体液面
室温时载体液面
热载体
熔点毛细管
灯

●●● 实验图 2-1　熔点测定装置 ●●●

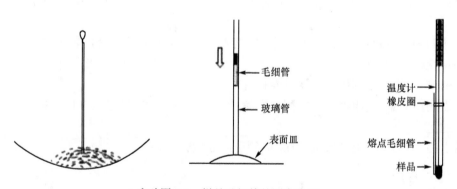

毛细管
玻璃管
表面皿

温度计
橡皮圈
熔点毛细管
样品

●●● 实验图 2-2　样品毛细管的固定位置 ●●●

4. 熔点的判断　在上述加热近熔点的同时,应密切仔细观察温度和样品的变化情况。当毛细管内样品开始变形、塌落(有凹面形成)或样品开始湿润、出现液滴时,记下此时的温度,这是始熔(开始熔化)温度;继续加热和观察,当样品全部熔化时,记下此时的温度为全熔温度。始熔至全熔之间的温度范围,称为熔程。一般纯净物的熔程为 0.5~1℃,若含少量杂质,样品的熔程则增大。

5. 样品的测定　本实验以尿素和桂皮酸为样品,每种样品测 2 次。第一次为粗测,加热可稍快些。测得大致熔点范围后,待传热液温度降到 30℃左右,再取另一根装好样品的新的毛细管,按同样方法进行第二次测定。

测定完毕后,待传热液冷却后再倒回原瓶中,温度计冷却后,用废纸擦去传热液再用水冲洗,否则温度计易炸裂。

五、实验指导和注意事项

1. 熔点管必须洁净,熔点管不洁净,等于样品中有杂质,致使测得熔点偏低,熔程加大。如含有灰尘等,能产生 4~10℃ 的误差。

2. 熔点管底一定要封好,熔点管底部如果未完全封闭,空气会进入,加热时,可看到有气泡从溶液中跑出接着溶液进入,结晶很快熔化,会使结果偏低。

3. 样品粉碎要细并填装要实,样品研得不细和装得不紧密,里面含有空隙,充满空气,而空气导热系数小传热慢,会使所测熔点数据偏高,熔程偏大。

4. 样品一定要干燥且纯净,如果样品未完全干燥,内有水分和其他溶剂,加热,溶剂气化,使样品松动熔化,也使所测熔点数据偏低,熔程加大;如果样品含有杂质的话情况同上。

5. 样品量要适中,如果样品量太少不便观察,而且熔点偏低;太多会造成熔程变大,熔点偏高。

6. 升温速度应慢,让热传导有充分的时间,加热太快,升温太快,会使所测熔点数据偏高,熔程大,所以加热不能太快。

7. 测定熔点应注意毛细管的规格大小,由于毛细管内装入样品的量对熔点测定结果有影响,若内径过大,全熔温度会偏高,故毛细管的内径必须符合药典规定。

8. 温度计必须经过校正后用,最好绘制校正曲线,否则会影响测定结果的准确性。

六、思考题

1. 什么是固体物质的熔点? 固体纯净物与混合物在熔点数据上有何不同?
2. 有两种样品,测得其熔点数据相同,如何证明它们是相同还是不同物质?
3. 杂质混入样品后,熔点为什么会降低?

(赵桂欣)

实验 3 常压蒸馏和沸点的测定

一、实验目的

1. 掌握常压蒸馏的原理及液体有机化合物沸点测定的方法。
2. 熟悉纯净液态有机化合物的基本方法。
3. 了解常压蒸馏及沸点测定的应用。

二、实验原理

在一定条件下,液体物质的蒸气压为一定值。液体物质蒸气压的大小由内因和外因决定,内因即液体的本性;外因即温度和压力。液体的蒸气压随着温度的升高而增大,当液体蒸气压与外界大气压相等时,液体开始沸腾,此时的温度称为沸点。不同的物质沸点不同,在一定压力下,纯净液体有机化合物的沸点为一定值,测定沸点对有机化合物的纯度具有重要意义。

液体加热沸腾产生蒸气,蒸气经冷凝管冷却变为液体的联合操作过程称为蒸馏。在常压(101.3kPa)条件下进行的蒸馏称为常压蒸馏。将沸点差别较大(≥30℃)的混合液体蒸馏时,沸点较低者先蒸出,沸点较高的随后蒸出,不挥发或难挥发的留在蒸馏瓶内,这样可达到分离和提纯的目的,故蒸馏为分离和提纯液态有机化合物常用的方法之一。

纯的液态有机化合物在蒸馏过程中温度变化范围(沸程)很小,一般不超过0.5~1℃,而混合物没有固定的沸点,沸程变化较大,因此蒸馏可用来测定纯净液体的沸点,也可用来初步判断化合物的纯度。值得注意的是,纯的液态有机化合物沸点固定,但沸点固定的液体不一定都是纯的化合物,因为有些有机化合物与其他物质形成的二元或三元共沸物也具有一定的沸点。

利用常压蒸馏可测定液体的沸点,由于此法样品用量较大,要10ml以上,故称常量法。若样品较少,可采用微量法测定液体的沸点。微量法用样量少,容易操作,测定时间短,是测定液体沸点最常用的方法。

蒸馏操作是实验室中常用的实验技术,一般用于以下几方面:①分离液体混合物,仅对混合物中各成分的沸点有较大差别(如30℃以上)时才能有效地进行分离。②测定化合物的沸点(常量法)。③提纯液体及低熔点固体,以除去不挥发性的杂质。④回收溶剂,或蒸出部分溶剂以浓缩溶液。

▶▶ 三、实验用品

1. 仪器 蒸馏烧瓶、直形冷凝管、铁架台、铁夹、铁圈、温度计、石棉网、酒精灯、橡皮管、玻璃漏斗、量筒、小试管、毛细管、橡皮圈、接液管、锥形瓶、提勒管(b型管)。

2. 试剂 工业乙醇、沸石。

▶▶ 四、实验内容和步骤

(一) 常压蒸馏装置的安装

实验室常用的蒸馏装置(实验图3-1)主要有三部分组成:①蒸馏烧瓶:一般为带蒸馏头的圆底烧瓶或平底烧瓶,为加热容器。液体在瓶内受热气化,蒸气经支管进入冷凝管。②冷凝管:作用是将蒸气冷凝为液体。常用的冷凝管有空气冷凝管和直形冷凝管,液体沸点高于140℃的用空气冷凝管,沸点低于140℃的用直形冷凝管。无论冷凝管为何形状,冷凝管下端始终为进水口,上端为出水口,上端出水口应向上,以保证套管内充满水。③接受器:由接液管和接受瓶(锥形瓶或圆底烧瓶)组成,两者不可用塞子塞紧,应与大气相通。

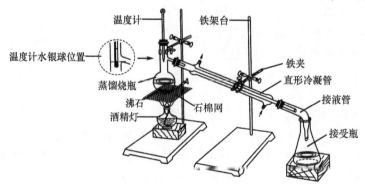

•••• 实验图3-1 常压蒸馏装置图 ••••

仪器安装前,首先要根据被蒸馏液体的量,选择大小合适的蒸馏瓶,一般蒸馏物的体积占蒸馏瓶容积的1/3~2/3,若被蒸馏物的量过多,沸腾时液体可能喷出,混入馏出液;若蒸馏瓶过大,蒸馏结束时会有较多的液体残留,收率降低。

仪器的安装顺序为从热源开始,自下而上,从左到右,依次安放铁圈、石棉网,然后安装蒸馏瓶。蒸馏瓶用铁夹垂直夹好,安装冷凝管时应先调整好它的位置,使其与蒸馏瓶支管同轴,然后再松开固定冷凝管的铁夹,使冷凝管沿此轴移动与蒸馏瓶连接,在冷凝管尾部依次连接接液管和接受瓶。整套装置安装好后应具有良好的气密性,不论从侧面或背面看,各个仪器的中心线都要在一条直线上,所有铁夹和铁架台应尽可能整齐地放在仪器的背部。

（二）蒸馏操作及沸点测定

1. 蒸馏操作

（1）装样:将待蒸馏液通过玻璃漏斗小心倒入蒸馏瓶中,避免液体从支管流出,加入几粒沸石或碎瓷片,固定好带温度计的胶塞,调整温度计水银球的位置,使温度计水银球的上限恰好与蒸馏烧瓶的支管的下限在同一水平线上(实验图3-1)。

（2）加热:安装好整套装置后,检查其气密性,缓慢接通冷凝水后开始加热。液体沸腾后,可观察到蒸气逐渐上升,当蒸气上升到温度计水银球周围时,温度计读数急剧上升,此时应适当调整加热的温度,使蒸馏速度控制在1~2滴/秒。在整个蒸馏过程中,应使温度计水银球上经常有被冷凝的液滴,此时的温度即为液体与蒸气平衡时的温度,温度计的读数就是液体(馏出液)的沸点。

（3）观察沸点及收集馏出液:在蒸馏前,至少要准备2个接受瓶(锥形瓶)。因为在达到所需要物质的沸点前,常有沸点较低的液体先蒸出,这部分馏液称为"馏头"或"前馏分"。前馏分蒸完,温度趋于稳定后,蒸出的即为较纯的物质,这时应更换另一个洁净干燥的接受瓶,并记下这部分液体开始馏出时和最后一滴时温度计的读数,读数为该馏出液的沸程(沸点范围)。如待蒸馏液中含有高沸点杂质,再继续加热时,温度计读数会显著升高;若维持原来的加热温度,就不会再有馏出液,温度会突然下降,此时应停止加热。但要注意的是,无论蒸馏何种液体都不能蒸干,至少要在留1ml左右的液体时停止加热,以免蒸馏瓶破裂或发生其他意外事故。

（4）仪器拆卸,计算回收率:蒸馏完毕,应先停火,再停冷凝水,然后按与安装时相反的顺序拆卸。收集馏分,计算回收率。

2. 常量法测定沸点　在蒸馏瓶中加入100ml工业乙醇。装样时用玻璃漏斗将蒸馏液体小心倒入,注意勿使乙醇从支管流出,加入2~3粒沸石,固定好温度计,调节温度计水银球至正确的位置(实验图3-1),开启冷凝水,开始加热,当液体开始沸腾,蒸气到达温度计水银球时,温度计读数急剧上升,这时应调节加热速度,控制蒸馏速度1~2滴/秒。当温度计读数恒定时,更换接受瓶,并记下馏出液开始馏出和最后一滴时温度计的读数,读数为该馏出液的沸程。继续蒸馏,定期记录馏出温度直至蒸馏瓶内仅剩1~2ml液体,若维持原来的加热速度,温度计读数会突然下降,即可停止蒸馏。不应将瓶内液体完全蒸干。观察、记录工业乙醇沸程,记下馏出液的体积,计算回收率。

3. 微量法测定沸点

（1）沸点测定装置的组装：沸点管由有内管和外管构成。内管是长 4 ~6cm，一端熔封、内径为 1mm 的毛细管，外管是长 8 ~9cm，内径为 4~5mm 的小试管。外管封闭端在下，用橡皮圈把外管固定在温度计旁，外管下端和温度水银球计底部处于同一水平线，橡皮圈固定在热载体液面合适位置上（要考虑到载体受热膨胀）。被测液体工业乙醇（3~4 滴）放在沸点管里，将内管开口向下插入待测乙醇内，将沸点管装入盛有水的提勒管中（实验图 3-2）。

（2）测定时，将装入沸点管的提勒管固定在铁架台上，然后如图 3-2 所示开始加热。由于内管里气体受热膨胀，很快就会有小气泡缓缓逸出。当达到一定温度时，气泡快速连续不断地冒出，此时停止加热，随着温度的降低，气泡逸出的速度会明显减慢。当看到气泡不再逸出而液体刚要缩回沸点内管（外液面与内液面等高）的瞬间，马上记下此时的温度，该温度即为工业乙醇的沸点。

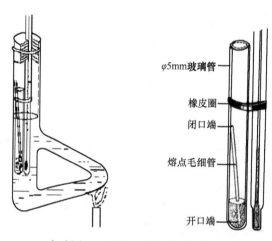

φ5mm玻璃管

橡皮圈

闭口端

熔点毛细管

开口端

●∷● 实验图 3-2　微量法测定沸点的装置 ●∷●

（3）待水浴温度下降后，更换一根新的毛细管重复上述操作，记录读数，取平均值。

微量法测定沸点应注意两个问题：第一，加热不能过快，待测液体不宜太少，以防液体全部汽化；第二，观察仔细、及时并重复 2~3 次，其误差不得超过 1 ℃。

▶▶ 五、实验指导和注意事项

1. 冷却水流速以能保证蒸气充分冷凝为宜，通常只需保持缓缓水流即可。

2. 冷凝管可分为水冷凝管和空气冷凝管两类，水冷凝管用于被蒸馏液体沸点在 130 ℃以下的液体；对于被蒸馏液体沸点高于 130 ℃以上的液体，不宜使用水冷凝管，因为蒸气温度较高易使冷凝管破裂，应选用空气冷凝管。

3. 在开始加热前必须加入沸石（表面疏松多孔的碎瓷片）。绝大多数液体在加热时经常发生过热现象（温度超过沸点而不沸腾），如继续加热，液体就会产生爆沸现象而冲溢出瓶外。沸石的微孔中由于吸附了一些空气，在加热时就可以形成液体分子气化的中心，从而保证液体及时沸腾而避免爆沸。如果加热前忘了加沸石，补加时应停止加热，待液体冷至沸点以下后方可加入。若蒸馏在中途停止过，重新蒸馏时应加入新的沸石。

4. 蒸馏时不能加热太快，否则会在蒸馏瓶的颈部造成过热现象，使水银球的蒸气来不及冷凝，这样由温度计读得的沸点偏高；另一方面蒸馏也不能进行得太慢，否则由于温度计的水银球不能为馏出液蒸气所浸润而使温度计上所读得的沸点偏低。

5. 注意液体切勿蒸干,以防止意外事故发生。蒸馏完毕,应先撤除热源,待体系稍冷后再停止通冷凝水。

▶ 六、思考题

1. 在常压蒸馏时,如果温度计水银球超过蒸馏瓶支管口上缘或插至液面,对实验结果有何影响?

2. 在蒸馏过程中,由于某种原因停止加热,再次加热蒸馏前,是否需要加新的沸石?为什么?

3. 加热后有馏分出来时,才发现冷凝管未通水,应如何处理?为什么?

(唐晓光)

实验 4 萃取和洗涤

▶ 一、实验目的

1. 掌握分液漏斗的使用方法。
2. 熟悉萃取法的基本原理和方法。

▶ 二、实验原理

萃取和洗涤是利用物质在不同溶剂中的溶解度不同来进行分离的操作。萃取和洗涤在原理上是一样的,只是目的不同。从混合物中抽取所需的物质,称萃取或提取;从混合物中除去不需要的杂质,称洗涤。下面介绍液-液萃取原理。

(一) 分配定律

为将溶质 X 从溶剂 A 中萃取出来,选择对 X 溶解度大,且与溶剂 A 不混溶也不发生化学反应的溶剂 B(称萃取剂)。在一定温度下,当 X 在 A、B 两相间达到分配平衡时,有机物 X 在 A、B 两种溶剂中的浓度之比为一常数,称为分配系数用 K 来表示,此规律称为分配定律。表示为:

分配系数=X 在溶剂 A 中的浓度/X 在溶剂 B 中的浓度

由分配定律可推导出萃取效果与萃取次数的关系为:

$$m_n = m\left[KV/(KV+V')\right]^n$$

式中,V—待萃取溶液的体积(ml)(因溶质量小,溶液的体积可看作与溶剂 A 体积相等);

m—待萃取溶液中溶质 X 的总含量(g);

V'—每次萃取时所用溶剂 B 的体积(ml);

m_n—第 n 次萃取后溶质 X 在溶剂 A 中的剩余量(g);

K—分配系数。

由于 $KV/(KV+V')<1$,所以 n 越大,m_n 就越小。即将一定量溶剂分成几份对溶液进行多

次(一般为 3~5 次)萃取,既能节省溶剂,又能提高萃取效果。

(二) 操作方法

把待萃取溶液放入分液漏斗中,加入适量溶剂 B,充分振荡,静置,待液体彻底分层后,将下层放出,上层由上口倒出,回收溶剂。

(三) 液-液萃取的适用范围

1. 液体混合物中各组分间的沸点非常接近,采用蒸馏方法不经济。
2. 液体混合物中各组分在蒸馏时形成恒沸物,用蒸馏方法不能达到所需的纯度。
3. 液体混合物中需分离的组分含量低并且难挥发。
4. 液体混合物中需分离的组分是热敏感性物质,蒸馏时易分解、聚合或发生其他变化。

三、实验用品

1. **仪器** 分液漏斗、量筒、试管、锥形瓶。
2. **试剂** 0.01% 碘四氯化碳溶液、1% 碘化钾水溶液、凡士林。

四、实验内容和步骤

(一) 萃取步骤

在分液漏斗活塞上涂好凡士林,塞后旋转数圈,使凡士林均匀分布,再用小橡皮圈套住活塞尾部的小槽,防止活塞滑脱。关好活塞,装入待萃取物和萃取溶剂,塞好塞子,旋紧。先用右手食指末节将漏斗上端玻塞顶住,再用大拇指及食指和中指握住漏斗,用左手的食指和中指蜷握在活塞的柄上,上下轻轻振摇分液漏斗,使两相之间充分接触,以提高萃取效率,见实验图 4-1。每振摇几次后,就要将漏斗尾部向上倾斜(朝无人处)打开活塞放气,以解除漏斗中的压力。如此重复至放气时只有很小压力后,再剧烈振摇 2~3 分钟,静置,待两相完全分开后,打开上面的玻塞,再将活塞缓缓旋开,下层液体自活塞放出,有时在两相间可能出现一些絮状物也应同时放去。然后将上层液体从分液漏斗上口倒出,切不可从活塞放出,以免被残留在漏斗颈上的另一种液体所沾污。

(二) 萃取内容

1. 一次萃取

●● 实验图 4-1 分液漏斗的使用 ●●

(1) 准确量取 10ml 0.01% 碘四氯化碳溶液,放入分液漏斗中,再加入 40ml 1% 碘化钾水溶液进行萃取操作,分去碘化钾水溶液层,取碘四氯化碳溶液层 3ml 于编号为 1 的试管中备用。

(2) 准确量取 10ml 0.01% 碘四氯化碳溶液,放入分液漏斗中,再加入 20ml 1% 碘化钾水溶液进行萃取操作,分去碘化钾水溶液层,取碘四氯化碳溶液层 3ml 于编号为 2 的试管中备用。

2. 多次萃取 取 10ml 0.01% 碘四氯化碳溶液溶液分别每次用 20ml 1% 碘化钾水溶液进行二次萃取操作,分离后,取经二次萃取后的碘四氯化碳溶液层 3ml 于编号为 3 的试管中备用。

3. 萃取效果检测

（1）将盛有 3ml 0.01%碘四氯化碳溶液的试管（编号为4）分别与编号为1、2、3的试管的颜色进行比较,写出结果。

（2）通过比较总结所用萃取剂量、萃取次数与萃取效果的关系。

▶ 五、实验指导和注意事项

1. 选择容积较液体体积大一倍以上的分液漏斗,把活塞擦干,在活塞上均匀涂上一层凡士林,使凡士林均匀分布,看上去透明即可。

2. 检查分液漏斗的顶塞与活塞处是否渗漏(用水检验),确认不漏水时方可使用。

3. 将被萃取液和萃取剂依次从上口倒入漏斗中,塞紧顶塞(顶塞不能涂凡士林)。

4. 待两层液体完全分开后,打开顶塞,再将下层液体自活塞放出至接受瓶。

▶ 六、思考题

1. 萃取和洗涤有何区别和联系?

2. 如何选择萃取剂?

3. 出现乳化现象解决的方法通常有哪些?

（商成喜）

实验 5 醇和酚的性质

▶ 一、实验目的

1. 验证醇和酚的主要化学性质。

2. 掌握伯醇、仲醇、叔醇、具有邻二醇结构多元醇和苯酚等物质的鉴别。

▶ 二、实验原理

醇的化学性质主要由官能团羟基决定,其化学反应主要发生在羟基及与羟基相连的碳原子上,主要包括 O—H 键和 C—O 键的断裂。此外,由于 α-氢原子具有一定的活泼性,能发生氧化、消除等化学反应。

醇分子中与羟基直接相连的 α-碳原子上若有氢原子,由于受到羟基的影响,α-H 较活泼,较易脱氢氧化成羰基化合物。伯醇、仲醇的蒸气在高温下通过高活性铜(或银)催化剂发生脱氢反应,在高锰酸钾或重铬酸钾的酸性溶液中发生加氧氧化,分别生成醛和酮,叔醇没有 α-H,不能被氧化。

醇与氢卤酸的反应速度与氢卤酸的活性和醇的结构有关:

HX 的反应活性次序:HI ＞ HBr ＞HCl

醇的活性次序:叔醇 ＞ 仲醇 ＞伯醇

用卢卡斯试剂(浓 HCl + 无水 $ZnCl_2$)可鉴别6个以下碳原子的伯、仲、叔醇。在室温下,叔醇迅速发生反应,立即浑浊;仲醇则需要放置片刻才会出现浑浊或分层;而伯醇在室温下数小时无浑浊或分层现象。

在多元醇中，由于羟基数目增多，酸性增大，因此多元醇具有弱酸性。邻羟基多元醇可以与氢氧化铜作用，生成深蓝色甘油铜溶液，由此可以鉴定邻羟基多元醇。

$$\begin{array}{c} CH_2-OH \\ | \\ CH-OH \\ | \\ CH_2-OH \end{array} + Cu(OH)_2 \longrightarrow \begin{array}{c} CH_2-O \\ | \quad\quad Cu \\ CH-O \\ | \\ CH_2-OH \end{array} + H_2O$$

酚和醇都含有羟基，但由于酚羟基与醇羟基所连接烃基不同，化学性质有着明显的差异。酚酸性比醇强，较难发生羟基被取代的反应（不发生消除反应）；酚羟基活化芳环，易发生苯环上的亲电取代反应。

酚易被氧化为醌类化合物，氧化物的颜色随着氧化程度的深化而逐渐加深，由无色而呈粉红色、红色以至暗红色。

大多数酚都能与 FeCl_3 溶液发生显色反应，可用来检验酚的存在。

三、实验用品

1. 仪器　试管、烧杯、酒精灯、水浴锅、火柴。

2. 试剂　金属钠、无水乙醇、正丁醇、仲丁醇、叔丁醇、乙二醇、蒸馏水、卢卡斯试剂、$3mol/L$ H_2SO_4、$1mol/L$ HCl、$0.17mol/L$ $K_2Cr_2O_7$ 溶液、$2.5mol/L$ NaOH 溶液、$5mol/L$ NaOH 溶液、$0.3mol/L$ $CuSO_4$ 溶液、甘油、$0.2mol/L$ 苯酚溶液、$0.2mol/L$ 邻苯二酚溶液、$0.2mol/L$ 苯甲醇溶液、$0.5mol/L$ Na_2CO_3 溶液、$0.5mol/L$ $NaHCO_3$ 溶液、饱和 $NaHCO_3$ 溶液、饱和溴水、$0.06mol/L$ $FeCl_3$ 溶液、$0.03mol/L$ $KMnO_4$ 溶液酚酞试剂。

四、实验内容和步骤

（一）醇的性质

1. 醇与金属钠的反应　在 2 支干燥的试管中，分别加入 1ml 无水乙醇，1 ml 正丁醇，再各加入一粒黄豆大小的金属钠，观察两支试管中反应速度有何差异？用大拇指按住试管口片刻，再用点燃的火柴接近管口，观察有什么情况发生？醇与钠作用后期，反应逐渐变慢，这时需用小火加热，使反应进行完全，直至钠粒完全消失。静置冷却，将反应液倒入表面皿中，待溶液挥发后，观察现象。向表面皿中加入蒸馏水少许，然后加入酚酞试液 1 滴，观察、记录和解释变化，并写出有关化学反应式。

2. 醇的氧化　取 4 支试管，分别加入正丁醇、仲丁醇、叔丁醇、蒸馏水各 3 滴。然后在以上 4 支试管中分别加入 $3mol/L$ H_2SO_4、$0.17mol/L$ $K_2Cr_2O_7$ 溶液各 2~3 滴，振摇，观察和解释变化，并写出有关化学反应式。

3. 与卢卡斯试剂反应　取干燥试管 3 支，分别加入正丁醇、仲丁醇、叔丁醇各 3 滴，在 50~60℃水浴中预热片刻。然后同时向 3 支试管中加入卢卡斯试剂 1ml，振摇，观察和解释变化并写出有关化学反应式。

4. 甘油与氢氧化铜的反应　在 3 支试管中，分别加入 1ml $2.5mol/L$ NaOH 溶液和 $0.3mol/L$ $CuSO_4$ 溶液 10 滴，立即析出蓝色氢氧化铜沉淀。充分振摇后分别滴入 10 滴乙醇、甘油、乙二醇，振摇并观察溶液颜色的变化。再加入过量的稀盐酸观察溶液颜色又有何变化。

（二）酚的性质

1. 苯酚的水溶性和弱酸性

（1）在试管中放入少量苯酚晶体和 1ml 水，振摇并观察溶解性。蘸取 1 滴于蓝色石蕊试纸上,观察颜色有何变化。加热试管后再观察其中的变化。将溶液冷却,观察有何变化。

（2）取 2 支试管,编号,各加入少量苯酚晶体和 1ml 纯化水。往 1# 试管中加入 1 ml 0.5mol/L NaOH 溶液,振荡,观察现象;往 2# 试管中加入 1ml 饱和 NaHCO3 溶液,振荡,观察、记录、解释现象。

2. 苯酚与溴的反应 在试管中加入饱和溴水 10 滴,滴加 0.2mol/L 苯酚溶液 2 滴,振摇,观察和解释变化,写出有关化学反应方程式。

3. 酚与三氯化铁的反应 取试管 3 支,分别加入 0.2mol/L 苯酚溶液、0.2mol/L 邻苯二酚溶液、0.2mol/L 苯甲醇溶液各数滴,再各加 0.06mol/L FeCl3 溶液 1 滴,振摇,观察和解释变化。

4. 酚的氧化 在试管中加入 2.5mol/L NaOH 溶液 5 滴、0.03mol/L KMnO4 溶液 1~2 滴,再加入 0.2mol/L 苯酚溶液 2~3 滴,观察和解释变化。

▶ 五、实验指导和注意事项

1. 做乙醇与金属钠的反应实验,试管一定要干燥。若有水存在,金属钠首先与水反应,反应会非常剧烈,并且对实验结果有干扰。

2. 醇与卢卡斯试剂反应所用试管一定要是干燥的,否则会影响鉴定结果。

3. 溴水是溴化剂,也是氧化剂。当苯酚的水溶液发生溴代反应时,很快产生白色沉淀,如果继续与过量的溴水作用,可变为淡黄色难溶于水的四溴化物。

4. 溴水毒性很强且易挥发,使用时应谨慎、快速操作,防止吸入体内。

5. 苯酚具有腐蚀性,使用时应细心操作。一旦洒落到皮肤或衣服上,应及时用自来水冲洗,并用稀的碳酸钠溶液擦拭皮肤。

6. 做具有邻二醇结构的多元醇鉴定实验时,应先制备氢氧化铜,且氢氧化钠要过量,然后再加入醇,才能得到明显的实验现象。

▶ 六、思考题

1. 醇与金属钠作用时为什么必须使用干燥试管和无水醇?

2. 哪些试剂可用于正丁醇、仲丁醇、叔丁醇的鉴别?

3. 一元醇和邻二醇可用什么方法来鉴别?

4. 为什么苯酚溶于氢氧化钠而不能溶于碳酸氢钠溶液?

（商成喜）

实验 **6** 醛和酮的性质

▶ 一、实验目的

1. 进行醛和酮主要化学性质验证的实验操作。

2. 掌握醛和酮的鉴别方法。

3. 学会托伦试剂和斐林试剂的配制。

二、实验原理

醛、酮分子中都含有羰基,统称为羰基化合物,它们具有许多相同的性质。因为羰基中的 π 电子云偏向于电负性较大的氧原子,使氧原子带部分负电荷,碳原子带部分正电荷,易发生亲核加成反应。例如,醛酮都易与 2,4-二硝基苯肼加成,生成黄色的 2,4-二硝基苯腙沉淀,此反应常用于羰基化合物的鉴定。

醛酮分子中 α-H 由于受到羰基的影响具有很大的活性。乙醛、甲基酮、乙醇及具有 $CH_3CH(OH)R$ 结构的醇均可发生碘仿反应,生成淡黄色的碘仿。

$$CH_3-\overset{O}{\overset{\|}{C}}-R(H) + 3I_2 + 4NaOH \Longrightarrow CHI_3\downarrow + (H)R-\overset{O}{\overset{\|}{C}}-ONa + 3NaI + 3H_2O$$
碘仿

由于羰基所连的基团不同,又使醛、酮具有不同的性质,如醛能被弱氧化剂托伦(Tollens)试剂、斐林(Fehling)试剂(只有脂肪醛与该试剂反应)所氧化,能与希夫(Schiff)试剂产生颜色反应等,而酮不能,由此可区别醛和酮。另外甲醛因还原性强,与斐林试剂反应形成铜镜;甲醛与希夫试剂所产生的颜色加硫酸后不消失,而其他醛所产生的颜色加硫酸后则褪去,因此用以上两种方法可以将甲醛与其他醛区别开。

$$(Ar)R-CHO+2[Ag(NH_3)_2]OH \xrightarrow{\triangle} (Ar)R-COONH_4+2Ag\downarrow+3NH_3+H_2O$$

$$R-CHO+2Cu^{2+}+2OH^- \longrightarrow R-COO^-+Cu_2O\downarrow+H_2O$$

$$H-CHO+Cu^{2+}+2OH^- \longrightarrow H-COO^-+Cu\downarrow+H_2O$$

有些酮可表现出某些特殊的反应。例如,丙酮在碱性溶液中能与亚硝酰铁氰化钠发生颜色反应,此反应用作检验丙酮的存在。

三、实验用品

1. 仪器 大试管、小试管、烧杯、温度计(100℃)、石棉网、酒精灯。

2. 试剂 甲醛、乙醛、苯甲醛、丙酮、乙醇、2,4-二硝基苯肼试剂、碘试剂、2mol/L 氢氧化钠溶液、0.05mol/L 硝酸银溶液、0.5mol/L 氨水溶液、斐林试剂甲、斐林试剂乙、0.05mol/L 亚硝酰铁氰化钠、希夫试剂。

四、实验内容和步骤

(一)加成反应

醛、酮与 2,4-二硝基苯肼的反应:取 4 支试管,分别加入 5 滴甲醛、乙醛、丙酮、苯甲醛,再各加入 10 滴 2,4-二硝基苯肼试剂,充分振荡后,静置片刻,观察有无沉淀析出。如无沉淀,可用玻璃棒摩擦试管内壁,促使晶体析出。观察现象并写出有关化学反应式。

(二)活泼 α-H 的反应——碘仿反应

取 4 支试管,分别加入 5 滴甲醛、乙醛、丙酮、乙醇,再各加入 10 滴碘试剂,然后分别滴加 2mol/L 氢氧化钠溶液至碘的颜色恰好褪去。振荡,观察有无沉淀生成,若无沉淀,可在 60℃ 左右的温水浴中温热数分钟,冷却后再观察,记录并解释发生的现象,写出有关化学反应式。

（三）醛的还原性

1. 银镜反应　在 1 支洁净的大试管中加入 2ml 0.05mol/L 硝酸银溶液，再加入 1 滴 2 mol/L 氢氧化钠溶液，此时有褐色的氧化银沉淀生成。然后边振荡边滴加 0.5mol/L 氨水，直至生成的沉淀恰好溶解为止（即得托伦试剂）。然后将托伦试剂分装到 4 支洁净的试管中，再分别加入 5 滴甲醛、乙醛、丙酮、苯甲醛，放在 80℃ 水浴中加热 2~3 分钟，观察现象并写出有关化学反应式。

2. 斐林反应　在大试管中加入 2ml 斐林试剂甲和 2ml 斐林试剂乙，混合均匀（即得斐林试剂），然后分装到 4 支洁净的试管中，再分别加入 4 滴甲醛、乙醛、丙酮、苯甲醛，振荡，放在 80℃ 水浴中加热 2~3 分钟，观察现象并写出有关化学反应式。

（四）醛的显色反应——希夫反应

取 4 支试管，分别滴加 5 滴甲醛、乙醛、乙醇、丙酮，然后再各加入 10 滴希夫试剂，记录并解释发生的现象

（五）丙酮的鉴别

取 2 支试管，各加入 1ml 0.05mol/L 亚硝酰铁氰化钠和 2 滴 2mol/L 氢氧化钠溶液，摇匀，再分别加入 5 滴乙醛和丙酮，记录并解释发生的现象。

五、实验指导和注意事项

1. 碘仿反应实验中，滴加碱后溶液必须呈黄色，应有微量的碘存在，若已成无色可反滴碘试液；醛和酮不宜过量，否则会使碘仿溶解；碱若过量，会使碘仿分解。

2. 易被氧化的糖类及其他还原性物质均可与托伦试剂作用。试管必须十分洁净，否则不能生成银镜，仅出现黑色絮状沉淀。反应时必须水浴加热，否则会生成具有爆炸性的雷酸银。反应完毕，试管用稀硝酸洗涤。托伦试剂久置会析出黑色的氮化银，振动易分解引起爆炸，所以托伦试剂必须在临使用前配制。

3. 脂肪醛可与斐林试剂反应，芳香醛、酮则不能。反应结果取决于还原剂浓度的大小及加热时间的长短，可能析出 Cu_2O（砖红色）、$CuOH$（黄色）或 Cu（暗红色）。因此，有时反应液的颜色变化为绿色（由淡蓝色的氢氧化铜与黄色的氢氧化亚铜混合所致）—黄色—红色沉淀。甲醛可将氢氧化亚铜还原为暗红色的金属铜（铜镜）。

4. 某些酮和不饱和化合物及易吸附 SO_2 的物质能使希夫试剂恢复原有的桃红色，不应作为阳性反应。反应时不能加热，溶液中不能含有碱性物质和氧化剂，否则 SO_2 逸去，使试剂变回原有的颜色，干扰鉴别。故宜在冷溶液中及酸性条件下进行。

六、思考题

1. 鉴别醛、酮有哪些简便的方法？
2. 试述碘仿反应的应用范围。
3. 进行银镜反应时要注意哪些事项？
4. 用简单方法鉴别下列化合物：苯甲醛、甲醛、乙醛、丙酮、异丙醇。

（陈　霞）

实验 **7** 羧酸和取代羧酸的性质

▶ 一、实验目的

1. 验证羧酸和取代羧酸主要化学性质。
2. 掌握羧酸和取代羧酸的鉴别方法。
3. 学会草酸脱羧反应、酯化反应的实验操作。

▶ 二、实验原理

羧酸由烃基和羧基组成，其化学反应主要发生在羧基上。羧酸的酸性小于无机酸而大于碳酸（H_2CO_3 $pK_{a_1} = 6.38$）和酚（$pK_a = 10$）。故羧酸能与碱作用成盐，也可分解碳酸盐。此性质可用于醇、酚、羧酸的鉴别、分离和提纯，不溶于水的羧酸既溶于氢氧化钠也溶于碳酸钠和碳酸氢钠，不易溶于水的酚能溶于氢氧化钠不溶于碳酸氢钠，不溶于水的醇既不溶于氢氧化钠也不溶于碳酸氢钠。

甲酸有较强的酸性，它的酸性比其他饱和一元酸强；由于分子中含有醛基，甲酸具有还原性，能发生银镜反应，能与斐林试剂发生反应，还能使高锰酸钾溶液褪色。这些反应可用于甲酸的鉴别。

草酸由于两个相邻羧基的相互影响，在适当条件下可发生脱羧反应。此外草酸还可以被高锰酸钾氧化。

羧酸在浓硫酸的作用下与醇作用生成酯和水，称为酯化反应，大多数酯具有花香味和果香味。

重要的取代羧酸有羟基酸、酮酸和卤代酸。它们的酸性比相应羧酸强。其中酚酸中含有酚羟基，具有酚的性质，遇三氯化铁显紫色。

▶ 三、实验用品

1. 仪器 试管、试管夹、药匙、带塞导管、铁架台、铁夹、酒精灯、水浴锅、烧杯、温度计、量筒、石棉网、火柴。

2. 试剂 甲酸、冰醋酸、草酸、异戊醇、苯甲酸、10g/L 氢氧化钠溶液、0.1mol/L 盐酸、无水碳酸钠、乳酸、酒石酸、水杨酸、2mol/L 乙酸溶液、托伦试剂、2g/L 高锰酸钾溶液、3mol/L 硫酸、澄清饱和石灰水、浓硫酸、乙酰水杨酸、2mol/L 一氯乙酸溶液、2mol/L 三氯乙酸溶液、0.1mol/L 三氯化铁、0.1mol/L 硝酸银溶液、饱和碳酸钠溶液、广范 pH 试纸、甲基紫指示剂。

▶ 四、实验内容与步骤

（一）羧酸的酸性

1. 羧酸的酸性比较 取 3 支试管，各加入 1ml 纯化水，再分别加入 5 滴甲酸、乙酸及草酸晶体少许，振摇。用广范 pH 试纸测其近似 pH，记录并解释上述 3 种酸的酸性强弱。

2. 与碱的反应 取 1 支试管，加入少许苯甲酸晶体和 1ml 纯化水，振荡并观察溶解情况。边振荡边向试管中滴加 10g/L NaOH 溶液至恰好澄清，观察现象并写出化学反应方程式。再逐滴加入 0.1mol/L HCl 溶液,观察和记录现象并解释。

3. 与碳酸盐的反应　取 1 支试管,加入少许无水碳酸钠,然后加入 2mol/L 乙酸溶液约 3ml,观察、记录现象并写出化学反应式。

(二) 取代羧酸的酸性

1. 氯代酸酸性比较　取 3 支试管,分别加入 2mol/L 乙酸溶液、2mol/L 一氯乙酸溶液、2mol/L 三氯乙酸溶液各 10 滴,用广范 pH 试纸测试它们的近似酸性。然后再向 3 支试管中滴加甲基紫指示剂(甲基紫指示剂变色范围:pH = 0.2~1.5 黄~绿;pH = 1.5~3.2 绿~紫)1~2 滴,观察指示剂颜色变化,比较 3 种酸的酸性强弱。

2. 羟基酸酸性比较　取 2 支试管,分别加入乳酸、酒石酸各少许,然后各加入蒸馏水 1ml,振荡,观察溶解情况。再分别用广范 pH 试纸测其近似 pH,记录并解释 2 种酸的酸性强弱。

(三) 甲酸和草酸的还原性

1. 与高锰酸钾的反应　取 3 支试管,分别加入 10 滴甲酸、乙酸和草酸晶体少许,再加入 10 滴 2g/L 高锰酸钾溶液和 2 滴 3mol/L 硫酸溶液,振摇后加热至沸腾,观察和记录现象并解释。

2. 与托伦试剂的反应　取 1 支洁净的试管,加入 5 滴甲酸,边振荡边滴入 10g/L 氢氧化钠溶液中和至碱性,再加入 10 滴新配制的托伦试剂,摇匀,放入 50~60℃ 的水浴中加热数分钟,观察和记录现象并解释。

(四) 脱羧反应

在一支干燥的大试管中放入约 2g 草酸,用带有导气管的塞子塞紧,试管口略向下稍倾斜固定在铁架台上,将导气管出口插入到盛有约 2ml 澄清饱和石灰水的试管中,小心加热大试管,仔细观察石灰水的变化,记录和解释发生的现象并写出化学反应式。

(五) 酯化反应

在干燥的大试管中加入乙酸和异戊醇各 1ml,边振荡边滴入 10 滴浓硫酸,然后将试管放入 60~70℃ 的水浴中加热约 10 分钟,取出试管待冷却后加入 2ml 的水,闻所生成物质的气味,观察、解释现象并写出化学反应式。

(六) 水杨酸和乙酰水杨酸与三氯化铁反应

取 2 支试管,分别加入 0.1mol/L 三氯化铁溶液 1 滴,各加水 1ml。向第一支试管中加少许水杨酸晶体,第二支试管中加少许乙酰水杨酸晶体。振摇,观察两试管的变化;加热第二支试管,并观察加热前后的变化。记录现象并解释。

▶▶ 五、实验指导和注意事项

1. 银镜反应需在碱性条件下进行,甲酸的酸性较强,若直接加入到弱碱性的银氨溶液中,会使配合物失效,因此需要先用碱中和甲酸。

2. 酯化反应温度不能过高,若超过乙酸和异戊醇的沸点,会使两者挥发,使现象不明显。

3. 脱羧反应实验结束后,要先移去石灰水试管,再移去火源,以防石灰水倒吸入灼热的试管中引起炸裂。

六、思考题

1. 为什么甲酸能发生银镜反应,而其他羧酸不能?
2. 设计验证乙酸的酸性比碳酸强,而苯酚的酸性比碳酸弱的实验方案。
3. 做脱羧反应实验时,若将过量的 CO_2 通入到石灰水中会出现什么现象?

（陈　霞）

实验 8　乙酰水杨酸(阿司匹林)的制备

一、实验目的

1. 通过本实验,掌握酰化反应的基本原理及其基本操作技术。
2. 巩固重结晶、抽滤等有机合成中常用的基本方法。
3. 了解乙酰水杨酸中杂质的来源及纯化方法。

二、实验原理

乙酰水杨酸又称阿司匹林,化学名称为 2-乙酰氧基苯甲酸,其结构式为:

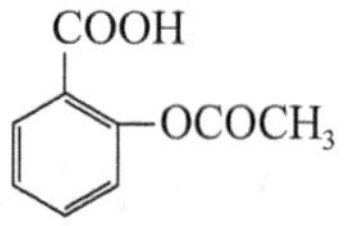

阿司匹林是常用的解热镇痛药。

乙酰水杨酸为白色针状或片状结晶,熔点 136℃,微溶于水,易溶于乙醇。合成乙酰水杨酸通常用水杨酸与乙酸酐作用,通过酰化反应,使水杨酸分子中羟基上的氢原子被乙酰基取代,生成乙酰水杨酸。为了加速反应的进行,通常加入少量的浓硫酸作催化剂,其作用是破坏水杨酸分子中羧基与酚羟基间形成的氢键,从而使酰化反应较易完成。合成反应方程式为:

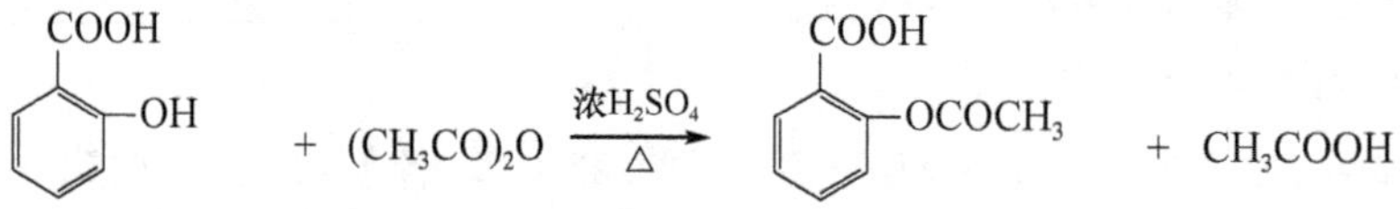

三、实验用品

1. **仪器**　锥形瓶(50ml、100ml、150ml)、恒温水浴锅、布氏漏斗、抽滤装置、量筒(50ml、100ml)、100ml 烧杯、温度计、玻璃棒、台秤、剪刀、滤纸等。

2. **试剂**　水杨酸、乙酸酐、浓硫酸、无水乙醇、50%乙醇。

四、实验内容及步骤

1. **合成**　称取 6g 水杨酸置于干燥的 150ml 锥形瓶中,缓慢加入 8ml 乙酸酐,滴入 4 滴浓硫酸,塞紧胶塞,轻轻振摇,使水杨酸全部溶解。将锥形瓶放在 50~60℃ 水浴中加热 10~15 分钟。水浴加热过程中要注意不断摇动锥形瓶。

将反应液冷却至室温,待晶体析出后,加入纯化水 90ml,用玻璃杯轻轻搅拌,继续冷却直至大量的结晶完全析出。

2. 抽滤　将布氏漏斗安装在抽滤瓶上,选择合适的滤纸置于布氏漏斗中,先湿润滤纸,再打开减压泵,滤纸抽紧后,将上述待滤结晶溶液缓慢地倾入漏斗中,抽虑。得到的晶体用 18ml 纯化水分 3 次快速洗涤,并尽量压紧抽干,即得粗制的乙酰水杨酸。

3. 精制　将粗制的乙酰水杨酸置于干燥的 50ml 锥形瓶中,加入无水乙醇 18ml,于水浴上微热溶解;另在 100ml 锥形瓶中加入纯化水 48ml,加热至 60℃;将粗品乙醇溶液倒入热水中,如有颜色,加少量的活性炭脱色,趁热抽滤,滤液中如有固体析出,则加热至溶解;将滤液倒入一干净的小烧杯中,放置,自然冷却至室温,即慢慢析出白色针状结晶,滤过,用 6ml 50% 乙醇洗涤 2 次,抽干。置红外灯下干燥(不超过 60℃为宜),即得纯化的乙酰水杨酸。

称重,计算产率。

五、实验指导及注意事项

1. 酰化反应所用仪器必须干燥无水。

2. 反应温度不宜过高,否则将增加副产品的生成(乙酰水杨酰水杨酸酯、水杨酰水杨酸酯)。

3. 抽气过滤时,布氏漏斗中的滤纸须用少量的乙醇湿润。

4. 抽滤所得的固体,在洗涤时,应先停止减压,用刮刀轻轻将固体拨松,用约 5ml 水浸湿结晶,再打开减压阀抽滤。

5. 由于水杨酸易漂浮,所以合成过程中的振动幅度不可过大,否则水杨酸会附着在锥形瓶上部,不易被酰化,影响合成产率。

六、思考题

1. 为什么在合成乙酰水杨酸时要使用干燥的锥形瓶,并且加入乙酸酐后要塞紧瓶塞进行摇动?

2. 重结晶提纯的原理是什么?

3. 通过实验你认为在制备乙酰水杨酸的过程中,应注意哪些问题才能保证有较高的产率?

(陈　霞)

实验 9　乙酸乙酯的制备

一、实验目的

1. 熟悉利用酯化反应制备乙酸乙酯的方法。

2. 掌握蒸馏、萃取、洗涤、干燥等基本操作。

二、实验原理

有机酸和醇在酸催化下生成酯和水的反应,称为酯化反应。在本实验中,以乙酸和乙醇为原料,在浓硫酸催化下,进行反应制备乙酸乙酯。

$$CH_3COOH+C_2H_5OH \xrightarrow[110\sim120℃]{H_2SO_4} CH_3COOC_2H_5+H_2O$$

酯化反应为可逆反应,要提高酯的产率,必须使反应向有利于生成酯的方向进行。通常采用的方法是:加入过量的羧酸或醇,或者不断地蒸发出反应过程中生成的酯或水,或者两者同时采用。本实验中采用加入过量醇的方法。

由于乙酸乙酯与水形成共沸物,其沸点比乙醇和乙酸的沸点低,故很容易将生成的酯从体系中蒸出。馏出液中除乙酸乙酯和水外,还有少量的乙醇、乙酸等,故需用饱和碳酸钠溶液洗涤除去乙酸,用饱和氯化钙溶液洗去乙醇,并用无水硫酸镁进行干燥除去水,再通过蒸馏收集73~78℃的馏分,得到纯的乙酸乙酯。

乙酸乙酯为无色水果香味的液体。

三、实验用品

1. 仪器　圆底烧瓶(50ml、100ml)、150ml 三口烧瓶、直形冷凝管、接液管、电热套、125ml 分液漏斗、100℃温度计、60ml 滴液漏斗、50ml 量筒、50ml 锥形瓶、广范 pH 试纸。

2. 试剂　无水乙醇(分析纯)、冰醋酸(分析纯)、浓硫酸、无水硫酸镁、饱和碳酸钠溶液、饱和氯化钠溶液、饱和氯化钙溶液、沸石。

四、实验内容及操作步骤

1. 制备　在150ml 干燥的三口烧瓶中,加入无水乙醇 12ml,慢慢加入浓硫酸 6ml,摇匀,加入 2~3 粒沸石。参照实验图 9-1,安装乙酸乙酯制备装置,滴液漏斗末端和温度计的水银球均浸入液面以下。分别向滴液漏斗中加入无水乙醇 12ml 及冰醋酸 12ml,混合均匀。

开始加热前,由滴液漏斗中向反应瓶内滴入 3~4ml 反应混合物。用电热套缓慢加热,反应温度控制在 110~120℃。当有馏出液流出时,慢慢从滴液漏斗继续滴加剩余的反应混合液,控制滴液速度和馏出速度大致相等,约 30 分钟滴加完毕,继续加热蒸馏数分钟,直到温度升高到 130℃时不再有液体馏出为止。

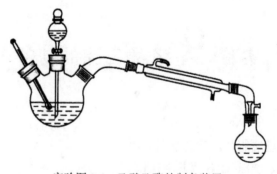

●●● 实验图 9-1　乙酸乙酯的制备装置 ●●●

2. 精制　向馏出液中缓慢加入 10ml 饱和碳酸钠溶液,边加边振荡,直到无二氧化碳气体产生。然后将混合液转移到分液漏斗,充分振摇后(注意不断通过活塞放气),静置。分去下层水溶液,酯层依次用饱和氯化钠溶液 10ml,饱和氯化钙溶液 10ml 洗涤一次。弃去下层液体,酯层用无水硫酸镁干燥。将干燥的粗乙酸乙酯滤入干燥的 30ml 烧瓶中,加入沸石后在水浴上进行蒸馏,收集 73~78℃的馏分,称量,计算产率。

▶ 五、实验指导及注意事项

1. 加热回流时,要控制好温度,温度低,反应不完全,温度高,会增加副产物的含量,影响酯的纯度。

2. 加浓硫酸时,要少量缓慢加入,硫酸的用量为醇的 3% 时即能起到催化作用,还能起到脱水作用而增加酯的产量,但硫酸用量过多,由于氧化作用反而对反应不利。

3. 控制滴加液体的速度,速度太快会使乙醇来不及反应就被蒸出,降低酯的产率。

4. 当酯层用饱和碳酸钠溶液洗涤后,必须用水将酯层中的碳酸钠彻底洗干净,否则下一步用饱和氯化钙洗涤除醇时会产生絮状的碳酸钙沉淀,导致分离困难。但因酯在水中有一定的溶解度,为了减少由此造成的损失,故用饱和氯化钠溶液代替水洗。

▶ 六、思考题

1. 本实验中采取哪些措施促使酯化反应向生成乙酸乙酯的方向进行?
2. 蒸出的粗产品中主要有哪些杂质?如何除去?

(商成喜)

实验 *10* 旋光度的测定

▶ 一、实验目的

1. 掌握利用旋光仪测定物质旋光度的方法。
2. 熟悉比旋光度的计算。
3. 了解旋光仪的构造。

▶ 二、实验原理

有些有机化合物是手性分子,能使偏振光的振动平面发生旋转,这类物质称为旋光性物质或光学活性物质,如乳酸、葡萄糖等。而旋光度是指旋光性物质使偏振光的振动面旋转的角度。

物质的旋光度与溶液的浓度、溶剂、温度、旋光测定管长度和所用光源的波长等都有关系,因此常用比旋光度 $[\alpha]_\lambda^t$ 来表示各物质的旋光性。比旋光度和旋光度之间的关系可用下式表示:

$$[\alpha]_\lambda^t = \frac{\alpha}{c \cdot l}$$

式中,$[\alpha]_\lambda^t$—旋光性物质在 t℃,光源的波长为 λ 时的旋光度;

t—测定时溶液的温度;

λ——光源的光波波长；

α——旋光度；

c——溶液的浓度(指 1ml 溶液中所含物质的克数)；

l——旋光管的长度(dm)。

比旋光度是旋光性物质的一个重要物理常数，通过对旋光度的测定可以检测光学活性物质的含量和纯度。

测定旋光度的仪器称为旋光仪，见实验图 10-1。

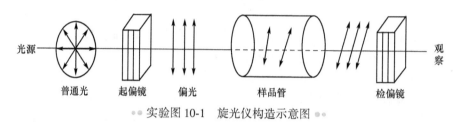

光源 → 普通光　起偏镜　偏光　样品管　检偏镜　→ 观察

⦿⦿ 实验图 10-1　旋光仪构造示意图 ⦿⦿

▶▶ 三、实验用品

1. 仪器　WZZ-2 型自动指示旋光仪、分析天平、100ml 烧杯、100ml 容量瓶、100℃ 温度计。

2. 试剂　葡萄糖晶体、纯化水。

▶▶ 四、实验内容和步骤

1. 葡萄糖溶液的配制　用分析天平准确称量 10g 葡萄糖晶体于小烧杯中，加入适量纯化水，搅拌使之溶解，定量转移到 100ml 容量瓶中，稀释至刻度标线，摇匀放置 10 分钟备用。

2. 启动旋光仪　将旋光仪电源插头插入 220V 交流电源，并将接地脚可靠接地。打开电源开关，这时钠光灯应启亮，需经 10 分钟钠光灯预热，直至发光稳定。然后打开测量开关，机器处于待测状态。

3. 空白试验　将装有蒸馏水的旋光管放入样品室，盖上箱盖，待示数稳定后，按清零按钮。旋光管中若有气泡，应先让气泡浮在凸颈处；通光面两端的雾状水滴，应用擦镜纸揩干。旋光管螺帽不宜旋得过紧。旋光管安放时应注意标记的位置和方向。

4. 旋光度的测定　用步骤 1 中所配溶液少许润洗旋光管 2 次，以避免葡萄糖溶液被蒸馏水稀释而改变浓度。然后按步骤 3 的操作将溶液装入旋光管内，按下复测按钮，读取其稳定的读数。重复操作 5 次，取 5 次稳定读数的平均值，即为葡萄糖的旋光度。记录旋光管的长度和溶液的温度，计算葡萄糖的比旋光度。

▶▶ 五、实验指导和注意事项

1. 盛液管的螺帽不要拧得过紧，过紧会使玻璃盖产生扭力，使管内有肉眼看不见的空隙，影响到旋光度的测定精度。

2. 旋光仪的所有镜片，只能用擦镜纸轻轻擦拭，不能用滤纸、手、抹布等擦拭。

3. 钠光灯一次使用太久，会影响灯的寿命，每使用 3~4 小时，应熄灯 15 分钟左右，待灯冷却后再行使用。

▶ 六、思考题

1. 葡萄糖为什么具有变旋光现象？
2. 测定旋光性物质的旋光度有何意义？
3. 旋光度和比旋光度有什么区别？

(赵桂欣)

实验 *11* 从茶叶中提取咖啡因(选做)

▶ 一、实验目的

1. 掌握索氏提取的原理。
2. 熟练安装索氏提取装置并进行操作。
3. 进一步熟悉萃取、蒸馏、升华等基本操作。

▶ 二、实验原理

茶叶中含有多种生物碱,其中以咖啡因为主,占 1% ~ 5%,另外还含有丹宁酸(又名鞣酸)、色素、纤维素、蛋白质等。咖啡因是弱碱性化合物,可溶于氯仿、丙醇、乙醇和热水中,难溶于乙醚和苯(冷)。无水咖啡因的熔点为 234.5℃,含结晶水的咖啡因为无色针状晶体, 在 100℃时失去结晶水并开始升华,120℃时显著升华,178℃时迅速升华。利用这一性质可纯化咖啡因。

咖啡因是杂环化合物嘌呤的衍生物,它的化学名称为:1,3,7-三甲基-2,6-二氧嘌呤,其结构式如下:

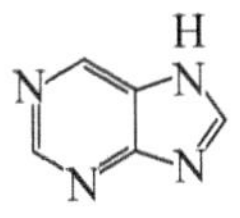

嘌呤 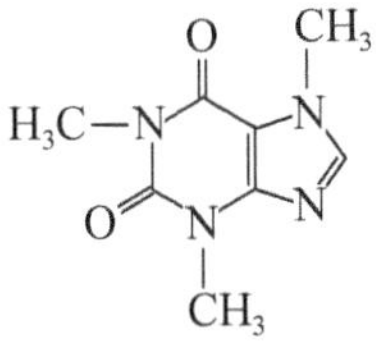　　　　　　咖啡因

咖啡因是一种温和的兴奋剂,具有刺激心脏、兴奋中枢神经和利尿等作用。

为了提取茶叶中的咖啡因,往往利用适当的溶剂(如氯仿、乙醇、苯等)在索氏提取器(又称脂肪提取器)中连续萃取,然后蒸出溶剂,即得粗咖啡因。粗咖啡因中还含有一些生物碱和杂质,利用升华法可进一步纯化。

索氏提取器由烧瓶、提取筒、回流冷凝管三部分组成,装置如实验图 11-1 所示。索氏提取器是利用溶剂的回流及虹吸原理,使固体物质每次都被纯的热溶剂所萃取,减少了溶剂用量,缩短了提取时间,因而效率较高。萃取前,应先将固体物质研细,以增加溶剂浸溶面积。然后将研细的固体物质装入滤纸筒内,再置于提取筒,烧瓶内盛溶剂并与提取筒相连,提取筒上端接冷凝管。溶剂受热沸腾,其蒸气沿抽提筒侧管上升至冷凝管,冷凝为液体,滴入滤纸筒中,并浸泡筒中样品。当液面超过虹吸管最高处时,即虹吸流回烧瓶,从而萃取出溶于溶剂的部分物质。如此多次重复,把要提取的物质富集于烧瓶内。

本实验以乙醇为溶剂,用索氏提取器提取,再经浓缩、中和、升华,得到较纯净的咖啡因。

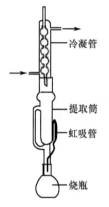

●●实验图 11-1　索氏提取器●●

▶▶ 三、实验用品

1. 仪器　滤纸、圆底烧瓶、冷凝管、索氏提取器、烧杯、坩埚、漏斗、表面皿、酒精灯、电热套等。

2. 试剂　茶叶、乙醇、蒸馏、生石灰等。

▶▶ 四、实验步骤与内容

1. 萃取法提取粗咖啡因　用滤纸制作圆柱状滤纸筒,称取 10g 茶叶,用研钵捣成茶叶末,装入滤纸筒中,上下端封好,装入索氏提取器中。将 250ml 圆底烧瓶安装于电热套上,放入 2 粒沸石,加入 95% 乙醇 150ml,安装好索氏提取装置,打开电源,加热回流。实验时能够观察到,随着回流的进行,当提取筒中回流下的乙醇液的液面稍高于索氏提取器的虹吸管顶端时,提取筒中的乙醇液发生虹吸并全部流回到烧瓶内。然后再次回流,虹吸,记录虹吸次数。茶叶每次都能被纯粹的溶剂所萃取,使茶叶中的可溶物质富集于烧瓶中。待提取器中的溶剂基本上呈无色或微呈青绿色时(一般 8～10 次),可以停止提取,但必须待提取器中的提取液刚刚虹吸下去后,方可停止加热。停止加热,移去电热套,冷却提取液,拆除索氏提取器(若提取筒中仍有少量提取液,倾斜使其全部流到圆底烧瓶中)。

2. 蒸馏　稍冷,将仪器改装成蒸馏装置,如实验图 11-2 所示,加热回收大部分乙醇。然后趁热将残留液 (10～15ml) 倾入蒸发皿中,烧瓶用少量乙醇洗涤,洗涤液也倒入蒸发皿中,蒸发至近干。加入 4g 生石灰粉,搅拌均匀,用电热套加热(100～120V),蒸发至干,除去全部水分,冷却后,擦去沾在边上的粉末,以免升华时污染产物。

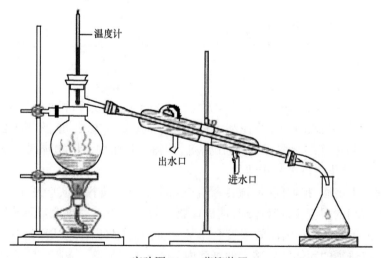

●●实验图 11-2　蒸馏装置●●

3. 升华　将一张刺有许多小孔的圆形滤纸盖在蒸发皿上,取一只大小合适的玻璃漏斗罩于其上,漏斗颈部疏松地塞一团棉花,如实验图 11-3 所示。

棉花

小心加热蒸发皿,慢慢升高温度,使咖啡因升华。咖啡因通过滤纸孔遇到漏斗内壁凝为固体,附着于漏斗内壁和滤纸上。当纸上出现白色针状晶体时,暂停加热,让其自然冷却至不太烫手时,揭开漏斗和滤纸,仔细用小刀把附着于滤纸及漏斗壁上的咖啡因刮入表面皿中。将蒸发皿内的残渣加以搅拌,重新放好滤纸和漏斗,用较高的温度再加热升华一次。此时,温度也不宜太高,否则蒸发皿内大量冒烟,产品既受污染又遭损失。合并两次升华所收集的咖啡因。

●● 实验图 11-3　升华装置 ●●

▶ 五、实验指导和注意事项

1. 索式提取器的虹吸管极易折断,装置和取拿时必须特别小心。

2. 滤纸筒的直径要略小于抽提筒的内径,其高度一般要超过虹吸管,但是样品不得高于虹吸管。滤纸筒的制作方法为:取脱脂滤纸一张,卷成圆筒状(其直径略小于抽提筒内径),底部折起而封闭(必要时可用线扎紧),装入样品,上口盖脱脂棉,以保证回流液均匀地浸透被萃取物。

3. 茶叶袋的上下端也要包严,防止茶叶沫漏出,堵塞虹吸管。

4. 蒸发皿上覆盖刺有小孔的滤纸是为了避免已升华的咖啡因回落蒸发皿中,纸上的小孔应保证蒸气通过。漏斗颈塞棉花,为防止咖啡因蒸气逸出。

5. 在升华过程中必须始终严格控制加热温度,一定要小火加热,慢慢升温,最好是酒精灯的火焰尖刚好接触石棉网,徐徐加热 10~15 分钟。温度太高,将导致被烘物和滤纸炭化,一些有色物质也会被带出来,影响产品的质和量。进行再升华时,加热温度亦应严格控制。

▶ 六、思考题

1. 索式提取器的优点是什么?

2. 加入生石灰粉的作用是什么?

3. 升华装置中,为什么要在蒸发皿上覆盖刺有小孔的滤纸?漏斗颈为什么塞棉花?

(赵桂欣)

实验 *12* 含氮化合物和糖的性质

▶ 一、实验目的

1. 掌握脂肪族胺和芳香族胺主要的化学性质。

2. 用简单的化学方法区别伯胺、仲胺和叔胺。

3. 验证和巩固糖类物质的主要化学性质。

4. 熟悉糖类物质的常见鉴定方法。

二、实验原理

胺类是一类碱性有机化合物,能与酸作用形成盐。伯胺和仲胺能发生酰化反应和磺酰化反应,而叔胺不能;伯胺磺酰化反应生成的苯磺酰伯胺能溶于氢氧化钠溶液中,通常利用磺酰化反应来鉴别或分离伯、仲、叔胺。芳香族伯胺在低温和强酸性水溶液中能与亚硝酸发生重氮化反应,其产物重氮盐能进一步与酚或芳香胺类发生偶联反应,生成偶氮化合物;仲胺与亚硝酸反应生成 N-亚硝胺;叔胺与亚硝酸作用,生成对亚硝基化合物。

糖类通常还可分为还原糖和非还原糖。还原糖的分子结构中,由于含有游离的半缩醛(酮)羟基,在水中能形成开链结构,所以具有还原性,可以使托伦试剂、班氏试剂还原;而非还原糖不含半缩醛(酮)羟基,在水中不能形成开链结构,因此无还原性,不能使上述两种试剂还原。例如,葡萄糖、麦芽糖是还原性糖,而蔗糖是非还原性糖。鉴定糖类物质的定性反应是莫立许反应,即在浓硫酸作用下,糖与 α-萘酚作用生成紫色环。淀粉的碘试验,是鉴定淀粉的灵敏方法。

三、实验用品

1. 仪器　试管、酒精灯、烧杯、显微镜、点滴板、吸管、试管夹、表面皿。

2. 试剂　甲胺、苯胺、N-甲基苯胺、N,N-二甲基苯胺、苯磺酰氯、50g/L NaOH 溶液、亚硝酸钠、碘化钾-淀粉试纸、β-萘酚碱性溶液、红色石蕊试纸、pH 试纸、0.1mol/L 葡萄糖溶液、0.1mol/L 果糖溶液、0.1mol/L 麦芽糖溶液、0.1mol/L 蔗糖溶液、20g/L 淀粉溶液、0.05mol/L AgNO₃ 溶液、0.25mol/L 氨水、班氏试剂、托伦试剂、浓盐酸、浓硫酸、碘试液、莫立许试剂、塞利凡诺夫试剂。

四、实验步骤与内容

(一)含氮化合物的性质

1. 碱性　取 2 支试管,分别加入 2 滴甲胺、苯胺和 1ml 水,振荡后分别用红色石蕊试纸和 pH 试纸检验,观察颜色的变化,并比较它们的碱性强弱。

2. 磺酰化反应　在 3 支试管中,分别加入 5 滴苯胺、N-甲基苯胺、N,N-二甲基苯胺,再分别加入 2ml 50g/L NaOH 溶液及 5 滴苯磺酰氯,塞住试管口,剧烈振荡 2 分钟,除去塞子,振摇下在水浴上温热 1 分钟,冷却溶液,用红色石蕊试纸检验是否呈碱性,若不呈碱性,应加氢氧化钠使呈碱性,观察和记录反应现象。再滴加浓盐酸至酸性,再观察有何变化?

3. 与亚硝酸反应

(1)伯胺的反应:取甲胺 0.5ml 放入试管中,加盐酸使成酸性,滴加 5% 亚硝酸钠,观察有无气泡放出。

取 0.5ml 苯胺加 2ml 浓盐酸和 3ml 水,冰水浴冷却到 0℃,再取 0.5g 亚硝酸钠溶于 2.5ml 水中,用冰浴冷却慢慢加入苯胺盐酸盐的试管中,边加边搅拌,至碘化钾-淀粉试纸呈蓝色为止,此为重氮盐溶液。取 1ml 重氮盐加入数滴 β-萘酚碱性溶液,析出橙红色沉淀。观察发生的现象。

(2)仲胺的反应:取 0.5ml N-甲基苯胺,加入 1ml 浓盐酸及 2ml 水,冰水浴冷却至 0℃;再取 1 支试管,加入 0.5g 亚硝酸钠和 2.5ml 水溶解冷却,把亚硝酸钠溶液慢慢加入盛有仲胺盐酸盐的溶液中并振荡,观察发生的现象。

（3）叔胺的反应：取 N,N-二甲基苯胺重复（2）的实验，观察现象。

（二）糖的性质

1. 糖类的还原性

（1）银镜反应：在一支大试管内加入 2ml 0.05mol/L AgNO₃ 溶液，加 1 滴 50g/L NaOH 溶液，逐滴加入 0.25mol/L 氨水使沉淀刚好消失为止，即得托伦试剂。另取 5 支试管，分别加入 5 滴 0.1mol/L 葡萄糖、果糖、麦芽糖、蔗糖和 20g/L 淀粉溶液，然后各加入 10 滴托伦试剂，放在 50~60℃ 的热水浴中加热数分钟，观察并解释发生的变化。

（2）与班氏试剂的反应：取 5 支试管，编号，分别加入 5 滴 0.1mol/L 葡萄糖、果糖、麦芽糖、蔗糖和 20g/L 淀粉溶液，各加入 1ml 班氏试剂，摇匀，放在 50~60℃ 的热水浴中加热 2~3 分钟，观察并解释发生的变化。

2. 糖类的颜色反应

（1）莫立许反应：取 5 支试管，编号，分别加入 1ml 0.1mol/L 葡萄糖、果糖、麦芽糖、蔗糖和 20g/L 淀粉溶液，再各加入 5 滴莫立许试剂，混合均匀后将试管倾斜成 45° 角，沿试管壁慢慢加入浓硫酸 1ml（切勿摇动），观察两液面间的颜色变化。

（2）塞利凡诺夫反应：取 5 支试管，编号，分别加入 1ml 0.1mol/L 葡萄糖、果糖、麦芽糖、蔗糖和 20g/L 淀粉溶液，再各加入 1ml 塞利凡诺夫试剂。混合均匀后将试管放入沸水浴中加热，观察并解释发生的现象。

（3）淀粉与碘的反应：取 1 支试管，加入 1ml 20g/L 淀粉溶液，然后向试管中加入 1 滴碘试液，振摇，观察颜色编号；再将此溶液加热，再冷却，观察颜色变化，解释发生的现象。

3. 蔗糖和淀粉的水解

（1）蔗糖的水解：在一支洁净的大试管里加入 1ml 0.1mol/L 蔗糖，再加 1 滴浓盐酸，摇匀，放在沸水浴中加热 5~10 分钟，冷却后滴入 50g/L NaOH 溶液至溶液呈碱性后，再加入 10 滴班氏试剂，加热，观察有何现象发生，并加以解释。

（2）淀粉的水解：取一大试管，加入 3ml 20g/L 淀粉溶液，再加 2 滴浓盐酸，振摇，置沸水浴中加热 5 分钟。每隔 1~2 分钟用滴管吸取溶液 1 滴，置点滴板的凹穴里，滴入碘试液 1 滴并注意观察，直至用碘试液检验不再呈现颜色时停止加热。然后取出试管，滴加 50g/L NaOH 溶液中和至溶液呈现碱性为止。取此溶液 2ml 于另一试管中，加入班氏试剂 1ml，加热后观察有何现象发生。说明原因并写出有关的化学方程式。

▶ **五、实验指导和注意事项**

1. 亚硝酸不稳定，所以临时用亚硝酸钠和盐酸反应生成。

2. 重氮化反应需在低温下进行且亚硝酸不宜过量，否则生成的重氮盐容易分解；酸需过量，以避免生成的重氮盐与剩余的芳香胺发生偶联反应。

3. 添加莫立许试剂时切记充分摇匀。注意观察各管紫色环出现时间的先后、环的宽度、颜色的深浅，并做好记录。

4. 塞利凡诺夫反应是鉴定酮糖的特殊反应。酮糖与盐酸共热生成糠醛衍生物，再与间苯二酚形成鲜红色的缩合物。在塞利凡诺夫反应实验中，酮糖变为糠醛衍生物比醛糖快 15~20 倍。若加热时间过长，葡萄糖、麦芽糖、蔗糖也有阳性结果。另外，葡萄糖浓度高时，在酸存在下，能部分转化为果糖。因此进行本实验应注意：盐酸和葡萄糖的浓度均不得超过 12%，观察颜色的时间不得超过加热后 20 分钟。

▶▶ 六、思考题

1. 苯胺的重氮盐为什么保存在冰水浴中？
2. 如何用化学方法鉴别伯、仲、叔胺？
3. 哪些糖具有还原性？为什么？
4. 怎样检验葡萄、苹果中含有葡萄糖？

（赵桂欣）

实验 13 氨基酸和蛋白质的性质

▶▶ 一、实验目的

1. 进行蛋白质和氨基酸的性质实验操作。
2. 掌握鉴别氨基酸和蛋白质的方法。
3. 观察并解释蛋白质的变性。

▶▶ 二、实验原理

在氨基酸和蛋白质分子中，同时含有碱性的氨基和酸性的羧基，所以氨基酸既具有类似胺的性质，又具有类似羧酸的性质，是两性化合物，能发生两性电离，具有等电点。此外，氨基酸还具有成肽反应和特殊的颜色反应。

在某些物理或化学因素（加热、紫外线、X射线、超声波、强酸、强碱、有机溶剂、重金属盐、表面活性剂等）的作用下，蛋白质发生变性。

向蛋白质溶液中加入大量电解质（无机盐类）可以使蛋白质发生盐析。盐析沉淀出来的蛋白质不发生变性，加水可重新溶解。

蛋白质中含有不同的氨基酸，可以与不同的试剂发生特殊的颜色反应，利用这些反应可鉴别蛋白质，如茚三酮反应、缩二脲反应、黄蛋白反应、米隆反应等。

▶▶ 三、实验用品

1. 仪器　试管、酒精灯、试管夹、烧杯、滴管。

2. 试剂　0.2mol/L甘氨酸溶液、酪氨酸悬浊液、清蛋白溶液、茚三酮试剂、100g/L氢氧化钠溶液、浓硝酸、米隆试剂、蛋白质氯化钠溶液、10g/L硫酸铜溶液、饱和硫酸铵溶液、硫酸铵晶体、0.015mol/L乙酸铅溶液、10g/L硝酸银溶液、2mol/L乙酸溶液、饱和鞣酸溶液、饱和苦味酸、2.5mol/L盐酸溶液。

▶▶ 四、实验内容与步骤

（一）颜色反应

1. 茚三酮反应　取3支试管，分别加入1ml 0.2mol/L甘氨酸溶液、酪氨酸悬浊液和清蛋白溶液，再各滴加3滴茚三酮试剂，放在沸水浴中加热5～10分钟或直接加热，观察并解释发生的变化。

2. 黄蛋白反应 取 3 支试管,分别加入 1ml 0.2mol/L 甘氨酸溶液、酪氨酸悬浊液和清蛋白溶液,再加入浓硝酸 6~8 滴,放在沸水浴或试管直接加热,观察现象;放冷后,再各加 100g/L NaOH 溶液至溶液呈碱性,观察并解释发生的变化。

3. 米隆反应 取 3 支试管,分别加入 1ml 0.2mol/L 甘氨酸溶液、酪氨酸悬浊液和清蛋白溶液,再各加入 3 滴米隆试剂,在水浴中加热,观察并解释发生的变化。

4. 缩二脲反应 取 2 支试管,分别加入 1ml 0.2mol/L 甘氨酸和清蛋白溶液,再各滴加 10 滴 100g/L NaOH 溶液,振摇后,各加入 1~2 滴 10g/L 硫酸铜溶液振摇,观察并解释发生的变化。

(二) 蛋白质的盐析

取 1 支试管,加入 5ml 清蛋白溶液和等量的饱和硫酸铵溶液,摇匀后静置,观察球蛋白的析出。倾出浑浊液 1ml 于另一试管中,加入 3ml 蒸馏水,振摇,观察球蛋白能否重新溶解。

将剩下的浑浊液过滤,并在滤液中加入硫酸铵晶体至饱和,清蛋白沉淀析出,然后加入两倍量水稀释,振摇,观察析出的清蛋白能否溶解。解释上述变化。

(三) 蛋白质的变性

1. 重金属盐沉淀蛋白质 取 3 支试管,各加入 1ml 清蛋白溶液,然后分别加入 5 滴 0.015mol/L 乙酸铅溶液、10g/L 硫酸铜溶液、10g/L 硝酸银溶液,振摇,观察并解释发生的变化。

2. 生物碱沉淀蛋白质 取 2 支试管,各加入 1ml 清蛋白溶液和 2 滴 2mol/L 乙酸溶液,再分别加入 5 滴饱和鞣酸溶液和饱和苦味酸溶液,观察并解释发生的变化。

3. 加热沉淀蛋白质 取 1 支试管,加入 1ml 清蛋白溶液,在酒精灯上直接加热,观察并解释发生的变化。

(四) 蛋白质的两性性质

取 2 支试管,一支试管中加 1ml 清蛋白溶液,再加 1ml 2.5mol/L HCl 溶液,沿试管壁慢慢加入 100g/L NaOH 溶液 1ml,不要振动,即分成上下两层,观察两层交界处发生的现象。另一支试管中,滴入 1ml 清蛋白溶液后,加入 1ml 100g/L NaOH 溶液,然后再沿试管壁慢慢加入 1ml 2.5mol/L HCl 溶液,也不要振动,即分成上下两层,观察两层交界处发生的现象。

▶ 五、实验指导和注意事项

1. 盐析的成败决定于溶液的 pH,溶液 pH 越接近蛋白质的等电点,蛋白质越容易沉淀。
2. 缩二脲反应实验中,要先加氢氧化钠,后加硫酸铜,否则结果不明显。
3. 碱金属和镁盐在相当高的浓度下能使很多蛋白质从它们的溶液中沉淀出来。硫酸铵具有特别显著的盐析作用,不论在弱酸溶液中还是中性溶液中都能使蛋白质沉淀。其他的盐需要使溶液呈酸性才能盐析完全。用硫酸铵时,使溶液呈酸性也能大大加强盐析作用。

▶ 六、思考题

1. 为什么可用煮沸的方法来消毒医疗器械?
2. 为什么硫酸铜溶液可以杀菌?而铜器不宜用来装食物?
3. 同一种浓度的电解质是否能使各种蛋白质都产生盐析?分段盐析对蛋白质的分离纯化有什么意义?

(宋春风)

高职高专医学检验技术专业《有机化学》教学大纲

▶ 一、课程性质和任务

《有机化学》是医学检验技术专业的一门必修的重要基础课。课程的主要任务是根据医学检验技术专业的特点和需要,系统地介绍有机化学中的基础理论、基本知识和基本技能。并应用于临床实践,培养学生能用相关知识分析和解决实际问题的能力。同时,为学习专业课程打下坚实的基础。

▶ 二、课程教学目标

(一)知识教学目标

1. 了解有机化学的研究对象和研究方法。
2. 熟悉有机化合物的结构与性质的关系。
3. 掌握有机化合物的结构、分类、命名、主要的理化性质及与医学检验工作的联系和用途。
4. 熟练掌握有机化学基础实验仪器的正确使用和化合物的性质及制备等基本操作技能。
5. 学会认真观察、记录实验现象,分析实验结果,并正确书写实验报告。

(二)能力培养目标

1. 通过理论教学,培养学生的逻辑思维能力、分析问题和解决问题的能力。
2. 通过实验课教学,提高学生的操作、观察、思考和综合归纳能力。
3. 培养学生的自学能力。激发学生的求知渴望,促进其智力发展,增强学习的主动性和自觉性。

(三)思想教育目标

1. 提高理论与实践相结合的综合素质,培养严肃谨慎、实事求是、一丝不苟、讲求效率的科学态度和工作作风。
2. 发展学生的创新意识,培养学生刻苦钻研、勇于探索,互帮互学、团结协作的良好学习风气。
3. 培养学生良好的道德修养、服务意识和社会实践能力,为将来在医学检验工作实践活动中,能更好地为人类的健康与长寿服务。

▶ 三、教学内容和要求

教学内容	了解	熟悉	掌握	教学活动参考
一、有机化合物基本知识				理论讲授
（一）有机化学的研究对象				多媒体演示
1. 有机化合物和有机化学	√			课堂测验
2. 有机化合物的特性		√		课后练习
（二）有机化合物的结构				实验操作训练
1. 碳原子的特性		√		
2. 同分异构现象		√		
（三）有机化合物的分类及表示方法				
1. 分类	√			
2. 表示方法		√		
（四）有机化合物的反应类型				
1. 共价键的断裂方式与反应类型	√			
2. 反应形式与反应类型		√		
二、饱和烃				理论讲授
（一）烷烃				多媒体演示
1. 烷烃的结构和同分异构现象	√			课堂测验
2. 烷烃的命名		√		课后练习
3. 烷烃的性质	√			实验操作训练
（二）环烷烃				
1. 环烷烃的分类和命名	√			
2. 单环烷烃的性质		√		
三、不饱和烃				课堂学习与讨论
（一）烯烃				实验操作训练
1. 烯烃的结构和同分异构现象		√		练课堂测验
2. 烯烃的命名		√		课后练习
3. 烯烃的性质			√	
4. 诱导效应	√			
（二）二烯烃				
1. 二烯烃的分类和命名	√			
2. 共轭二烯烃的结构和共轭效应	√			

教学内容	了解	熟悉	掌握	教学活动参考
3. 共轭二烯烃的化学性质	√			
（三）炔烃				
1. 炔烃的结构和同分异构现象		√		
2. 炔烃的命名		√		
3. 炔烃的性质			√	
四、芳香烃				理论讲授
（一）单环芳烃				多媒体演示
1. 苯的结构		√		课堂测验
2. 苯的同系物的命名		√		课后练习
3. 苯及其同系物的性质			√	实验操作训练
（二）稠环芳香烃				
1. 萘	√			
2. 蒽和菲	√			
五、卤代烃				理论讲授
（一）卤代烃的结构、分类和命名		√		课堂测验
（二）卤代烃的性质			√	
（三）常见的卤代烃	√			
六、醇、酚、醚				理论讲授
（一）醇				多媒体演示
1. 醇的结构、分类和命名			√	课堂测验
2. 醇的性质			√	课堂学习与讨论
3. 常见的醇	√			
（二）酚				实验操作训练
1. 酚的结构、分类和命名			√	课堂测验
2. 酚的性质			√	课后练习
3. 常见的酚	√			
（三）醚				
1. 醚的结构、分类和命名		√		
2. 醚的性质	√			
3. 常见的醚	√			
七、醛、酮、醌				
（一）醛和酮				
1. 醛和酮的结构、分类和命名			√	

教学内容	了解	熟悉	掌握	教学活动参考
2. 醛和酮的性质			✓	课堂学习与讨论
3. 常见的醛和酮	✓			
(二)醌				实验操作训练
1. 醌的分类和命名	✓			课堂测验
2. 醌的性质	✓			课后练习
3. 常见的醌	✓			
八、羧酸和取代羧酸				课堂学习与讨论
(一)羧酸				
1. 羧酸的结构、分类和命名			✓	实验操作训练
2. 羧酸的性质			✓	课堂测验
3. 常见的羧酸	✓			课后练习
(二)取代羧酸				
1. 卤代酸		✓		
2. 羟基酸		✓		
3. 酮酸		✓		
4. 常见的取代酸	✓			
九、羧酸衍生物				理论讲授
(一)羧酸衍生物				多媒体演示
1. 羧酸衍生物的分类和命名		✓		课堂测验
2. 羧酸衍生物的性质		✓		课后练习
(二)油脂和磷脂				实验操作训练
1. 油脂		✓		
2. 磷脂	✓			
十、对映异构				
(一)偏振光和旋光性				
1. 偏振光和物质的旋光性	✓			
2. 旋光仪	✓			
3. 旋光度和比旋光度	✓			
(二)对映异构				
1. 手性分子和旋光性		✓		
2. 含一个手性碳原子的化合物		✓		
3. 无手性碳原子的旋光异构现象		✓		
4. 手性分子的形成和外消旋体拆分		✓		

教学内容	了解	熟悉	掌握	教学活动参考
十一、含氮有机化合物				
(一)胺				
1. 胺的结构、分类和命名			✓	
2. 胺的性质			✓	
3. 苯胺		✓		
4. 季铵盐和季铵碱		✓		
5. 尿素	✓			课堂学习与讨论
(二)重氮化合物和偶氮化合物				
1. 重氮化合物	✓			课堂测验
2. 偶氮化合物	✓			课后练习
十二、杂环化合物和生物碱				
(一)杂环化合物				课堂学习与讨论
1. 杂环化合物的结构、分类和命名		✓		实验操作训练 课堂测验
2. 常见的杂环化合物及其衍生物	✓			课后练习
(二)生物碱				
1. 生物碱的概念	✓			
2. 生物碱的一般性质	✓			
3. 重要的生物碱	✓			
十三、糖类				
(一)单糖				
1. 单糖的分类	✓			
2. 葡萄糖的结构		✓		
3. 单糖的性质		✓		
4. 重要的单糖		✓		
(二)二糖				
1. 麦芽糖		✓		
2. 乳糖		✓		
3. 蔗糖		✓		课堂学习与讨论
(三)多糖				
1. 淀粉	✓			实验操作训练
2. 糖原	✓			课堂测验
3. 纤维素	✓			课后练习

续表

教学内容	教学要求			教学活动参考	教学内容	教学要求			教学活动参考
	了解	熟悉	掌握			了解	熟悉	掌握	
十四、萜类和甾族化合物				课堂学习与	(一)氨基酸				
(一)萜类化合物				讨论	1. 氨基酸的结构、分类和命名		√		
1. 萜类化合物的结构	√			实验操作训练	2. 氨基酸的性质		√		
2. 萜类化合物的分类	√			课堂测验	(二)蛋白质				
3. 萜类化合物的性质	√			课后练习	1. 蛋白质的组成、结构和分类		√		理论讲授
(二)甾族化合物					2. 蛋白质的性质		√		多媒体演示
1. 甾族化合物的结构		√			(三)核酸				课堂测验
2. 甾族化合物的命名	√				1. 核酸的分类	√			课后练习
3. 重要的甾族化合物	√				2. 核酸的结构	√			
十五、氨基酸、蛋白质和核酸					3. 核酸的生物功能	√			

四、教学大纲说明

(一)适用对象与参考学时

本教学大纲可供高职高专医学检验专业使用,总学时为 72 个,其中理论教学 54 学时,实践教学 18 学时。

(二)教学要求

1. 本课程对理论教学部分要求有掌握、熟悉、了解三个层次。掌握是指对有机化学中所学的基本知识、基本理论具有深刻的认识,并能灵活地应用所学知识分析、解释医学检验方面的问题。熟悉是指能够解释、领会概念的基本含义并会应用。了解是指能够简单理解、记忆所学知识。

2. 本课程突出以培养能力为本位的教学理念,在实践技能方面分为熟练掌握和学会两个层次。熟练掌握是指能够独立娴熟地进行正确的实践技能操作。学会是指能够在教师指导下进行实践技能操作。

(三)教学建议

1. 在教学过程中要积极采用现代化教学手段,加强直观教学,充分发挥教师的主导作用和学生的主体作用。注重理论联系实际,培养学生的分析问题和解决问题的能力,使学生加深对教学内容的理解和掌握。

2. 实践教学要充分利用教学资源,充分调动学生学习的积极性和主观能动性,强化学生的动手能力和专业实践技能操作。

3. 教学评价应通过课堂提问、布置作业、单元目标测试、期末考试等多种形式,对学生进行学习能力、实践能力和应用新知识能力的综合考核,达到教学目标提出的各项任务。

学时分配建议(72 学时)

序号	教学内容	学时数		
		理论	实践	合计
1	有机化合物基本知识	3		3
2	饱和烃	4	2	6
3	不饱和烃	6	2	8
4	芳香烃	4		4
5	卤代烃	2		2
6	醇、酚、醚	4	2	6
7	醛、酮、醌	3	2	5
8	羧酸和取代羧酸	4	2	6
9	羧酸衍生物	4	2	6
10	对映异构	3		3
11	含氮有机化合物	4	2	6
12	杂环化合物和生物碱	2		2
13	糖类	4	2	6
14	萜类和甾族化合物	3		3
15	氨基酸、蛋白质和核酸	4	2	6
	合计	54	18	72

参 考 文 献

付春华 . 2014. 医用化学 . 第 2 版 . 北京;高等教育出版社

贾云红 . 2009. 有机化学 . 北京;科学出版社

刘斌,陈任宏 . 2013. 有机化学 . 第 2 版 . 北京;人民卫生出版社

陆涛 . 2014. 有机化学 . 第 7 版 . 北京;人民卫生出版社

吕以仙 . 2011. 有机化学 . 第 7 版 . 北京;人民卫生出版社

倪沛洲 . 2010. 有机化学 . 第 6 版 . 北京;人民卫生出版社

牛彦辉 . 2004. 化学 . 北京;人民卫生出版社

庞茂林 . 2002. 医用化学 . 第 4 版 . 北京;人民卫生出版社

王礼琛 . 2006. 有机化学 . 北京;中国医药科技出版社

杨艳杰,张明群 . 2013. 有机化学 . 北京;化学工业出版社

曾崇理 . 2008. 有机化学 . 第 2 版 . 北京;人民卫生出版社

附　　录

几种特殊剂的配制

试剂名称	配置方法	备注
饱和亚硫酸氢钠溶液	在 100ml 40% 亚硫酸氢钠溶液中,加入不含醛的无水乙醇 25ml 混合后,滤去少量亚硫酸氢钠晶体,取滤液备用	此溶液不稳定,易氧化分解。宜在应用前临时配制
2,4-二硝基苯肼试剂	称取 2,4 二硝基苯肼 3g,溶于 15ml 浓硫酸中,将此溶液慢慢加入 70ml 95% 乙醇中。再加入蒸馏水稀释到 100ml,过滤,取滤液备用	储存于棕色试剂瓶中
碘溶液	称取碘 2g,碘化钾 5g,溶于 100ml 水中	
斐林(Fehling)试剂	A 溶液:溶解 3.5g 硫酸铜晶体于 100ml 水中,如混浊可过滤 B 溶液:溶解酒石酸钾钠 17g 于 20ml 热水中,加入 20ml 20% 的氢氧化钠稀释到 100ml	两种溶液分别储存,用时等量混合
希夫(Schiff)试剂	溶解 0.5g 品红盐酸盐于 500ml 水中,过滤。另取 500ml 水,通入二氧化硫至饱和,两者混匀即得。	密封保存于棕色试剂瓶中
班氏(Benedict)试剂	称取柠檬酸钠 20g,无水碳酸钠 11.5g,溶于 100ml 热水中。在不断搅拌下把含 2g 硫酸铜晶体的 20ml 水溶液慢慢加到此柠檬酸钠和碳酸钠溶液中。溶液应澄清,否则需过滤	此溶液放置而不易变质,不必配成 A、B 溶液分开存放
卢卡斯(Lucas)试剂	将 34g 熔化好的无水氯化锌溶于 23ml 纯的浓盐酸中,同时冷却,以防氯化氢逸出,约得 35ml 溶液,放冷后即得	密塞保存于玻璃瓶中
莫立许(Molish)试剂	称取 α-萘酚 10g 溶于适量 75% 乙醇中,再用同样的乙醇稀释至 100ml	用前配制
塞利凡诺夫(Selivanov)试剂	称取间苯二酚 0.05g 溶于 50ml 浓盐酸中,用水稀释到 100ml	
托伦(Tollen)试剂	量取 20ml 5% 硝酸银溶液,放在 50ml 锥形烧瓶中,滴加 2% 氨水,振摇,直到沉淀刚好溶解	现用现配
茚三酮试剂	溶解 0.1g 水合茚三酮于 50ml 水中	2 天内用完,久置变质失效
米伦(Millon)试剂	将 1g 金属汞溶于 2ml 浓硝酸中,加入水到 6ml,加入活性炭 0.5g,搅拌,过滤	内含汞、亚汞的硝酸盐和亚硝酸盐、过量的硝酸和反应生成的亚硝酸
苯肼试剂	(1)溶解 4ml 苯肼于 4ml 冰醋酸中,加水 36ml,加入活性炭 0.5g,过滤 (2)也可以溶解 5g 盐酸苯肼于 160ml 水中,加入 0.5g 活性炭脱色过滤,再溶解 9g 乙酸钠晶体而成 (3)也可以将 2 份盐酸苯肼和 3 份乙酸钠混合研匀,临用时取适量混合物溶于水,直接使用	储存于棕色试剂瓶中,易水解,久置变质。盐酸苯肼转变为乙酸苯肼,后者水解生成苯肼

续表

试剂名称	配置方法	备注
氯化亚铜氨溶液	取 1g 氯化亚铜,加入 1~2ml 浓氨水和水 10ml,用力振摇,静置片刻,倾出溶液,并投入一块铜片(或一根铜丝)储存备用	此溶液由于亚铜盐易被空气中的氧氧化而呈蓝芭,可在温热下滴加 20% 盐酸羟胺溶液使蓝色褪去,再用于实验
β-萘酚碱溶液	0.4gβ-萘酚溶入 4ml 1mol/L 氢氧化钠溶液	用时摇匀
酪氨酸悬浊液	酪氨酸 1g 加入 100ml 水中,振摇混匀	
蛋白质溶液	将鸡蛋或鸭蛋的蛋清以 10 倍体积的水稀释、混匀	
蛋白质氯化钠溶液	将鸡蛋或鸭蛋的蛋清以 10 倍体积的生理盐水稀释、混匀	

目标检测选择题参考答案

第1章　1. D　2. B　3. C　4. B　5. B　6. D　7. B　8. C　9. B　10. C

第2章　1. B　2. B　3. C　4. C　5. A　6. A　7. C　8. B　9. D　10. C

第3章　1. B　2. B　3. C　4. A　5. B　6. D　7. B　8. A　9. A　10. C　11. D　12. B
　　　　13. A　14. A　15. C

第4章　1. D　2. C　3. A　4. B　5. D　6. B　7. C　8. A

第5章　1. A　2. C　3. D　4. D　5. B　6. C　7. A　8. D　9. C　10. B

第6章　1. B　2. A　3. A　4. A　5. D　6. D　7. D　8. B　9. C　10. B　11. B　12. A
　　　　13. C　14. B　15. D　16. B　17. B　18. D　19. A　20. C

第7章　1. D　2. B　3. C　4. D　5. A　6. D　7. A　8. C　9. D　10. D

第8章　1. D　2. A　3. C　4. C　5. D　6. C　7. B　8. D　9. B　10. C　11. A　12. A

第9章　1. D　2. D　3. D　4. D　5. D　6. C　7. C　8. D　9. B　10. A

第10章　1. A　2. D　3. A　4. B　5. B　6. C　7. A　8. B　9. A　10. B　11. B　12. D

第11章　1. C　2. D　3. B　4. A　5. B　6. D　7. A　8. D　9. A　10. A

第12章　1. C　2. B　3. B　4. B　5. B　6. C

第13章　1. D　2. B　3. C　4. D　5. B　6. B　7. B　8. B　9. D　10. B

第14章　1. A　2. C　3. B　4. A　5. B　6. C　7. C

第15章　1. A　2. B　3. B　4. A　5. C　6. C　7. B　8. B　9. C　10. B